JN021229

ISO 22000:2018【改訂版】

食品安全
マネジメントシステム
徹底解説

小川 洋 著

技報堂出版

【改訂版】まえがき

　2018年4月，ISO正式発行に先駆けて刊行した『ISO22000:2018 食品安全マネジメントシステム徹底解説』は，一部自己流の翻訳をも交えた，ISO正式発行前の内容に基づいたもので，ISO正式発行後，その規格要求事項の内容と対比しても，何ら遜色ないものであったが，その後も継続して直接食品安全にかかわるなかで，特に重要と思われる事項を付記するため，この度改訂することとした。

　ISO正式発行前に解説書を刊行した理由の一つに，当時，『よくわかるISO22000:2005』を刊行していたものの，ISOを巧みに利用した私的なFSSC22000が大いに脚光を浴び，ISOのほうは影を潜めていたことがある。ISO22000:2005発行当時からISOに携わってきた者にとっては，この風潮がどうしても忍びなく，10年近いFSSC22000審査経験も加味した2018年版の解説書をISO正式発行前に刊行した。

　本書の主たる目的は，誰も予想できなかった新型コロナウイルスのリスクをはじめ，依然としてなくならない「消費者を脅かす食品企業の不祥事」，これらの不祥事の根本的原因となる「食品関係経営者の責任と認識の欠如」など，食の根源を揺るがす諸情勢を鑑み，微弱ながら食を専門とした活動経験の集大成として，高まる消費者の食品安全の要求に応えるため，2005年版から大改訂された食品安全の最高峰規格を，いかにして食品企業に浸透させ，活用してもらえるか，食品安全の継続的改善に微力を傾注することである。

　世界的な「食のグローバル化と食品安全問題」に端を発し，わが国においても，HACCPの法制化のなかで，フードチェーン関係者を対象とした食品安全マネジメントシステムISO 22000:2005は，FSSC22000に大きく遅れをとっていたが，2018年6月に13年ぶりに大改訂され，2年経過した今では，そのすばらしさが，食品企業へ浸透しつつある。

　筆者は『よくわかるISO22000:2005』に次いで『企業のためになるISO22000』では，フードチェーン企業へのISO審査活動やコンサルティング活動を通じて得た，特に中小食品企業のためになると思われる知見をまとめたが，本書では「食品安全マネジメントシステム」の現場における実践から，事例と規

格要求事項の関わりを重点に，旧規格との対比を含め，「規格のポイント・解説」「審査のポイント」「審査指摘事例」および「参考解説」で解説した。「食品安全基礎知識」は，巻末にあげた文献から食品技術者にとって実践に役立つ知識を引用し，解説を加え，具体的に記述した。

特に，改定 ISO22000:2018 の主要な要求事項となっている，食品企業を守る「リスクと機会」については，要求事項の解説以外に，システム構築に役立つ事例および「食品安全マネジメントシステムへの「リスク及び機会」導入手順」などを詳記した。

また，附属書に掲載した「ISO／TS22002-1」（食品製造）は，食品製造企業の 2018 年版には必須の PRPs であり，これは「リスクと機会」の抽出のヒントも与えている。加えて，昨近，野菜農場，畜産農場，養鶏農場への ISO22000:2018 の採用にも関与していることから，「ISO／TS22002-3」（農業）についてもその概要を付記した。

ISO22000:2018 が大改訂した姿で正式発行され既に 2 年が経過したが，やっと，食品企業から，FSSC22000 ならずも，ISO の声が聞こえ，喜ばしい限りである。今後，HACCP の上級規格として，食品安全最高峰規格 ISO22000:2018 が，ますます活用されることを祈念している。本書の読者が，食品関係企業の発展に幾分でも役立てていただけることを願ってやまない。

初版に引き続いて，本書についても，京都大学名誉教授 松下雪朗先生，武庫川女子大学名誉教授 大鶴勝先生，本年 73 周年を迎えられる㈱スズカ未来の末松正守会長，末松正裕新社長，並びに垣善フレッググループ 垣内善通会長，垣善フレッグ㈱ 塩飽克次新社長の絶大なるご支援を賜ったことを，心から感謝申し上げるとともに，あらためて，今は亡き恩師，京都大学名誉教授 秦忠夫先生，御媒酌の栄誉を授かった京大名誉教授 土井悦四郎先生御夫妻を偲びながら，改訂の愚筆を終えた。

最後に，本書の改訂出版に際しまして，引き続きご尽力いただきました，技報堂出版社 (株) 取締役 出版事業部長 石井洋平様ほか関係各位，ならびに原稿の校正にご協力いただいた，当検査センタースタッフ各位に対し本書書面にて心からお礼を申し上げる。

マイラボ食品検査センター

食品技術士 小 川 洋

推薦の言葉

　小川君は，飽きもせず，いまだに，ISO に関わっており，かれこれ通算十数年以上が経過したと思われる。食品安全コンサルタントとしてまた ISO の審査員として食品企業を中心に全国を駆けめぐっているようだ。

　2004 年に執筆した『よくわかる ISO 22000』以来，継続して，食品安全マネジメントに関わるコンサルタントおよび主任審査員活動に携わり，ISO 22000 の真髄とも言える，現場サイド視点からの「規格のポイント・解説」と「審査のポイント」ならびに食品企業のためになる「審査指摘事例」を網羅した著書『企業のためになる ISO22000』に引き続き，本書を執筆した。

　小職は，「食品生化学」以外，ISO などには全く縁の薄い仕事に携わってきたが，一読するに，大改訂された ISO について，さらに，磨きをかけた内容となっており，現在，食品企業の永遠の発展を願って，ISO 審査員として，第三者の目から経験豊かに詳述されている。

　改訂された本書は，小川君の食品安全審査員生活の総まとめとして執筆されたものであり，食品企業関係者の読者が企業体質改善ならびにより有効な工程改善のヒントをつかみ，必ずや，お役に立つものと信じてやまず，ここに推薦するものである。

京都大学 名誉教授

松 下　雪 郎

推薦の言葉

　小川君は，食品の ISO に関わる活動を開始して，本年で 16 年になる。今でも，食品安全コンサルタントや ISO 主任審査員として，北海道から沖縄まで全国を駆け巡っている。

　小職の勤務した大学でも，「管理栄養士受験生」を対象に講義をしてもらった思い出がある。

　本書は，2004 年に執筆した『よくわかる ISO2200』および 2011 年発行『企業のためになる ISO22000』に続く，彼の食品安全活動の総集編とも思われ，新しく生まれ変わった食品安全システムの解説にさらに具体的な解説と審査のポイント，および事例が網羅されている。

　小職は，「食品化学」を中心とした研究と教鞭に携わってきたが，本書を一見するに，現在の食品界の直面する諸問題の解決のための優れたツールであると思われる。

　また，「食品安全基礎知識」は，小職の愚著なども引用し，食品技術者が知っておくべき基礎知識が網羅されている。

　本書は，永遠に発展する食品企業関係者の企業体質改善にお役に立つものと信じてやまず，ここに推薦するものである。

武庫川女子大学名誉教授
京都大学農学博士　大 鶴　　勝

目　　次

附　属　書　　　　　　　　　　　　　　　　　　　　　　253

なぜ，改訂 ISO 22000：2018 なのか

● 食品の安全性確保と ISO 22000：2018

[さらに高まる消費者の食品安全意識]

　生命の源である食の安全を脅かす不祥事や事件が後を絶たないが，流通している食品は，ますます喫食前非加熱食品が増加している。国内の高齢化が進むなか，未調理で喫食できる食品には，高い安全性が要求される。

　そのため，フードチェーンに関わる人々の食品安全に対する正しい知識と認識の向上が不可欠である。

　より詳細な食品表示の義務づけによって，消費者の食品安全に対する関心はますます高まっており，フードチェーン利害関係者，特に原材料供給者や食品製造関係者のより高度な，食品安全モラルが求められる。

[高まる食のグローバル化と食品安全]

　わが国の食料自給率（供給エネルギーベース）は，依然として 40 % 未満で推移している。この現状をどう考えればよいのだろう。同じ島国で先進国イギリスでは，98 % 近い食料自給率を確保しているというのに。

　よってわが国は，必然的にあらゆる食材を世界中に求めなければ生きていけない。それだけに，食品製造リスク以外に，余分な食品安全リスクを負っている。

[食品の連鎖性（フードチェーン）]

　農作物のような食品は，直接，生産者から消費者に届けられるように思われるが，消費者の口に入るまで，農薬・肥料製造業，冷蔵・輸送業が連鎖している。

　畜肉食品であれば，飼料製造業，飼料添加物製造業，畜産業，屠場・精肉業，冷蔵・輸送業などが連鎖している。養殖漁業においても同様の連鎖関係がある。

　したがって，それぞれの業種でそれぞれの食品安全認識が要求され，どのフードチェーンがつまずいても食の安全性は確保できない。消費者の安全性を確保するためには，クリントン元米大統領（1997 年）の言った「Farm to Table」までの安全性を確保しなければならない。

［改訂 ISO22000 の求める食品関係経営者の責任と認識］

食品不祥事・事件の多くは，経営者のモラル低下と食に対する認識不足，リーダーシップの欠如に起因している。

改訂 ISO22000：2018 は「FSSC」を超え，これまで以上に，食品関係経営者の責任と認識の向上，リーダーシップを要求する，洗練された申し分のない食品安全マネジメントシステム規格となった。

［食品安全と国際規格］

食品安全衛生手法である HACCP は，NASA 航空宇宙局生まれの国際規格としてあまりにも有名であり，わが国でも，近年，HACCP の採用を法制化した。

食のグローバル化による食品安全衛生に関する世界的な要求の高まりに対応して，2007 年 6 月，正式に ISO 22000：2005（食品安全マネジメントシステム）が誕生したが，それ以来，13 年が経過し，ISO 22000 の大改訂が待ち望まれていた。

衛生管理手法であれば，HACCP でも，ISO 22000：2005 でも，何ら支障はないが，やはり，トータル的な総合食品安全マネジメントシステムとしては，不足な部分があり，ISO 22000 の改訂を待たずして，FSSC が誕生した。

しかし，大改訂した ISO22000：2018 は，それらの団体規格を完全にクリアして，食品安全の最高峰ともいえる国際規格として新しくスタートした。

［食品安全基本法の理念と ISO 22000：2018］

ISO 22000 の全体に流れる思想は，食品安全基本法の理念である，国民の健康への悪影響の未然防止および食品健康影響評価に対する考え方と全く一致するものであり，ISO 22000 は，ISO 9001 と HACCP とを融合させた，食品安全マネジメントシステムである。大改訂された 22000：2018 の大きな特徴としては，ISO の原則の一つであるリーダーシップがさらに強調されたこと，食品関係組織のリスクマネジメントならびに PRP にその技術仕様書 ISO／TS22002 シリーズの採用を要求事項にあげていること，また二つの PDCA サイクル（Plan-Do-Check-Act）による運用を基本としていることなどである。

● ISO 22000：2018 の基本原則と骨格

　食品安全は，消費者に対する食品安全ハザードに関わり，そのハザードは，フードチェーンのどの段階においてでも発生しうるため，すべてのフードチェーンに不可欠な要素である。

　そのため，ISO22000：2018 規格は，次の主要素を組み合わせた食品安全マネジメントシステム (FSMS) に対する要求事項を規定している。

　① 相互コミュニケーション

　② システムマネジメント

　③ 前提条件プログラム

　④ ハザード分析および重要管理点 (HACCP) の原則

　また，ISO22000：2018 規格は，次の ISO マネジメントシステムすべてに共通する原則に基づいている。

　① 顧客重視

　② リーダーシップ

　③ 人々の積極的参加

　④ プロセスアプローチ

　⑤ 改善

　⑥ 客観的事実に基づく意志決定

　⑦ 関係者管理

　ISO2200：2018 は，消費者により安全な製品およびサービスを提供するために，プロセスアプローチの採用を強調している。プロセスアプローチは，食品安全方針および戦略的方向性に従って，食品安全の意図した結果を達成するために，プロセスとその相互作用を体系的に定義し，PDCA サイクルの運用により，プロセスおよび食品安全マネジメントシステムをマネジメントすることを目指している。

組織の計画と管理

PLAN	DO（FSMS）	CHECK（FSMS）	ACT（FSMS）
4 組織の状況 5 リーダーシップ 6 計画 7 支援（外部から提供されたプロセス，製品またはサービスの管理を含む）	8 運用	9 パフォーマンス評価	10 改善

運用計画と管理

PLAN（食品安全）

運用計画と管理
トレーサビリティシステム
緊急事態への準備と対応

ハザード分析 → 管理手順の妥当性確認 → ハザード管理プラン → 検証計画

ACT（食品安全）

事前情報・PRPやハザード管理プランを規定する文章の更新

CHECK（食品安全）

検証活動

検証活動の結果分析

DO（食品安全）

ハザード管理プランの実施

監視（モニタリング）と測定の管理

製品とプロセスの不適合管理

二つの Plan-Do-Check-Act サイクルの図

（ISO 22000：2018，日本規格協会翻訳）

ISO 22000：2018　徹底解説

0 序　文

* 食品安全マネジメントシステム採用の目的

　食品安全マネジメントシステムは，フードチェーンすべての組織のパフォーマンスの改善と持続的な発展を期待したシステムであり，その採用により，次のような有利性があるとしている。

　　a）顧客要求事項や適用する法規制を満足した安全な食品，サービスを提供できる。

　　b）組織の目標に沿ったリスク管理に取り組むことができる。

　　c）組織が規定した食品安全マネジメントシステム要求事項への適合を実証することができる。

* フードチェーン全体の相互関係を重視

　食品安全は，消費者に消費される食品安全ハザードの存在とその程度によって影響を受ける。食品安全ハザードは，すべてのフードチェーンのあらゆる段階でその混入の可能性を秘めている。したがって，食品安全ハザードは，自己の食品企業だけでは防御することが不可能であるため，フードチェーン全体の相互関係が不可欠な要素となる。

　フードチェーンは，魚餌・畜産飼料生産者，養殖業・農場などの一次生産者，食品製造業者，配送業者，保管業者，小売業者，食品サービス業者（食品製造設備・機器，包装材料，添加物，洗剤等）などの直接，間接に関わるすべての組織がその対象である。

* ISO22000：2018 規格は，PDCA サイクルとリスクに基づく考え方のプロセスアプローチを強調

　改訂されたこの規格は，安全な製品およびサービスの生産を増強し，食品安全要求事項を満足させるために，食品安全マネジメントシステムを構築し，実施し，その有効性を改善するためにプロセスアプローチの採用を強調している。

プロセスアプローチとは，例えば，この規格では，食品安全に係る「運用計画及び管理」の各プロセスの PDCA サイクルと「組織の計画及び管理」のプロセスの PDCA サイクルの 2 つの PDCA サイクルをマネジメントすることである。

* ISO22000：2018 規格は，リスクマネジメントを採用

リスクという言葉は，一般的に，危険とか良くない予感などをイメージするが，ISO では，「不確かさの影響」と定義し，その不確かさは，好ましい影響と好ましくない影響があるとしている。

改訂 ISO22000 では，組織のリスクに対応する取り組みを計画し，実施することを要求している。

リスクに対応することによって，食品安全マネジメントシステムの有効性の向上・改善策の結果，好ましくない影響を防止することの基礎が確立できるとしている。

* 機会の定義

機会は，意図した結果を達成する好ましい状況のことで，顧客の増加，新製品の開発の成功，無駄の削減，あるいは，生産性の向上などを可能にするような状況を指している。

● 審査のポイント

* 食品安全マネジメントシステム「ISO22000：2018」は，10 項目の主要要素について，それぞれのプロセスに関わる具体的な要求事項の適切な運用状況が監査される。

* 食品は，原材料から製造，流通および販売のすべてのフードチェーンの関わりによって，消費者に提供されるが，あらゆる種類の「食品安全ハザード」の混入を防止するシステムとして，すべての関係要員に周知され，有効に機能，管理されているかが問われる。

● 審査指摘事例

* 食品安全マネジメントシステム審査を経験したなかから，食品企業にとって

より有効と思われる指摘事例を規格の理解を目的に列記した。

【参考解説】

* 食品安全マネジメントを確立，実施，維持するうえでの，用語の定義に係る
事項など，ISO9001：2015 要求事項も引用し記述した。

食品安全基礎知識

* 食品安全を限りなく追及し，食品安全マネジメントシステムの構築と運
用に役立つ，そして食品技術者に，知ってほしい食品安全知識を，微生
物から食品科学まで，特に，食品現場でその必要性に直面した事項を中
心に抜粋し，解説を加え抄録した。(詳細は巻末の「引用・参考文献」参照)

適用範囲

● 規格のポイント・解説

　改訂 ISO 22000：2018 規格は，フードチェーンのあらゆる組織が，次の 7 つの項目を可能にするための食品安全マネジメントシステムの要求事項を規定している。

　　a）製品の意図した用途に従って，消費者により安全な製品を提供することを目的とした，食品安全マネジメントシステムの計画，実施，運用，維持，更新

　　b）適用される食品安全法令・規制要求事項への適用の実証

　　c）食品安全顧客要求事項の評価・判定，食品安全に関連する相互に合意した顧客要求事項への適合の実証

　　d）フードチェーンの利害関係者への食品安全の問題の効果的な周知

　　e）組織が宣言した食品安全方針に適合していることを確実にするため。

　　f）その適合を関連する利害関係者に実証するため。

　　g）その食品安全マネジメントシステムの，外部組織による認証もしくは登録を求める，またはこの規格への適合の自己評価もしくは自己宣言を行うため。

● 審査のポイント

＊ 改訂 ISO 22000：2018 は，汎用性がある規格であるため，食品安全マネジメントシステムを構築する場合には，構築する範囲が明確になっていることが要求される。

＊ 食品加工組織で，例えば，営業部門や総務部門などが適用除外になっている場合などは，緊急事態や食品回収などのプロセスを考慮すると不都合が生じる場合がある。

＊ 改訂 ISO22000：2018 規格では，現行組織の状況の明確化，利害関係者の

ニーズと期待など，組織の能力と課題を明確にし，トップマネジメントの設定する「食品安全方針」宣言などとの整合性を要求している。

* 組織の社会的信頼性の向上や消費者への安全・安心の提供義務などを考慮すれば，例えば一つの製品カテゴリーの製造・販売については，一貫したシステムとするために，組織の責任と権限が及ぶ適用範囲の適切な設定が要求されている。

* 改訂 ISO 22000：2018 規格は，ISO／TS22002 技術仕様書シリーズが参考規格でなく，その適用が要求事項となっている。

● **審査指摘事例**

■ 組織の設定した食品安全マネジメントシステムの適用範囲は，規格が要求している箇条 4.1 項と 4.2 項を考慮した適用範囲と整合しません。

■ 組織の食品安全マネジメントシステムには，法令・規制要求事項以外に，PRP の要求事項として，「ISO／TS22002-1」を適用したことが確認できません。

■ 組織は，野菜の加工工場のみを食品安全マネジメントシステムの適用範囲に設定していますが，付設農場も原料野菜を供給しているので，適用範囲に明記すべきです。

2 引用規格

● 規格のポイント・解説

＊ 改訂 ISO 22000：2018 規格には，引用規格はないとしている。

3 用語及び定義

● 規格のポイント・解説

＊ 用語の定義について，旧 ISO22000：2005 では，「食品安全」「フードチェーン」「食品安全ハザード」「食品安全方針」「最終製品」「フローダイアグラム」「管理手段」「PRP（前提条件プログラム）」「OPRP（オペレーション前提条件プログラム）」「CCP（重要管理点）」「許容限界」「モニタリング」「修正」「是正処置」「妥当性確認」「検証」「更新」など，17 の用語が定義されているのに対し，改訂 ISO 22000：2018 では，「許容水準」，OPRP を規定する「行動基準」「監査」「力量」「適合」「継続的改善」「文書化した情報」「有効性」「リスク」「機会」「トップマネジメント」など，45 の用語が詳細に定義されており，適宜，個々の要求事項の中で解説する。

● 審査のポイント

＊ 改訂 ISO 22000：2018 で定義された用語は，定義の意味づけと組織が使用する用語の意味に不整合があってはならず，正しく理解され使用されることが必要である。

＊ 特に食品安全チームメンバーは，「許容水準」，OPRP を規定する「行動基準」「リスク」「許容限界」など直接食品安全に係るより重要と思われる用語について，正しく理解することが望まれる。

4 組織の状況

4.1　組織及びその状況の理解

> 　組織は，組織の目標に関連し，かつ，食品安全マネジメントシステムの意図した結果を達成する組織の能力に影響を与える，外部及び内部の課題を決定しなければならない。
>
> 　組織は，これらの外部及び内部の課題に関する情報を明らかにし，レビューし，更新しなければならない。
>
> 注記1：課題は，検討の対象となる，好ましい状況又は，好ましくない方向の要因又は状態が含まれる。
>
> 注記2：外部の状況の理解は，国際，国内，地方又は地域を問わず，法令，技術，競争，市場，文化，社会，経済の環境，サイバーセキュリティー及び食品偽装，食品防御及び意図的汚染，組織の知識及びパフォーマンスから生じる課題を検討することによって容易になり得る。

● 規格のポイント・解説

* 新規の見出しであり，食品安全を顧客に提供し，顧客満足を得るためには，組織が置かれている状況，組織の位置づけ，顧客や利害関係者の要求事項の包括的把握，社是，理念，ビジョン，製品やサービスの明確化，食品安全マネジメントシステムの適用範囲と構築などが必須要件となる。

* 組織の目的（短期，中期，長期計画など）達成のための，外部と内部の課題を明確にすることを要求している。

* 「食品安全マネジメントシステムの意図した結果」とは，競合組織との製品やサービスの比較による克服すべき課題，現状の組織内部の課題，将来へのビジョンを含む課題について，さまざまな角度から，製品やサービスの顧客満足度分析（結果とプロセスの両側面の分析）や継続的改善策の策定などについ

て決定・運用し，結果を出すことを要求している。

* 組織の食品安全マネジメントシステムの 2 つの PDCA サイクルを運用・活用し，継続的改善につなげることで，組織の目的が達成される。

* 課題は，注記 1 に定義されるように，好ましい状況または好ましくない方向の要因や状況，正と負の両側面の問題点を把握し，運用・改善・監視・レビューすることが求められている。

* 「組織の能力」とは，製品やサービスの提供に関する全従事者の総合的力量や経営資源の運用・活用能力などが挙げられる。

● 審査のポイント

* 食品安全マネジメントシステムを構築し，その意図するところの達成には，組織が置かれている状況，組織の位置づけ，顧客や利害関係者の要求事項の包括的把握，社是，理念，ビジョン，製品やサービス，食品安全マネジメントシステムの適用範囲などが，明確になっていること。

* 組織の目的（短期，中期，長期計画など）達成のための，外部と内部の課題が明確になっていること。

* トップマネジメントには，組織の目的と食品安全マネジメントシステムとの関わりについて，適切な理解が望まれる。

● 審査指摘事例

■ ISO22000：2018 規格は，組織の目標に合った，食品安全マネジメントシステムの意図した結果を達成する組織の能力に影響を与える，外部と内部の課題，例えば，密接な利害関係者の要求事項やそれに対応する内部の生産能力の課題などを明確にし，具体的に規定することを要求していますが，それらの要件に対する記載が曖昧であり，組織の食品安全マネジメントシステムの意図した結果を達成する支障となります。ISO22000：2018 規格の意図する本質について，さらなる理解向上を希望します。

食品安全基礎知識

食品と微生物の科学

◎ 食品と微生物

・ 食品は原料の段階から，あらゆる微生物の汚染を受けている。

・ 植物では，各種肥料や空気中の微生物によって，根や表皮が汚染されている。

・ 家畜や魚介類では，表皮や消化管内に多数の微生物が寄生し，汚染されている。

・ 食品加工工程や貯蔵工程においても，原料由来の微生物や製造器具や環境に由来する微生物に汚染されている。

【微生物の作用が有害となる場合】

① 食品の腐敗や変敗

② パン，菓子，干物などへのカビの発生による変質

③ 微生物による食中毒の発生

【微生物の作用が有益となる場合】

① カビ，酵母，乳酸菌などによる各種発酵食品

② 微生物タンパク質としての利用（微生物菌体の飼料などへの利用）

◎ 食品の発酵と腐敗と食中毒

【食品の発酵と腐敗】

・ 発酵は，糖類が分解されて乳酸やアルコールなどが生成される現象をいう。

・ 腐敗は，食品のタンパク質やアミノ酸が分解されて，硫化水素やアミン，アンモニアなどが生成され，腐敗臭が発生し，食べられなくなり，人体に悪影響を与える現象をいう。

・ 腐敗は，それ以外に，米飯，野菜，果実，煮豆などにもその現象は起きる。

・ 牛乳に乳酸が蓄積し凝固した場合，時に発酵といい，ある時は腐敗という。枯草菌による納豆でも同様である。

・ 「発酵」と「腐敗」は，人間の勝手な価値基準によって，便宜上使い分けているに過ぎない。

・ くさや，納豆，チーズなどもその一例である。

4

組織の状況

- 「腐敗」は，食品の成分や微生物の種類によって一様ではないが，一般的には，食品 1g 当たり 10^7 から 10^8 個程度以上の菌数でこの現象が見られる。

【食中毒と微生物】

- 腐敗を起こさない程度の菌数でも，食中毒は発生する。
  ① 食品とともに大量に摂取された細菌が，さらに腸管内で増殖し，下痢，嘔吐，腹痛などの胃腸炎を起こす感染型食中毒 (サルモネラ，腸炎ビブリオなど)
  ② 特定の細菌が増殖の際に産生した毒素を摂取して起こる毒素型食中毒 (黄色ブドウ球菌，ボツリヌス菌など)
  ③ 上記，①，②の中間型の食中毒 (セレウス菌，ウェルシュ菌など)
  ④ 特定の細菌が増殖の際に産生した化学物質によって起こるアレルギー様食中毒
  ⑤ 細菌以外のウイルス (ノロウイルス) や原虫 (クリプトスポリジウム) による食中毒

◎ 腐敗微生物

- 微生物は，自分の適した環境によって優勢化し，多くの食品中でのミクロフローラ (微生物相) が変遷し，腐敗状態を進行させる。
- 微生物の中で腐敗に主導的な役割を果たす微生物を「腐敗微生物」というが，決して 1 種とは限らず，また数の上で優勢な微生物だけとは限らない。
  ① 一次汚染微生物は，家畜，魚介類，果実，野菜などに付着していた微生物をいう (生産環境による汚染，腸内微生物，海水域の微生物)。
  ② 二次汚染微生物は，加工流通の過程で二次的に汚染した微生物をいう (二次汚染微生物の範囲は，原料，製造工程，設備，環境，要員の衛生状態など，要因が多様で特定が困難であるので，製造工程管理が重要である)。

4.2 利害関係者のニーズ及び期待の理解

> 　組織が，食品安全に関して適用される法令及び要求事項を満たす製品及び
> サービスを確実に提供できることを確実にするために，組織は，次の事項を
> 決定しなければならない。(shall)
> a）食品安全マネジメントシステムに関連する利害関係者
> b）食品安全マネジメントシステムに関連する利害関係者の要求事項
> 　組織は，利害関係者及びその要求事項に関する情報を明らかにし，レ
> ビューし，更新しなければならない。

● 規格のポイント・解説

* 新規の見出しの「利害関係者のニーズ及び期待の理解」の意図するところは，
  食品安全マネジメントシステムを構築・運用し，食品安全を顧客に提供する
  にあたり，顧客の要求事項への対応のみがすべてでなく，組織を取り巻くす
  べての利害関係者を明確にし，そのニーズや期待を考慮することが重要であ
  ることを示している。

* そのために組織は，食品安全を遵守するために，関係するすべての法的要求
  事項（食品衛生法，各都道府県の条例，施行規則など），製品やサービスに関
  係する要求事項を明確にすることが要求されている。

* 「食品安全マネジメントシステムに関連する利害関係者」とは，顧客を含む，
  組織のフードチェーン全体に関わるすべての利害関係者を意味し，これらを
  明確にすることを要求している。

* 具体的には，顧客のほか，フードチェーンの中で，規制当局はもとより，原
  材料供給者や流通業者などすべての関係者を指している。

* 箇条 4.1 項と 4.2 項で明確にしたすべての情報について，箇条 6「計画」，箇
  条 9「パフォーマンス評価」などの要求事項に従って，監視・レビューするこ
  とを要求している。

* a）と b）は，既述したすべての利害関係者を明確にし，その利害関係者の要
  求事項を具体的に把握することを要求している。

* 把握した利害関係者の情報を常に，最新の状態で維持することが求められている。

* 「利害関係者」とは，ある決定や活動に影響を与えうる個人または組織，その影響を受けうる個人または組織，その影響を受け得ると認識している個人または組織と定義されている。

  (例) 顧客，オーナー，組織内の人，供給者，銀行家，組合，パートナーまたは社会 (競争相手または対立する圧力団体が含まれることもある)

● 審査のポイント

* 規格は，組織の関係するすべての法的要求事項 (食品衛生法，各都道府県の条例，施行規則など)，製品やサービスに関係する要求事項が明確になっていることを要求している。

* 規格は，組織の食品安全マネジメントシステムに関わるフードチェーン全体の利害関係者を明確にすることを要求している。

● 審査指摘事例

■ 利害関係者とは，顧客をはじめ，組織の食品安全マネジメントシステムに関する活動に影響を与える，内外すべての関係者が該当しますが，組織の食品安全マネジメントシステムには，冷凍原料供給，一時保管および運送業務を契約している企業に関する関係や要求事項が明確になっていません。

■ 組織は，親会社の食品企業のグループに所属する企業ですが，原料調達や品質管理に関して親会社の指示を受けているにも関わらず，食品安全マネジメントシステムには，関係する要求事項が明確になっていません。また，それらの情報のレビューの手順も確認できません。

食品安全基礎知識

食品微生物のグラム染色性

　微生物学に常に出てくる用語の一つで，細菌を塩基性色素で染色し，アルコールで脱色，脱色の速い菌（グラム染色陰性）と遅い菌（グラム染色陽性）とを分ける手法で，細菌検査で最も基本的な操作の一つである。

　グラム染色はオランダの C.Gram（1884 年）によって組織内の細菌を識別するために開発された。その後，細菌を 2 つのグループ（染色の陽性と陰性）に分ける手法に使用されるようになった。さらにこの事実は，細菌細胞の表層構造の 2 つの基本的パターンを反映する新しい事実が，細菌の生活に関与していることが明らかになった。しかし細菌の中にはグラム陰性に近いような陽性型もあり，また，グラム陽性とされている好気性胞子細菌，嫌気性胞子細菌の中に少数のグラム陰性細菌もある。したがって，細菌検査者は，アルコール脱色操作など細心の注意が要求される。

4.3　食品安全マネジメントシステムの適用範囲の決定

　組織は，食品安全マネジメントシステムの適用範囲を定めるために，その境界及び適用可能性を決定しなければならない。

　適用範囲は，食品安全マネジメントシステムが対象とする製品及びサービス，プロセス及び生産現場を規定し，最終製品の食品安全に影響を与えうる活動，プロセス，製品，又はサービスを含まなければならない。

　この適用範囲を決定するときは，組織は，

a）4.1 に規定する外部，内部の課題を考慮しなければならない。

b）4.2 に規定する要求事項を考慮しなければならない。

　適用範囲は，文書化した情報として，利用可能な状態にしておかなければならない。

● 規格のポイント・解説

* 新規の見出しであり，食品安全マネジメントシステムの適用範囲は，顧客要求事項や法令・規制要求事項を満たした製品やサービスを一貫して提供できるように，内部と外部並びに利害関係者の要求事項をすべて考慮して決定しなければならない。

* 適用範囲とは，これらの要求事項の実現に対して，組織の責任と権限が及ぶすべての範囲のこと。

(注1) 文書化した情報：従来の ISO では，「文書化」と「文書化された手順」が明確に区別されていたが，ISO9001：2015 の改訂に伴い，「文書化」と「文書化された手順」が，「文書化された情報」となった。定義では，「組織が管理し維持するよう要求されている情報，及びそれが含まれている媒体」。

(注2) 「記録」は，「達成した結果を記述した，または実施した活動の証拠を提供する文書」と定義されているが，通常，記録の改訂管理を行う必要はない，としている。「記録」は，新規格でも適所に使用されている。(ISO9001：2015，3.8.10 参照)

● 審査のポイント

* 組織の食品安全マネジメントシステムの適用範囲は，組織の関係するすべての要求事項を一貫して提供できるよう，すべての要求事項を考慮して決定され，これらの要求事項の実現に対して，責任と権限が及ぶ範囲であり，文書化された情報として，明確になっていること。

● 審査指摘事例

■ 箇条 4.2 項で指摘した，食品安全マネジメントシステムに影響を与える委託企業について，食品安全マネジメントシステムの適用範囲への記載が確認できませんでした。

■ 組織の「食品安全マニュアル」の適用範囲には，すべての利害関係者と記載されていますが，利害関係者が具体的に明確になっていません。

■ 組織は，規格の要求する「文書化された情報」として「食品安全マネジメントマニュアル」を作成し，適用範囲を記載していますが，組織の主要としている中間製品を関連会社に製造を委託しているにも関わらず，その委託した最新情報が更新されていません。

4.4　食品安全マネジメントシステム

> 　組織は，規格の要求事項に従って，必要なプロセス及びそれらの相互関係を含む，食品安全マネジメントシステムを確立し，実施し，維持し，更新し，かつ，継続的に改善しなければならない。

● 規格のポイント・解説

＊ 旧版の箇条 4.1 項の要求事項に対応しているが，すべての要求事項を網羅するために，あえてマニュアルの作成を要求していない。しかし，食品安全マネジメントシステムをよりわかりやすく組織に取り込ませ，それを実施，維持，更新し，かつ継続的に改善するためには，マニュアルの作成が有効であり，かつ関係する文書化した情報の管理 (文書・記録の管理) に必要である。

● 審査のポイント

＊ 組織の食品安全マネジメントシステムが，総合的に適切に運用・管理され，継続的改善につながるシステムであることが問われている。
　したがって，旧版の箇条 4 全般 (文書管理，記録の管理を含む) の要求事項で確認される。

● 審査指摘事例

■ カット野菜製造工程の「HACCP プラン」は，「モニタリング手順書」が作成されていますが，食品安全マネジメントシステム (FSMS) 文書としての位置づ

けなど，文書管理手順が明確にされていません。

■ 冷凍食品製造プロセスの食品安全マネジメントシステムに関する文書類が更新されていますが，発行に先駆けての「承認」が確認できません。例) 力量表，社内資格認定者リストなど，未承認の文書類が散見されました。

■ 精肉製造プロセスにおける「社内文書体系一覧表」「食品安全記録一覧表」に記載されている文書名・記録名については，FSMS 関係の文書・記録類として，一見して内容が具体的にわかるような文書名・記録名の設定が好ましい。例えば，「枝肉受け入れチェックリスト」など該当プロセスを代表するような名前。

■ 品質管理課が顧客へ提出した「クレーム調査結果」は，関係部署ごとに保管されていますが，食品安全に影響する情報の管理については，その重要度などを考慮して，組織の FSMS に規定した「文書・記録管理規程」に準拠した，統一された手順によって管理することが望ましい。

■ 乾麺製造プロセスのロット NO. の「検証チェック」作業は，「最終検査工程」において，最新の「賞味期限管理一覧表」に従って実施することが，「同作業手順書」に定められていますが，使用されていた「検証チェック」は，前回改訂の「賞味期限管理一覧表」が使用されており，文書の最新版管理ができていません。

■ 関連親会社から配布されている，水産練り製品「製品仕様書」の管理状態について，現場にそのコピーの一部が放置されているなど，外部文書として管理された状態が確認できませんでした。
また，廃止文書を保持する場合の手順も不明確で，品質管理部署（微生物検査室）においては，数年前の「食品衛生小六法」が使用されていました。

■ FSMS に関する会議議事録類を，「会議一覧表」に漏れなく集約し，例えば，トップマネジメントが出席する，マネジメントレビューに該当する「食品安全品質会議」や，内部コミュニケーションを目的とした「週例会議」などは，FSMS にかかる会議類として，「会議一覧表」にまとめ，FSMS に適合した管理が望まれます。

■ 原料の冷凍庫からの持ち出しや冷凍庫への搬入については，OPRP として「弁当及び惣菜の衛生規範」に準拠して管理されているので，この文書を「社外文書管理台帳（法令）」に追記することを推奨します。

■ 規格は，食品安全マネジメントシステムで要求される文書を，発行前に適切

かどうかの観点から承認することを求めています。

品質管理課で使用され，食品安全マネジメントシステムに含まれる，「各種製品の規格・基準」や「製品検査基準書」について，その適切性を検証する文書の承認プロセスが確認できません。

■ ペットボトル洗浄工程を OPRP に規定し，仕上げ工程の圧力を「0.20MPa ± 10%」にしています。前回審査以降の「仕上げ圧力管理日報」には「0.20MPa ＋ 10%」を超えた数値が散見されました。仕上げ工程の圧力が，上限を超えるのは食品安全上問題ないとの回答を現場責任者のインタビューで確認しましたが，この根拠の妥当性，文書管理（OPRP 設定表）や効果的な記録（仕上げ圧力管理日報）の維持などの観点から改善の余地があります。

■ 「原材料包装資材受入れ確認チェックリスト」には，「異物検査・異常なし」のチェックがありましたが，現場の受入れ確認者の名前が記載されていませんでした。正確な記録作成が望まれます。

■ 「食品安全マネジメントシステム記録一覧表」が作成されていますが，記録管理の要求事項としての，保存期限，保存場所，責任者などが明確になっていません。

■ 食品安全マネジメントシステムに関する記録は，「記録管理台帳」に登録され保管期間を設定し管理することになっていますが，製品と原材料の微生物検査の記録，化学物質などの食品検査結果の記録などは，「記録管理台帳」に登録されておらず，「記録の管理」に関する要求事項に従った管理がなされていません。

■ 乾麺製造に関する記録の保管期間は，「1 年半」と設定されていますが，食品安全マネジメントシステムの有効性を確認する必要のある記録として，製品の賞味期限なども考慮して，記録の保管期間の見直しを検討することが推奨されます。

■ 惣菜製造プロセスに関する「危害分析表」と「HACCP 整理表」の作成日，発行日，承認日に整合性が確認できませんでした。例えば，一部に承認に先駆けて発行されている文書類も観察されました。

■ 「冷凍食品製造記録」は，10 か月前の製造記録であるにも関わらず，資材倉庫の 2 階に段ボール箱に入れられていました。

食品安全マネジメントシステムに関する記録は，検索が容易であることとす

るという要求事項から，保管方法などに改善の余地が観察されました。

■ 「食品安全マニュアル」によると食品安全上の「工程トラブル」発生時には，プロセスの責任者と食品安全チームリーダーに伝達することと規定されています。「ステンレス製シフター金網の一部分破損の件」では，担当者が破損状況を確認したにもかかわらず，同担当者の判断で2日間継続使用されていました。本件は「工程トラブル」であり，食品安全チームリーダーより「使用中止に値する案件」であったことをインタビューにより確認しましたが，実際は報告を受けておらず，また「シフターチェック記録」には「破損なし」となっています。本件の不適合については，システムのどこに欠陥があったのか，根本的な改善が求められます。(幸いにして，3日後の同粉体を使用した加工製品から，同シフターの SUS (ステンレス鋼) 片は，金属探知機によって検出されましたが)

食品安全基礎知識

食品微生物制御の科学

1 食品加工での微生物制御

- 食品加工では，食品中の微生物を殺菌し，その後の外部からの微生物汚染を，包装手段によって防御している。(液体の場合は，濾過による除菌も行われる。)
- 食品の貯蔵温度や塩分，水分，pH，気相などを微生物の増殖に適しない条件にして増殖を抑制する。

2 個別要因や複合要因による微生物制御

- 食品中での微生物の増殖や死滅は，温度，食塩濃度，pH，酸素濃度，水分活性などの要因によって影響を受けるので，これらの各種要因に対する微生物の死滅・増殖関係を正しく把握することが重要である。

3 微生物制御の2つの理論

① ハードル理論

微生物制御のための各種要因を幾つかのハードルに例えて，加工工程に

おいて，微生物がこれらのハードルを最終的に飛び越えないように，各種の物理的・化学的技術要素を適切に組み合わせることによって防御し，微生物を効果的に制御できるという考え方である。

② バランス理論

　それぞれのハードルを幾つかの分銅に例え，個々の分銅は軽くても，要素を幾つか組み合わせることによって，微生物を抑制する考え方である。

　例えば，食品の加熱や乾燥，塩分を低減させ，その代わり貯蔵温度をより低く維持するというように，複数の方法を相乗的に組み合わせ，効果的に微生物を制御する考え方である。

4

組織の状況

5 リーダーシップ

5.1 リーダーシップ及びコミットメント

トップマネジメントは，次に示す事項によって，食品安全マネジメントシステムに関するリーダーシップ及びコミットメントを実証しなければならない。

a）食品安全マネジメントシステムの食品安全方針及び目標を確立し，それらが組織の戦略的な方向性と両立することを確実にする。

b）組織の事業プロセスへの食品安全マネジメントシステムの要求事項の統合を確実にする。

c）食品安全マネジメントシステムに必要な資源が利用可能であることを確実にする。

d）有効な食品安全マネジメントシステム及び食品安全マネジメントシステム要求事項，法令／規制要求事項並びに食品安全に関する相互に合意した顧客要求事項への適合の重要性を伝達する。

e）食品安全マネジメントシステムが意図した結果（4.4 参照）を達成するように評価及び維持させることを確実にする。

f）食品安全マネジメントシステムの有効性に寄与するよう人々を指揮し，支援する。

g）継続的改善を推進する。

h）その他の関連する管理層がその責任の領域において食品安全リーダーシップを実証するよう，管理層の役割を支援する。

注記：この規格で「事業」という場合，それは，組織の存在の目標の中核となる活動という広義の意味で解釈され得る。

● 規格のポイント・解説

＊ 表題の「リーダーシップ」は，新規の見出しでもあり，特に食品安全マネジメントシステムでのトップマネジメントの重要性を強調した要求事項となっている。

＊ トップマネジメントは，a）〜h）について具体的にそのリーダーシップの発揮が求められている。

＊ ISO マネジメントシステム規格の共通原則(顧客重視，リーダーシップ，人々の積極的参加，プロセスアプローチ，改善，客観的事実に基づく意志決定，関係者管理)のうち，リーダーシップを独立させた要求事項とし，食品安全マネジメントシステム運用におけるリーダーシップの重要性を強調している。

＊ 本箇条は，主に旧版の箇条 5.1 項，5.3 項，5.4 項などに該当するが，一部新規の表現も含まれている。

● 審査のポイント

＊ 審査全体を通して，食品安全マネジメントシステムがいかに有効に機能しているか，大きな PDCA が継続的改善につながっているか，トップマネジメントの指導性が総合的に問われる要求事項である。

＊ トップインタビューでは，a）〜h）についての具体的な活動状況の見識が問われる。

● 審査指摘事例

■ トップマネジメントにインタビューした結果，f）項とh）項に対する指導性の程度に幾分かの問題点を感じ，さらなる食品安全マネジメントへのリーダーシップの発揮を希望しました。

■ 弁当・惣菜製造組織の食品安全に関わる法律として，食品衛生法ほか 5 件の法律名を「法令遵守一覧表」に特定していましたが，例えば「食品衛生法」の法律名だけでは，食品衛生法のどの基準を遵守すべきであるのか確認できません。例えば，冷凍食品の喫食前加熱製品の一般生菌数は，検体 1g につき，100,000 個以下，大腸菌は陰性，黄色ブドウ球菌は陰性，など冷凍食品規格

基準での規制基準を明確にし，検体検査によってそれが検証されていなければ，法令遵守管理とは言えません。

■ 少人数組織のため，社内での微生物試験は 1 名の要員により実施されていますが，この検査要員の微生物検査に関わる力量の客観性が確認できません。例えば，外部検査機関との精度管理の実施など一種の校正管理が望まれます。

■ 規格要求事項は，フードチェーンの供給者に対し，食品安全に関連する問題を効果的に周知し，アウトソースしたプロセスの管理を明確にし文書化することを要求しています。また PRP では，「輸送」についてその PRP が要求どおり実施されているかどうかを確認し，検証プランで規定し検証することが求められています。しかし，A 社の冷凍食品の輸送をアウトソースしている運送業務に関して，冷凍庫の「温度条件」や「トラックの衛生基準」に関して，それらを実施しているという客観的証拠や同プロセスの検証記録も確認できませんでした。ただし，「ハザード分析表」の管理項目では，OPRP で管理することが規定されていました。

■ 内部監査における不適合は遅滞なく処置することが要求されています。2010 年 2 月 4 日に実施された内部監査指摘事項 (PRP で管理することを規定している，食品と直接接触するスポットクーラーの定期的な清掃・殺菌の未実施が散見された) に対する「是正処置報告書」の是正処置が，同年 10 月 4 日時点でも完了していませんし，トップマネジメントへの報告も確認できませんでした。

■ トップマネジメントの「食品安全品質方針」には，「安全・安心な製品を顧客に提供します」とあり，この方針に従って製造プロセスの管理では，OPRP で各保管工程の腐敗菌などの増殖防止，PRP で入場者への衛生手順の遵守，輸送プロセスでは，保管庫内の温度上昇防止管理，製品微生物検査基準としては「弁当衛生規範」のパラメータの運用と管理などが規定されていました。
　しかし，保管・配送担当者にインタビューしたところ，温度上昇による危害はなく管理の必要はないとの返答があり，組織が決定した規制要求事項を満たす重要性と食品安全の意味が組織内の一部に周知されておらず，また自らの活動の持つ意味と重要性が認識されておらず，トップマネジメントの定めた食品安全品質方針が，関係従事者に周知されていませんでした。

食品安全基礎知識

水分活性（Aw）と食品微生物

　砂糖や食塩のような可溶性の物質が水に溶けると，水の分子の一部はその物質と結合するので，純水に比べて水蒸気圧が低下する。この結合水が多ければ多いほど水蒸気圧の低下も著しくなる。微生物は水分活性（水蒸気圧の低下現象）が低下すると次第に増殖が悪くなり，ある Aw 値以下になると全く増殖できなくなる。

　その値は微生物の種類によっても異なる。カビは，細菌や酵母に比べて低い水分活性に耐えられ，好塩細菌や耐乾性カビ，耐浸透圧性酵母などはさらに低い水分活性でも増殖できる。しかし Aw が 0.60 以下になるとあらゆる微生物は増殖できなくなる。食中毒細菌の多くは 0.93〜0.95 が増殖できる水分活性の下限であるが，黄色ブドウ球菌は 0.86 まで増殖可能であると言われている。

　水分活性（Aw）は，食品中の自由水の割合を示す値でもあり，微生物の増殖に必要な水分量ではない。食品中の水はタンパク質や糖類などの食品成分と結合している結合水と，自由水の二つの形態に分けられる。微生物が利用できるのはこの自由水であり，この量が少なくなると増殖が抑制される。乾燥と塩蔵，糖蔵では製法は全く異なるが，微生物の増殖と水分の利用という観点から水分活性（Aw）という考え方が生まれた。

食中毒細菌の増殖可能な水分活性（限界）

細　菌	増殖下限水分活性	
	厚生労働省資料	FDA 資料
腸炎ビブリオ	0.94	0.94
黄色ブドウ球菌	0.86	0.83
サルモネラ	0.94	0.94
カンピロバクター	0.98	0.984
病原大腸菌	0.95	0.95
ウェルシュ菌	0.93〜0.95	0.93
ボツリヌス菌		
タンパク質分解菌	0.94	0.935
タンパク質非分解菌	0.97	0.97
セレウス菌	0.93〜0.95	0.92
リステリア	0.90	0.92

5.2 　方　　針

5.2.1　食品安全方針の確立

　　トップマネジメントは，次の事項を満たす，食品安全方針を確立し，実施し，維持しなければならない。

a) 組織の目標及び状況に対して適切である。

b) 食品安全目標の設定及びレビューのための枠組みを示す。

c) 食品安全に適用される，法令要求事項及び相互に合意した顧客要求事項を含む該当する食品安全要求事項を満たすことへのコミットメントを含む。

d) 内部及び外部伝達に対応する。

e) 食品安全マネジメントシステムの継続的改善へのコミットメントを含む。

f) 食品安全に関する力量を確保する必要性に対応する。

● 規格のポイント・解説

＊ 新規格では，箇条 5.2 項「方針」の中で，箇条 5.2.1 項「食品安全方針の確立」を独立させた表題とし，「食品安全方針」の内容を，より具体的に規定している。

＊ 例えば，組織の目標や食品安全目標の強調，継続的改善へのコミットメント，f) 項の食品安全に関する力量の確保の重要性などを要求している。

● 審査のポイント

＊ 食品安全方針は，組織の経営方針に沿ったものであり，具体的な取り組みが明確であり，かつ達成度が判定可能な目標の設定やレビューのための枠組みを明示していること。

＊ 全要員を対象にした目標達成活動に対する計画が要求され，これらが管理された状態 (レビューの管理手順) にあること。

＊ 食品安全に関する力量を確保する必要性に言及していること。

5

リーダーシップ

● 審査指摘事例

■ 食品安全方針には，「顧客に安全・安心な美味しい製品を提供する」ことが明記され，その他の要求事項（例えば，全要員にこれを周知することや判定可能な目標の設定の枠組み）は，食品安全マニュアルに規定されていました。

トップインタビューでは，「食品安全方針」と「全社目標」は，すべての従事者に周知していると明言されていましたが，製造ラインの A さんにインタビューしたところ，FSMS 方針や目標に対する認識や理解度が確認できませんでした。

トップインタビューによれば，下記のようなトップの FSMS に対する願望と目標が確認できました。

[トップの FSMS に対する 10 項目の願望と目標]

① 食中毒，異物混入低減

② 法令・規制要求事項への遵守状況を社会に認めてもらいたい

③ 自社の食品安全状態を第三者に評価してほしい

④ 国際規格の導入で安心を得たい

⑤ 食品安全システムに全要員を参画させたい

⑥ 従業員のモチベーションを強化向上させたい

⑦ 顧客や消費者に安全・安心をアピールしたい

⑧ 組織の食品安全体制を整備・強化したい

⑨ 社員教育のツールに利用したい

⑩ 国際規格をツールにして社内ルールを整備したい。

しかしながら，実際の現場での運用や従事者の理解度は，規定した食品安全マネジメントシステムと大きくかけ離れた状況が観察されました。

現状では，食品安全チームリーダー1 人が FSMS の運用に努力している以外には，食品安全チームメンバー，その他の要員の FSMS への参画が全く確認できませんでした。

（トップマネジメントのリーダーシップが問われる指摘事項である。）

5

リーダーシップ

食品安全基礎知識

腸内細菌類

　グラム陰性細菌で，大腸菌，エンテロバクター属，プロテウス属などがあり，自然界で最も一般的な細菌グループの１つである。この細菌類は，動物の腸内から排出され，土や水中に生息しているが，有機性の栄養源が枯渇すれば次第に死滅する。食品はこのグループの細菌にとっては，絶好の住みかで食品中での増殖は速く，ブドウ糖など糖類を発酵させ，酸素のない環境でも生育し，食品分解力も高い。動物の腸内には，チフス菌，赤痢菌，ペスト菌など多くの病原細菌がすんでいる。腸内細菌類は食品の腐敗細菌として主要な位置を占めている。

腸内細菌類の大腸菌

　細菌の中で最もよく知られ，広く研究も進んでいる細菌の１つである。大腸菌はグラム陰性の桿菌で，長さ１〜２μ m で，周在性のベン毛で運動している。酸素の有無に関係なく増殖するが，酸素がある環境のほうが増殖速度は速い。大腸菌による食品の汚染はしばしば見られるが，病原性の菌種を除いて，食品と一緒に食しても病気にはならないが，食品の衛生的な取扱いの指標となっている。動物の腸内に依存性の高い大腸菌，サルモネラ，赤痢菌などもあるが，植物に依存して生息している種類も多い。

5.2.2　食品安全方針の伝達

　食品安全方針は，次に示す事項を満たさなければならない。

a）文書化した情報として利用可能な状態にされ，維持される。

b）組織の全てのレベルに伝達，理解され，適用される。

c）必要に応じて，密接に関連する利害関係者が入手可能にする。

● 規格のポイント・解説

* 利害関係者を含めて，「食品安全方針の伝達」に関する事項の重要性から，新規の見出しとなっており，食品安全方針の維持管理を規定している。

* 「b）組織の全てのレベルに伝達，理解され，適用される。」とあるが，「適用される」とは，すべての要員が理解し，自身の業務への適用を認識していることを意味している。

* 例えば，旧版では「食品安全方針を周知する」とあるが，それをよりわかりやすく，また，密接な関係にある利害関係者が入手できることなどが要求されている。

● 審査のポイント

* トップマネジメントの設定した食品安全方針が，a）〜c）の要求事項を満足し，適切に維持されていること。

* すべての従事者に理解され，自分の業務との関わりを十分認識できていること。

● 審査指摘事例

■ 冷凍食品製造現場のバッター付け工程の従事者に許可を得てインタビューしたところ，食品安全方針と自分の業務との関わりが理解できていませんでした。

食品安全基礎知識

「食中毒防止の三原則」と「衛生」と「きれい」

「衛生」とは，健康の保全と増進を図り，疾病の予防・治療に努めることをいう。

「衛生的」とは，衛生にかなうような維持・運用をいう。その基本的作業が，「洗浄」である。

「きれい」とは，外見上のきれいさと，衛生上・細菌学上のきれいさが区別され，一般的に，「食中毒防止の三原則」は，次の3項目をいう。

① 付着している菌をよく洗浄し除去する。菌の栄養となる要素「汚れ」も

除去する。

　② 菌を増殖させない。

　③ 洗浄に際し，消毒・殺菌剤を適切に使用して，菌を殺す。

清浄度検査

　食品衛生上の「きれいさ」は，微生物学の清浄度を指し，洗浄，消毒，殺菌の程度の評価である。

　① 迅速汚れ度検査 (ATP 検査法)

　② 微生物検査

　・ウイルス検査 (抗原抗体反応)

　・細菌検査 (培養検査)

　・真菌 (カビ類) 検査 (培養検査)

ATP（アデノシン・トリフォスフェイト）法の原理と清浄度検査

　ATP は，すべての生物に存在する化学物質で，生物はこのエネルギー媒介物質のおかげでエネルギーを得ている。ATP は，熱にも安定で，「食品」「食品残渣」の中にも必ず含まれており，この遊離 ATP を「汚染指標」と捉えて，清浄度検査の対象物質とし，検査に利用したのが始まりである。ホタルの発光基質（ルシフェリン）をルシフェラーゼで発光させるとき，そのエネルギー媒介物質 (ATP) の存在程度を発光量測定し数値化した。

ATP法の原理

食中毒の発生要因（リスク管理要素）

　① 二次汚染など取扱いの不備

　② 室温下での長時間放置

　③ 生食

　④ 施設の汚染

　⑤ 冷蔵庫の温度管理の不備

⑥　調理場の不備

⑦　加熱不足

⑧　放冷の不備

5.3　組織の役割，責任及び権限

5.3.1　（トップマネジメント）

　　トップマネジメントは，関連する役割に対して，責任及び権限が割り当て
られ，組織内に伝達され，理解されることを確実にしなければならない。

　　トップマネジメントは，次の事項に対して，責任及び権限を，割り当てな
ければならない。

a）食品安全マネジメントシステムがこの規格要求事項に適合することを確
　　実にする。

b）食品安全マネジメントシステムのパフォーマンスをトップマネジメント
　　に報告する。

c）食品安全チーム及び食品安全チームリーダーを指名する。

d）行動を開始し，文書化する明確な責任及び権限をもつ人を指名する。

5.3.2　（食品安全チームリーダー）

　　食品安全チームリーダーは，次の点に責任を持たなければならない。

a）食品安全マネジメントシステムが確立され，実施され，維持され，また
　　更新されることを確実にする。

b）食品安全チームの作業を管理，組織化する，及び

c）食品安全チームに対する適切な訓練及び力量を確実にする。

d）食品安全マネジメントシステムの有効性及び適切性に関して組織のトッ
　　プマネジメントに報告する。

5

リーダーシップ

5.3.3 （すべての従事者）

> すべての人々は，食品安全マネジメントシステムに関する問題をあらかじめ決められた人に報告する責任を持たなければならない。

● 規格のポイント・解説

* 箇条 5.3.1 項は，旧版の 5.4 項に対応し，トップマネジメントの要求事項として，食品安全マネジメントシステムの適切な運用に関する責任と権限を，明確にすることを要求している。
* 箇条 5.3.2 項は，旧版の 5.5 項と 7.3.2 項に対応し，トップマネジメントの指名した食品安全チームリーダーの責任を規定している。
* すべての従事者は，食品安全マネジメントに関するあらゆる問題点を，食品安全チームリーダーに報告しなければならない。

● 審査のポイント

* トップマネジメントは，すべての要員の責任・権限を定め，組織全体に周知（伝達，理解，実施状態）していること。
* 食品安全マネジメントシステムの中で，特に食品安全に関わる，例えば，管理手段の確立とその維持管理に関する責任と権限が，詳細に明確化されていること。
* 事例文書類としては，食品安全マニュアル，職務分掌規程（手順書），責任・権限規程，食品安全マネジメントシステム組織図など。
* 食品安全チームリーダーの食品安全マネジメントシステムの総合的な運用に関する責任が明確になっていること。
* 食品安全チームリーダーの食品安全チームに対する責任が適切に維持されていること。

● 審査指摘事例

- ■ 「食品安全マネジメントシステム組織図」には，「食品安全チームリーダー」「食品安全内部監査」などの位置づけを明確にすることが望まれます。

- ■ トップマネジメントから，食品安全マネジメントシステムの責任・権限は「職務分掌表」に明確にし運用しているとの回答を得ましたが，内容は従来の「業務分掌」であり，ISO22000 の要素との関わりが具体的に確認できませんでした。

- ■ トップマネジメントは，食品安全チームリーダーを任命し，本来の業務の責任と関係なく，FSMS 要求事項を慣行する責任と権限を有することが要求されています。トップインタビューでは，任命を口頭で確認できましたが，任命された記録が確認できず，また従事者へのインタビューでも食品安全チームリーダーが周知されていませんでした。

  また，新規格では，食品安全チームメンバーの任命も要求されていますが，これについては，関知していませんでした。

- ■ 食品安全チームリーダーは，食品安全チームメンバーに対する適切な訓練や教育を確実にすると規定されていますが，実施した記録や今後の計画が確認できませんでした。

  例えば，食品安全チームメンバーの教育・訓練として計画された「食品安全の確保と保存性の向上研修会」に，食品安全チームメンバー10 名のうち，3 名が欠席していましたが，欠席した食品安全チームメンバーに対するフォロー教育が実施されていませんでした。また，その他の食品安全に関する教育訓練計画も確認できませんでした。

- ■ 「HACCP プラン」など食品安全マネジメントシステムに関するすべての文書の最終的な承認は，食品安全チームリーダーが行うと規定されていましたが，各工場の FSMS 文書は，担当プロセスの製造課長が承認していました。FSMS 文書の管理に改善の余地があります。

- ■ 遵守すべき法令は「法令文書管理台帳」で管理されていますが，組織の食品製造活動において，直接遵守すべき法令基準値などを把握し管理することが求められています。

  例えば，食品衛生法で定める該当する微生物（大腸菌群，黄色ブドウ球菌，腸炎ビブリオなど）や，県条例の定める基準値などを明確にし，組織の直接

該当する事項やその基準値に対する遵守評価が求められます。

■ 規格では，食品安全チームが必要とする知識や経験を明らかにする記録の維持が求められていますが，食品安全チームメンバーの力量が確認できません。

■ 食品安全マネジメントマニュアルでは，食品安全チームメンバーの要件として，5つの要件のいずれかを満たすこととし，その要件を満たすメンバーが4名いましたが，設定された「食品安全マネジメントシステムを構築し，実施するうえで多方面の知識と経験を満足する」という要件を証明する記録が確認できません。例えば，微生物に関する知識，衛生管理に関する知識と経験などを証明する記録が求められます。

また，課長以上の役職者に対する力量も明確になっていません。

食品安全基礎知識

黄色ブドウ球菌

グラム陽性の球菌でブドウ球菌ともいわれ，S. アウレウス (Staphylococcus aureus) は，黄色ブドウ球菌のことである。

通気嫌気性で，食塩耐性をもち，10％食塩培地でも増殖する。黄色ブドウ球菌は，よく知られた食品病原細菌である。食品を腐敗させる活性は低いが，無酸素環境でも増殖する特性があり，真空包装食品でも要注意である。（食中毒菌の項参照）

自然界に広く分布し，土，動物，空気中などに見られる。現在，40種の仲間が報告されているが，特にブドウ球菌エンテロトキシンという毒素を産生する菌が食中毒を起こす。培養基上で黄金色のコロニーをつくるのが特徴である。ブドウ糖を発酵させ，嫌気状態でも増殖する。15％程度の食塩濃度にも強く，pH4.5〜9.3の広い範囲でも増殖が見られる。毒素のエンテロトキシンは7種が知られ，過敏な人では1μgでも反応する。この毒素を不活性化させる温度は，130℃，14分の加熱が必要とされる。

ブドウ球菌の食中毒潜伏期間は短く，平均3時間で，嘔吐，腹痛などは一両日中には回復する。この菌が多く分離される場所は，主に，温血動物の体表，鼻腔，ヒトの体表，家畜，ペット，などである。

6 計　　画

6.1　リスク及び機会への取り組み

6.1.1　（リスク及び機会の決定）

　　食品安全マネジメントシステムの計画を策定するとき，組織は，4.1 に規定する課題，及び 4.2 並びに 4.3 に規定する要求事項を考慮し，次の事項のために取り組む必要のあるリスク及び機会を決定しなければならない。
a）食品安全マネジメントシステムが，その意図した結果を達成できるという確信を与える。
b）望ましい影響を増大する。
c）望ましくない影響を防止又は低減する。
d）継続的改善を達成する。
注記：
- この規格において，リスク及び機会とは，食品安全マネジメントシステムのパフォーマンス及び有効性に関する事象，及びその結果に限定される。
- 組織は，該当する機関の責任下にある公衆衛生上のリスクに直接取り組むことは，要求されていない。
- しかし，食品安全ハザード（3.22 参照）のマネジメントを要求されており，そのプロセスに関する要求事項は，箇条 8 に規定されている。

6.1.2　（リスク及び機会の計画）

　　組織は，次の事項を計画しなければならない。
a）上記によって決定したリスク及び機会に取り組むための処置
b）次の事項を行う方法
　1）その取組の食品安全マネジメントシステムのプロセスへの統合及び実施

2）その取組の有効性の評価

6.1.3 （リスク及び機会に取り組むための処置）

組織がリスク及び機会に取り組むために取る処置は，次のものと釣り合っていなければならない。

a）食品安全要求事項への潜在的影響，及び

b）製品及びサービスの顧客への適合，及び

c）フードチェーン内の利害関係者の要求事項

注記1：リスク及び機会に取り組むオプションには，リスク回避，リスク源を排除する機会を追究するためにリスクを負うこと，可能性又は結果を変更すること，リスクの共有，又は情報を受けたうえでのリスクの存在の容認がある。

注記2：機会には，組織またはその顧客の食品安全ニーズに対応するための新技術及びその他の望ましくかつ実効可能な可能性を利用して，新方式（製品又はプロセスの修正）の採用に至ることができる。

● **規格のポイント・解説**

* 箇条6「計画」と6.1「リスク及び機会への取り組み」は，改訂22000：2018の目玉の一つとも言える新規の要求事項であり，組織のフードチェーンでの関わりのなかで，食品安全マネジメントシステムの目標達成と連動させた活動を要求している。

* 食品安全マネジメントシステムは，PDCAサイクルの運用が基本であり，そのために計画を策定することによって，食品安全マネジメントシステムの有効的活用が可能になる。

* 食品安全マネジメントシステムは，組織の活動を通して，顧客満足度を追究するシステムでもあり，その有効性評価は，組織内外の状況に影響を受ける。

* したがって，組織の食品安全マネジメントシステムは，組織のビジネス環境と常に密接な相互的関係を維持し，機能させなければならない。

* 組織は，発生した不適合に対処して，原因を追究し，改善へとつなげる活動を実施しなければならない。
* そのために，計画に基づいた課題に取り組み，新たな改善の機会とめぐり逢うための努力が求められる。
* 箇条 6.1 項「リスク及び機会への取り組み」では，箇条 4.1 項で明確にした組織内外の課題と，箇条 4.2 項で検討した利害関係者の要求事項を，その重要度を尺度にして決定することを要求している。
* 決定した事項への対応は，箇条 6.2 項で採用することで，利害関係者の要求事項を含む，組織の食品安全マネジメントシステムの構築を要求している。
* これらの実施は，箇条 8 の要求事項でもある。
* 「リスク」は，不確かさの影響と定義され，将来起きる可能性をいう。
  ・ リスクは，システムのあらゆる側面に存在し，システムを構成するすべての前提条件には，不確実さが包含されており，組織のすべてのプロセスと機能にリスクは存在している。
  ・ システムにマイナスに作用するリスクが，システムを脆弱にする要因となり，これを排除することで，より安定したシステム構築が可能になる。
  ・ リスクに基づく考え方とは，マイナスに作用する不確かさを含んだ要因とその影響に関して，システム全体の中でこれらを特定し，管理することを確実にする考え方である。
  ・ リスクに基づく考え方の採用によって，従来の不適合を機に対応する考え方よりは，より不適合の発生を先取りできることになる。
  ・ すべての品質に関わるシステムの脆弱性に起因すると思われるリスクの要因とその影響を排除する対応策を採用する。
* 「機会」とは，既に明らかになっている事柄で，目的の達成に有利な状況や事態をいう。
* リスクの可能性が潜んでいる事例
  ・ 使用原材料の品質管理不備に関するリスク
   （野菜の残留農薬，鶏肉のリステリア汚染，生乳の微生物および薬剤汚染，青魚のヒスタミン汚染，液卵のサルモネラ汚染など，限りない汚染のリスクを負っている）
  ・ 管理標準／管理基準などの不徹底による不適合製品の流出のリスク

6

計画

（工程製品の中心温度基準の管理不備，金属探知機による管理基準の不備
　　など，CCP／OPRP プランの管理基準の設定の不備に潜むリスク）
・　作業手順の不備，工程および設備の不備，作業者への教育や力量不足に起
　　因するリスク
　　（各製造プロセス管理に潜むリスク，清掃から機器類の使用・整備に関す
　　る工程管理の不備に潜むリスク，従事者の無知や教育不足に起因するリス
　　クなど，製造工程全般のリスクとの闘いである）
・　食品輸送に関する管理の不備による事故
　　（食品輸送の温度管理，清掃管理，取扱い，認識などの不備に潜むリスク）
・　測定機器の管理不足，検査機器の管理の不備，取扱い作業者のうっかりミ
　　ス，作業者の教育・訓練不足などによる事故
　　（製造工程の間接的機器類の管理やその取扱いに潜むリスク）
・　目標の進捗管理の不備によるリスク
　　（目標管理の不徹底による顧客の信頼に関するリスクなど）

＊　食品安全上，あらかじめ発生する可能性が高い問題，影響が大きいと思われ
　　る不具合を絞り込み，その絞り込んだ事項に対する具体的な対策を要求して
　　いる。（食品安全の観点から，製品・サービスへの潜在的影響を追究し分析す
　　る組織の力量を要求している）

＊　箇条 4.4 項で明確にした個々のプロセスを，全体の食品安全マネジメントシ
　　ステムに統合させ，この中にリスクと機会を取り込ませ，機会を活かし，不
　　確実性による脆弱性を排除し，より強健な食品安全マネジメントシステムの
　　構築と運用を要求している。

＊　何らかの方法で，事前に発生する可能性がある問題（リスク）を想定し，その
　　重要度に応じた処置や取り組みを要求している。そのためには，例えば，「監
　　視プロセスの増強」「製品規格・基準のレビュー」「供給者と供給原材料の基
　　準の強化」などがである。

＊　「リスク及び機会」の徹底で防止できた大規模食中毒事例分析
　　　［2000 年 6 月に発生した雪印乳業食中毒事件］
　　　雪印乳業大樹工場の生産設備に氷柱が落下し 3 時間停電，工場内のタン
　　　ク内に保存していた脱脂乳が 20 ℃ 以上に温められ，そのまま 4 時間滞
　　　留し，その間に病原性黄色ブドウ球菌が増殖し，毒素（エンテロトキシン

A) が産生され，食中毒の原因となった。

① 遠心分離によって分離された脱脂乳への，病原性黄色ブドウ球菌の汚染のリスク

② 保存タンク内での病原性黄色ブドウ球菌の増殖と毒素（エンテロトキシンA）産生のリスク

③ 氷柱が製造電気設備に障害を与えるリスクとその検索不足（工場の屋根からの地上までの氷柱は，冬季通常の現象であり，決して珍しくない）

④ リスク①とリスク②を回避する（機会）を検討し，廃棄を考慮したが，後工程に加熱・殺菌工程があり，病原性黄色ブドウ球菌を死滅できると判断したことによるリスク

⑤ 病原性黄色ブドウ球菌の産生する毒素（エンテロトキシン）に対する知識不足によるリスク

⑥ 該当仕掛製品の廃棄や廃棄処理による環境などに掛るリスクと消費者に影響するかもしれない重篤性を考慮した「リスク分析の実施と機会」

以上，本事件について，直観的に「リスク及び機会」を記載したが，改訂ISO22000：2018は，組織の食品安全マネジメントシステムに帰属する，4.1項と4.2項に関する「リスク及び機会」の総合的な力量を要求している。

余談：門外漢であるが，アノ原発事故は，原子炉の冷却不能による「リスク及び機会」を，知的集団の企業がどこまで考慮したのであろうか？

例えば，電気機能不能緊急時の液体窒素や液化炭酸ガスの投入設備の付設など・・・・

6

計

画

【参考解説】

「リスク」と「食品安全ハザード」と「機会」

　「食品安全ハザード」は，健康への悪影響をもたらす可能性がある食品中の生物的，化学的もしくは物理的物質と定義される。一方，「リスク」は，不確かさの影響と定義されている。よって，牛の内臓肉に含まれる O157，鶏肉・鶏卵に含まれるカンピロバクター・サルモネラ，青魚加工の不備によって発生するヒスタミン（ヒスタミン産生細菌のヒスチジン脱炭酸酵素による反応）などの物質を「食品安全ハザード」といい，それらの細菌類によって引き起こされるかもしれないそれぞれの疾病現象などが「リスク」である。

また，「機会」は，それらの「リスク」の発生と結果の現象を回避するための適切な技術的改善策をいう。

食品安全ハザードとリスクと機会

食品安全ハザード (例)	リスク	機　　会
インエッグのサルモネラ	嘔吐，発熱，下痢	育雛農業でのワクチン投与
二枚貝中のノロウイルス	嘔吐，発熱，下痢	加熱／衛生的取扱い
缶詰，保存食中のボツリヌス	嘔吐，頭痛，死亡	加熱殺菌 (121 ℃, 4分以上), pH (5.5 以下)，Aw：0.94 以下
カンピロバクター	嘔吐，発熱，下痢	保管・流通温度管理 (10 ℃ 以下)

情報，理解，知識の不備によるリスクと機会

情報，理解，知識の不備によるリスク	機　　会
冷凍・冷蔵能力を超えた青魚の保存によるヒスタミンの発生事故	冷凍・冷蔵能力の適切な管理とヒスタミン産生細菌酵素の知識の習得・教育 (力量)
金属探知機の誤使用や過信による金属片流出事故	金属探知機の原理と適切な使用に関する再教育・訓練

＊(参考規格) リスクマネジメント－原則及び指針／JISQ31000：2010／JISQ2001：2001

● 審査のポイント

＊ 食品安全マネジメントシステムの PDCA を実施し，好ましい結果を達成するために，組織や利害関係者に関して，可能な限りのリスクと改善の機会となる事項を特定すること。
（組織の 4.1 項と 4.2 項で規定した要求事項を考慮すること）

＊ 特定したリスクおよび機会と取り組むための処置方法と食品安全マネジメントシステムとの相関関係を明確にし，その処置方法の有効性を評価することが求められている。

＊ 特定したリスクおよび機会と，取り組むための処置方法は，食品安全要求事項への考えられる影響，製品やサービスの顧客への適合性，並びにすべての利害関係者の要求事項の程度に釣り合ったものであること。

● 審査指摘事例

■ 冷凍食品製造に関する最終製品の潜在的なリスクと，その機会に関する事項が明確になっていません。

　例えば，製品解凍時の残存微生物のリスクと，その具体的な対策など。

■ 入手原料，例えば，冷凍肉に関するリスクと機会が特定されていません。

　例えば，使用原料冷凍肉の潜在的なリスク (飼育時使用の薬剤，病原菌など) と，その対応策など。

■ 組織は，製品である冷凍食品を，遠距離にある顧客の店舗に配送していますが，そのプロセスに関するリスクと機会が明確になっていません。

■ 組織は，フライ麺製造に関する含有油脂の法的要求事項に関するリスクは明確にしていますが，実際のそのリスクの機会に関する処置方法が，食品安全マネジメントシステムのプロセスと整合していません。

■ 組織は，関連冷凍会社から，冷凍青魚を仕入れ，缶詰を製造していますが，関連会社が保管する原漁のヒスタミンに関するリスク管理の不備が観察されました。原漁冷凍庫の温度管理と冷凍能力の関係による鮮度低下のリスク管理と機会の明確化などが求められます。

6

計

画

【参考】食品安全マネジメントシステムへの「リスク及び機会」導入手順

Ⅰ. 食品安全チームは，「リスク及び機会」導入に先駆けて，「組織の企業方針と現状と将来の課題等」について，より具体的に把握し，文書化すること。

　＊　営業関係：顧客等利害関係者 (例えば，アウトソース先からの安定的供給・品質維持向上など) に関する

　＊　原材料資材購入関係：海外及び国産に関する安定供給及び品質維持・向上に関する

　＊　工場運営関係全般関係：フローダイアグラム・QS 工程表・作業分析などに関する，PRPs (ISO／TS22002-1) 該当事項及び主要機器類の総合的メンテナンス事項 (例えば，主要部品の安定的供給など) に関する

　＊　人的資源に関する事項：要員の安定的確保及びコミュニケーション不足による・教育訓練不足等 (例えば，従事者の長期疾病による休職などに対する) に関する

Ⅱ．食品安全チームは，関係部門のスタッフと分担して，「リスク及び機会」抽出チームを編成し，例えば，KJ法などを活用しながら，抽出した「リスク及び機会」を，部門ごとの関係事項事にまとめる。

* 「リスク及び機会」抽出事例は，本書「規格のポイント・解説」「参考事例」参照。

* 工場運営関係全般に関する，「リスク及び機会」の抽出対象事項は，ハザード分析で特定した，CCP及びOPRP以外の懸念される事項である。

Ⅲ．食品安全チームは，Ⅱ．で抽出した「リスク及び機会」について，企業として優先して運用・管理すべき事項を特定し，各部門の活動目標に展開し，例えば定期的な部門会議等でその進捗管理状況等を議論し，その結果を，マネジメントレビューのインプット情報とする。

食品安全基礎知識

化学物質とリスク評価

フードチェーンの生産，供給，加工，保存，すべての段階での食料の安全性向上には，農薬，殺菌剤，洗浄剤，食品添加物などが使用されるが，それらの特性を正しく理解する必要があり，消費者に健康被害をもたらさないための使用基準が定められている。

フードチェーンの最上流の農業生産では，各種農薬・殺虫剤をはじめ農作物の成長抑制・促進剤があり，畜産業では，動物医薬品や各種飼料添加物（栄養剤，品質低下防止剤）などさまざまな添加剤が使用されている。食品製造加工では，食品添加物が保存の目的や品質改良の目的で広く使用されているが消費者の健康被害リスクを増加させないようにリスク分析，リスク評価やリスク管理が行われ，「ファームからテーブル」までの安全性がコントロールされている。

食品安全基本法における安全確保の手法は，第一に動物実験による毒性試験で無毒性量（NOAEL：no observed adverse effect level）を確認することです。第二に1日摂取許容量（ADI：acceptable daily intake），すな

わち人が生涯にわたって毎日摂取することができる体重 1kg 当たりの量の算出，第三に摂取量が ADI を超えない使用基準の設定である。

　これらのリスク評価手法は，対象となる物質の摂取によって発生するかもしれない健康被害の発生率とその深刻程度を推定する手法である。

　有害性の確認と用量反応特性テストは，動物実験が行われ，食品添加物の指定申請には，安全性確認資料として，その起源，発見の経緯，外国での使用実績，物理化学的性質および成分，有効性，安全性（毒性に関する資料，体内動態に関する資料，1 日摂取量に関する資料），使用基準案などの詳細な資料が要求される。

　長期の摂取量毒性試験結果について検討され，無毒性量のうち最も低値の無毒性（NOAEL）から 1 日摂取許容量（ADI）を求める。げっ歯類（哺乳綱齧歯目に属する動物の総称で，ネズミ，リス，ビーバーなど）の 2 年間試験は，ヒトの一生涯に対応する試験として慎重に検討・評価される。なお，「ヒト」は生物学的存在を意味し，「人」は社会的存在を意味することで，区別して使用される。

　ADI は，実験結果から得られる NOAEL の 1/100 を想定する。この 100 の根拠は，種差 10，個体差 10 の積である。例えば，NOEAL：10 ミリグラムは，ADI：0.1 ミリグラムである。

　リスク管理のステップとして基準値の設定のまえに，理論最大摂取量を求め，摂取量の目標値を設定する。

　残留農薬や食品添加物の場合，マーケットバスケット法や陰膳法などによって，人の推定摂取量（暴露法）を求める。

　リスク特性は，有害性の確認や用量反応評価として得られる ADI と暴露量（目標値の摂取量または推定および調査の実態からの 1 日摂取量）の比較値によって判断される。

　安全性確保としての基準値の設定は，NOAEL をヒトの 1 日摂取量で除したものであり，安全係数における種差と個人差の積に相当する 100 倍程度を基準値としている。

　使用基準の設定は，残留基準値を超えないように農薬や食品添加物の使用法が制限され，また，使用してよい対象作物や食品が定められ，それによる使用法や使用量が規定される。各作物あるいは食品ごとに最大残留量が推定

6

計画

され，その総和が ADI よりも十分に余裕をもって小さくなるように使用基準が設定される。

6.2　食品安全マネジメントシステムの目標及びそれを達成するための計画策定

6.2.1　(FSMS の目標設定)

　組織は，関連する部門及び階層において，食品安全マネジメントシステムの目標を確立しなければならない。

　食品安全マネジメントシステムの目標は，次の事項を満たさなければならない。

a）食品安全マネジメントシステム方針と整合していること。

b）測定可能 (実行可能な場合) であること。

c）法令／規制要求事項及び顧客の要求事項を含む，適用される食品安全要求事項を考慮に入れていること。

d）監視 (モニタリング) され，検証されること。

e）伝達されること。

f）必要に応じて適宜，維持及び更新されること。

　組織は，食品安全マネジメントシステムの目標に関する，文書化した情報を保持しなければならない。

6.2.2　(FSMS の目標達成のための計画策定)

　組織は，食品安全マネジメントシステムの目標をどのように達成するかについて計画するとき，次の事項を決定しなければならない。

a）実施事項

b）必要な資源

c）責任者

d）達成時期

e）結果の評価方法

● 規格のポイント・解説

* 新規の見出しであり，旧版の箇条 5.3 項「食品安全マネジメントシステムの計画」に該当し，目標管理について，より具体的にその計画や達成の方策を規定している。
* 箇条 6.2.1 項は，食品安全マネジメントシステムの目標を設定し，箇条 6.2.2 項は，目標の達成計画についての要求事項である。
* 組織の食品安全目標は，食品安全マネジメントシステム方針と整合し，判定可能で，かつモニタリングや検証されるなど，より具体的な目標達成の進捗管理が要求されている。
* 目標達成計画には，いつまでに，誰が，どのようになど，例えば，「食品安全目標管理シート」などによる進捗状況の管理や具体的な評価が要求されている。

● 審査のポイント

* 組織の食品安全マネジメントシステム方針と整合した目標が設定され，各部署に展開され，具体的な目標達成のための要件を満たし，計画どおりに，その進捗状況が適切に管理されているかが，審査の重要ポイントである。
* 目標の設定とその達成は，すべての要員自身の業務と整合していること。

● 審査指摘事例

■ 組織は，食品安全マネジメントシステム（FSMS）の導入間もないこともあってか，食品安全目標として，① 整理・整頓の徹底，② 洗浄・殺菌の慣行，③ 5S 活動の実施，などが設定されていますが，食品安全目標としては，判定がやや困難です。組織の安全・安心な製品の実現に直接影響するような目標の設定が望まれます。 例えば，初年度からでも，次のような製造部門の

食品安全目標も考えられます。① 昨年対比，食品安全クレームを半減させる。② 毛髪や昆虫など製品への異物混入を昨年対比 30 % 削減する。③ 魚介類加工冷凍食品製造プロセスにおいて，急速冷凍前の一般生菌数を 10,000/g 以下にする。④ ハム・ソーセージ製造プロセスにおける塩漬前豚肉の生菌数を 100,000/g 以下にする。⑤ 全製造作業要員に食品安全衛生教育を年 6 回以上実施する，などが挙げられます。

■ 食品安全目標として，例えば，「昨年対比，食品安全クレームを半減させる」の目標に対して，1 年後のゴールを見据えた進捗状況が監視されていませんし，継続的改善への手順も確認できません。例えば，「食品安全目標管理シート」などによる監視・測定など，FSMS をより有効にする手段とその運用が望まれます。

また，直接の製造作業員自身の日常業務との関わりが明確になっていません。

食品安全基礎知識

サルモネラ

世界中の食中毒件数・患者数で上位を占める重要な食中毒菌であり，大腸菌に近い性状を示すが，大腸菌と異なり乳酸を発酵せず，クエン酸を利用し，硫化水素をつくる。しかし，例外もあるので注意を要する。サルモネラ菌の種類には，ヒトにチフス症を起こすチフス菌，パラチフス菌，および食中毒を起こす血清型がある。

油脂類と共存するとヒト腸管内での殺菌に逃れやすく，最小発症量は，10 個以下といわれている。食中毒の潜伏期間は，18 時間から 36 時間といわれ，吐き気，発熱 (38 ℃ 前後)，腹痛，下痢で，2，3 日で軽快，約 1 週間で回復するが，幼児などは警戒を要する。サルモネラ菌は熱に弱く，70 ℃，数分の加熱で死滅する。

サルモネラは，哺乳類などあらゆる陸上動物の腸内に生息し，感染源は鶏肉をはじめとする肉類，鶏卵，およびその加工品などがその原因食品となる。わが国でも 1995 年以降特にサルモネラ・エンテリティディスによる食中毒が急増している。鶏卵からの汚染は近年特に多く，卵表面からだけでなく鶏の母体内での垂直感染も確認されており厄介な問題である。(インエッグ

のサルモネラ汚染)

　したがって，育雛農場や採卵養鶏場における鶏の健康管理や衛生管理の徹底，生の卵を使用する食品工業分野の衛生的取扱いが必要である（因みに，育雛農場では，厳密なワクチネーションプログラムによる徹底した管理が実施されているが…）。

6.3　変更の計画

　組織が，人事異動を含めて食品安全マネジメントシステムへの変更の必要性を決定した時，その変更は計画的な方法で実施され，伝達されなければならない。

　組織は，次の事項を考慮しなければならない。

a）安全な食品生産の供給及び維持のための変更の目標及びそれによって起こり得る結果

b）食品安全マネジメントシステムの「完全に整っている状態」

c）変更を効果的に実施するための資源の可用性

d）責任及び権限の割り当て又は再割り当て

● 規格のポイント・解説

＊ 新規の見出しであるが，旧版の箇条 5.3 項「食品安全マネジメントシステムの計画」の変更に関する要求事項の詳細版である。

＊ この要求事項は，食品安全マネジメントシステムの変更を計画的，かつ適切に実施しないと，時として，新しい食品安全ハザードの混入やリスクを見落とすことが懸念されるからである。

＊ 食品安全マネジメントシステムへの変更の必要性には，例えば，大幅な人事異動，技術革新（新技術の導入），利害関係者の要求事項の変更，ビジネス環境の変化（対外的な販売システムの変更，国内における主力原料の調達困難など），箇条 7 に関連するインフラの変更，箇条 8 に関連する運用プロセスの変更などが挙げられる。これらの変更のすべてを，箇条 9 でレビューし，

6

計

画

箇条 10 で改善に結びつけ，食品安全マネジメントシステムをより効果的に変更することを目的としている。

* 変更は，「リスク及び機会」へも直結した関係事項でもある。

● 審査のポイント

* 食品安全マネジメントシステムに影響を与える変更が発生した場合の処置は，規定されている要件を満たして，計画・実施されているかがポイントである。
* 食品安全マネジメントシステムに影響を与える製造プロセスの変更について，人的資源も含めた適切な計画の基に確実に実施されているかが審査される。

● 審査指摘事例

■ 組織は，大幅な人事異動を実施しているにもかかわらず，食品安全マネジメントシステムへの影響などレビューした計画が確認できませんでした。

■ 製造プラントや製品仕様が大幅に変更になっているにもかかわらず，その具体的な計画が確認できませんでした。

■ 食品安全目標が変更になっていましたが，その具体的な変更理由などを食品安全チームで検討した記録が確認できませんでした。

■ 主要原料が，国内から国外に変更になっているにも関わらず，関連した要求事項，例えば，「リスク及び機会」「ハザード分析」などをレビューする計画が確認できませんでした。

食品安全基礎知識

腸管出血性大腸菌と食中毒

　O157 が代表的な菌株で，発症事例が多い。1982 年のアメリカオレゴン州，ミシガン州でのハンバーガー事件をはじめ，カナダ・オタワでのカニサンド事件など各国で発症し，我が国では 1996 年の岡山県・大阪府をはじめとする全国的な集団発生が社会問題となった。特に幼児，老人の被害が顕著である。赤痢菌と同じようなベロ毒素（アフリカミドリサルのベロ細胞

を破壊する作用に由来) を産生する。

　これらの菌種の鑑別は難しく，血清型試験やベロ毒素の DNA などの同定が必要である。この感染症の潜伏期間はかなり長く，普通 4～8 日である。発症菌数は極めて少ないため，水などからヒトへと伝染するものと考えられる。汚染源はアメリカにおいては，ハンバーガーが多く，わが国では，古くはカイワレ大根の種子が疑われたが，2011 年の富山県をはじめ 3 県で発生したユッケによる食中毒事件では 5 名が死亡し，患者数は 181 名，2012 年の札幌市を中心に発生した白菜浅漬による食中毒事件では 8 名が死亡し，患者数は 169 名であった。また，最近では，2017 年 9 月 13 日，埼玉・群馬両県の系列惣菜店のポテトサラダなどによる O157 集団食中毒で，3 歳の女児が 死亡した。

　ほかの大腸菌同様に熱に弱く，68 ℃ までに速やかに死滅する。しかし O157 を含むこれらの菌は，酸に強く pH1.5 でも生存するデータもあり，pH3.8～4.0 のマヨネーズや，pH3.6～4.0 の果汁炭酸飲料では，長期生存したとの報告もある。また水分活性の低い発酵，乾燥食品や，－ 20 ℃ での保存においても長期間生存するので，食品製造加工においては，特に衛生的な取扱いに注意を要する。

6

計

画

7 支　　援

7.1 資　　源

7.1.1 一　　般

> 　組織は，食品安全マネジメントシステムの確立，実施，維持，更新及び継続的改善に必要な資源を決定し，提供しなければならない。
>
> 　組織は，次の事項を考慮しなければならない。
>
> a) 既存の内部資源の実現能力及び全ての制約，及び
>
> b) 外部資源から要求される資源

● 規格のポイント・解説

* 旧版の一部に新規の見出しや新規表現が追加されているが，基本的な要求事項に変更はない。

  ・ 食品安全マネジメントシステムの構築，運用，管理には，組織内部資源と外部提供者からの資源が必要である。

  ・ 「外部資源から要求される資源」とは，例えば OEM (Original Equipment Manufacturer) で，製造・販売を実施している場合などの外部経営資源，外部利害関係者の要求する経営資源，親会社からの人的資源などが該当する。

7.1.2 人　　々

> 　組織は，効果的な食品安全マネジメントシステムを運用及び維持するためには，必要な力量のある人々 (7.2) を決定し，提供しなければならない。
>
> 　食品安全マネジメントシステムの構築，実施，運用又は評価に外部の専門

家の協力が必要な場合は，外部の専門家の力量，責任及び権限を定めた合意
の記録又は契約を，文書化した情報として利用可能な状態にしておかなけれ
ばならない。

● 規格のポイント・解説

* 表題の「人々」も新規の見出しであるが，要求事項は，効果的な食品安全マネ
  ジメントシステムを運用・維持するための人々の力量の重要性を強調している。
* 食品安全マネジメントシステムの有効的な運用に必要な人材を確保し，プロ
  セスに必要な力量の人材を該当するプロセスに配置することを要求している。
* 力量そのものは，別途，7.2 項「力量」に規定している。
* 効果的な食品安全マネジメントシステムの運用・維持のために，外部専門家
  が必要な場合には，その専門家の力量なども明確にすることを要求している。
  （ちなみに，ISO22000：2018 の外部専門家であれば，微生物に関する学識
  経験や食品加工などの実務経験などが問われる）

食品安全基礎知識

食品微生物と pH

　微生物のなかには pH1〜2 の酸性でも増殖でき，最適 pH が 2〜3 でしか
も，pH1 で生存する微生物も発見されている。しかし，食品一般の細菌で
はその増殖限界は pH3〜4 で，カビ・酵母は pH1.6〜3.2 であると報告さ
れている。

　また，アルカリサイドに抵抗を持つ pH10〜11 の領域で生活する微生物
もあるが，アルカリサイドの食品は，中華生麺，ピータンなど（石灰，アン
モニアのアルカリ性保存食品）であり，食品とアルカリ性・微生物の関わり
の事例は少ない。

7

支

援

7.1.3 インフラストラクチャー

組織は，食品安全マネジメントシステムの要求事項に適合するために必要とされるインフラストラクチャーの明確化，確立及び維持のための資源を提供しなければならない。

注記：インフラストラクチャーには，次のものが含まれる。

— 土地，容器，建物及び関連ユーティリティ
— 設備，これにはハードウェア及びソフトウェアを含む
— 輸送のための資源
— 情報通信技術

● 規格のポイント・解説

* 旧版の箇条 6.3 項よりも，具体的な要求事項となっている。
* 記載事項は，箇条 6.1 項のリスク及び機会の対象事項ともなり得る。
* 「輸送のための資源」とは，例えば，国内外の食品輸送に関する保管施設，コンテナや専用配送車などを指す。
* 注記に示される事項については，ISO／TS22002-1 について別記した附属書 1「ISO／TS22002-1　要求事項と解説・実施例」を参照されたし。

● 審査のポイント

* 食品安全マネジメントシステム運用に関するインフラストラクチャーの特定とそのメンテナンスを含む適切な維持・管理状況が審査のポイントとなる。

● 審査指摘事例

■ 「食品安全マニュアル」では，必要とするインフラストラクチャーについて，「食品安全インフラストラクチャー一覧表」に明確にする手順になっていますが，その文書で特定されている製造機械，ボイラー，廃水処理設備で，直接

的に食品安全の維持・運用に必要とされる，例えば，レトルト殺菌機，フライヤー，温度計，CIP 殺菌・洗浄システム，乾燥機温度計，金属探知機，X 線異物検出機などに関するメンテナンス計画が確認できませんでした。

■ 「食品安全マニュアル」では，食品安全マネジメントシステムに必要となるインフラストラクチャーを明確にする手順になっていますが，製造に関する設備やボイラーなどのユーティリティに限定されており，規定された要求事項を網羅した手順とは言えません。その他の設備は次のようなものがあります。

- ・ 試験・検査機器
- ・ 緊急事態対応システム
- ・ 情報管理に関するソフトウェア設備など。

■ 食品製造現場の OPRP や CCP 特定機器類の表示の明確化を推奨します。（管理限界，管理基準の明記も含む）

例えば，CCP に設定されている「金属探知機」に CCP-1 と表示し，できれば，その管理基準 (Fe：ϕ 1.0mm，Sus：ϕ 2.0mm など) を明記するなど。

■ 食品製造施設の機械・機器類の中から，より食品安全に関わる機器類を選択・特定し，該当する機器類についての，食品安全メンテナンス計画と実施に関する手順の明確化が要求されます。

現状ではすべての機器類が網羅されていますが，定期的な食品安全メンテナンスが実施される手順とは言い難い状況が観察されました（いつ，誰が，どのように定期的なメンテナンスを計画し実施するのかなど）。

7
支援

食品安全基礎知識

腸炎ビブリオ

　腸内細菌と類似の性状や生態を持っているが，ビブリオは，海洋をすみかとしている点で，腸内細菌とは異なる。この細菌は海洋の主な細菌類の一つで，陸の腸内細菌に似た生態系を持ち，海の動物（魚類など）に寄生している。グラム陰性の桿菌で，大部分が極在性の 1 本のベン毛をもっている。本菌は，ほかの多くのビブリオ科細菌と異なり，スクロースを発酵させないので，TCBS 寒天培地で容易に識別が可能である。

　魚介類の体表，エラ，腸内などで，かつ酸素のない環境で極めて速く増殖

し，腐敗原因となる。ヒスチジン脱炭酸酵素を持ち，ヒスタミンを産生し，中毒原因となる。

　1950 年大阪のシラス干し食中毒で 20 名が死亡した事件は，後になり原因菌がビブリオ属であることがわかった。ビブリオは特に夏季には多く見られる。しかしほとんどのビブリオは人に対し病原性を持たないとされており，そのなかで溶血性株が耐熱性の毒素を産生し，溶血性を持っている。腸炎ビブリオは，食塩濃度が 2～3 % で最も増殖が速く，8 分で 1 回の分裂を起こし 1 時間半では，1 個が 4,000 個になる計算。

7.1.4　作業環境

　組織は，食品安全マネジメントシステムの要求事項に適合するために必要な作業環境の確立，管理及び維持のための資源を明確にし，提供し，維持しなければならない。

注記：適切な環境は，人的要因及び物理的要因の組み合わせで有り得る。

　a) 社会的要因（例えば，非差別的，平穏，非対立的）

　b) 心理的要因（例えば，ストレス軽減，燃え尽き症候群防止，心のケア）

　c) 物理的要因（例えば，気温，熱，湿度，光，気流，衛生状態，騒音）

これらの要因は，提供する製品及びサービスによって大いに異なる。

● 規格のポイント・解説

* 旧版の箇条 6.3 項に該当し，より具体的な要求事項となっている。

* 注記の「適切な環境は，人的要因及び物理的要因の組み合わせで有り得る。」とは，例えば，プロセスの機器類と適切な人員の配置などを指している。

* ISO 9000 では，作業環境を「作業が行われる条件の集まり」と定義しており，物理的，社会的，心理的，環境的要因を含むとしている。
  （例えば，温度，照明，表彰制度，業務上のストレス，人間工学的側面，大気成分など）

* 作業環境は，製品要求への適合に影響がある作業環境を意図しており，作業

者の安全確保のための作業環境に関連し，過重労働や精神ストレスを与える人間関係なども含まれる。

* 食品安全マネジメントシステムに要求される作業環境の要求事項は，食品安全を実現するための作業環境，すなわち適切なゾーニング，人，物，空気の流れや，作業場の温度，湿度，照明，衛生状態，騒音，臭気，トイレ，休憩室などすべての環境が含まれる。

● 審査のポイント

* 作業環境の要求事項は，製品カテゴリーや業種によっても差異があるので，関係業界団体の要求事項（各種衛生規範参照）なども考慮することが肝要である。

* 食品安全衛生に配慮された作業環境であること。

● 審査指摘事例

■ ゾーニングは設定されていますが，原材料の流れ，人の動き，空気の流れなどが整合しておらず，交差汚染の可能性が観察されました。

■ 食品製造プロセスにおいて，目視による異物検査が実施されていますが，検査場所の製品表面上の照度は，最低基準の 500 ルクスを満たしているとは思えず，まず照度測定により，目視検査工程に適切な照度を確認することが肝要です。

■ 食肉製品製造工程（細切・混和工程）付近のフロアの排水溝に食肉加工残渣が沈降しており，その近辺から異臭が感じられました。残渣や廃水に対する認識の改善が望まれます。

■ 冷凍たこ焼き製造工程において，製品を焼き容器から剥離させる振動から発生する音は，不快感を覚えるほどのホーンであり，現場責任者もその数字を確認していませんでした。
適切な作業環境の維持のため，その環境調査と改善が求められます。

7

支

援

食品安全基礎知識

カンピロバクター

　ヒトや動物の腸内，口腔などに寄生し，動物の腸炎を起こすことで知られる。1982年札幌で起きた井戸水による食中毒事件は，このカンピロバクターと毒素原生大腸菌の混合感染と特定され，感染者は最終的には8,000人に及んだと報告されている。カンピロバクター属の内で，ヒトに腸炎を起こす菌種としてカンピロバクター・ジェジュニとカンピロバクター・コリが知られているが，実際に検出されるのはほとんどカンピロバクター・ジェジュニである。

　最近，この菌による食中毒は増加の傾向にあるが，食中毒の症状が比較的軽いので届けられないケースも多い。

　この食中毒は，わずかの菌数が口に入っても発症しやすく，腹痛や下痢が主な症状である。比較的軽い場合が多いが，時に脱水症状や敗血症を起こす。この菌による発症の原因は，肉類，非加熱牛乳，汚染井戸水などである。鶏肉などの肉類はこの菌に汚染されている可能性も高く，これらの製品はカンピロバクター食中毒の主要な原因になっている。(例えば，鶏肉の唐揚げの加熱温度の不足など)

　この菌は熱に弱くまた30℃以下では増殖できず，乾燥状態や食塩にも弱い。総合的に，70℃加熱，3％食塩，低温，乾燥（水分活性）を制御条件として管理すれば安全とされている。

7.1.5　食品安全マネジメントシステムの外部で策定された要素

　組織が，食品安全マネジメントシステムの，PRP及びハザード管理計画を含む外部で策定された要素を用いて，その食品安全マネジメントシステムを確立，維持，更新及び継続的改善をする場合には，組織は，提供された要素が次のとおりであることを確実にしなければならない。

a）この規格要求事項に適合して策定されていること。

b）組織の現場，プロセス及び製品に適用可能なこと。

> c）食品安全チームが，組織のプロセス及び製品に特に適合させてあること，及び
>
> d）この規格で要求されているように実施，維持，及び更新されていること。
>
> e）文書化した情報として保持されていること。

● 規格のポイント・解説

＊ 新規の要求事項であるが，本項は，例えば，外部委託作業に関する外部策定要素，OEM に掛ける外部策定要素や親会社の策定要素などを，組織に取り入れて，食品安全マネジメントシステムを確立，運用，維持する場合の要求事項を規定している。

　すなわち，組織が外部的要素を取り入れる場合でも，必ず，本規格との整合や該当組織への適用を確実にすることを要求している。

　a）外部で策定された要素と本規格の食品安全マネジメントシステムが整合していること。

　b）組織の製造プロセスに適用可能であること。

　c）食品安全チームが外部要素を十分に理解し，組織の製造プロセスと適合させ，PDCA を運用すること。

● 審査のポイント

＊ 食品安全チームは，外部で策定された要素を用いて策定した食品安全マネジメントシステムを運用する場合，組織の食品安全マネジメントシステムに関するすべての要素との整合性を十分に認識し，その適合性を確実にしなければならない。

● 審査指摘事例

■ 組織は，ISO／TS22002-1 の箇条 6.4 項「空気の質及び換気」に関する要求

7

支援

事項，箇条6.5項「圧縮空気及び他のガス類」に関する要求事項について，親会社の策定した同「RPR管理規程」をそのまま組織のものとして，食品安全マネジメントシステムに組み込んでいましたが，組織の製造プロセスの実態と整合していませんでした。

■ アレルゲンの管理について，親会社の策定した「アレルゲン管理規程」に記載されている作業手順と組織のアレルゲン計量現場の作業手順との整合性が確認できませんでした。

7.1.6 外部から提供されたプロセス，製品又はサービスの管理

> 組織は，次の事項を行わなければならない。
> a) パフォーマンスの評価，選択，監視（モニタリング），及びプロセス，製品又はサービスの外部提供者の再評価のための基準を確立し，適用する。
> b) 外部提供者に対して，要求事項を適切に伝達する。
> c) 外部から提供されたプロセス，製品又はサービスが食品安全マネジメントシステムの要求事項を一貫して満たすことが出来る組織の能力に悪影響を与えないことを確実にする。
> d) これらの活動及び評価並びに再評価の結果としての必要な処置について，文書化した情報を保持する。

● 規格のポイント・解説

* 箇条7.1.6項は，新規の箇条7.1.5項に関連する要求事項であり，外部提供者（例えば，外部専門家を含むOEMなど）から委託された有形・無形のプロセスに対する相互要求事項の再評価に関する事項である。
（注）ISO9001：2008では，「供給者」，ISO9001：2015では，「外部提供者」といい，組織の一部でない提供者であり，製品やサービスの生産者，流通者，小売業者，販売者をいう。
a) 外部から委託された事項のパフォーマンス（測定可能な結果）の評価，モニタリング結果，プロセス，製品・サービスなど，すべてについて再評価する基準を設定し運用すること。

b）外部提供者に対して，食品安全マネジメントシステムの要求事項を正確に伝達することを要求している。

c）外部から提供されたプロセス，製品・サービスを実施できる組織の能力を確認すること。

d）a)～c)の活動の評価の結果，必要な処置事項は記録を残すこと。

● 審査のポイント

＊ 外部提供者（外部専門家を含む OEM など）から委託された有形，無形のプロセスに対する評価基準が明確になっていること。

＊ 外部委託事項と組織の受託能力の評価が明確になっていること。

＊ 外部委託者の力量，責任，権限などが確実に承認されていること。

＊ a)～d)項に関する活動に対する評価と必要な処置について，文書化された情報（記録）が維持されていること。

● 審査指摘事例

■ 組織は，外部が提供した製品を販売しているにも関わらず，その評価基準を再評価した記録を確認できませんでした。

■ 組織は，外部専門家による製造プロセスのモニタリング手順の構築などを採用していますが，組織の食品安全マネジメントシステムとの適合についての評価が確認できませんでした。

■ 採用した，外部専門家の力量評価の記録が確認できませんでした。

7

支

援

食品安全基礎知識

食品微生物の分類と適応温度

食品微生物		温度 (℃)		
		最低	最適	最高
低温細菌	好冷細菌または偏性低温細菌	− 10	10〜15	18〜20
	通性低温細菌	− 5	20〜30	35〜40
中温細菌		5〜10	30〜37	約 45
高温細菌	通性高温細菌	10	42〜46	約 50
	好熱細菌または偏性高温細菌	25〜45	50〜80	60〜85

7.2 力 量

組織は，次の事項を行わなければならない。

a) 組織の食品安全パフォーマンス及び食品安全マネジメントシステムの有効性に影響を与える業務を，その管理下で行う，外部提供者を含めた人（又は人々）に必要な力量を明確にする (3.4 参照)。

b) 適切な教育，訓練又は経験に基づいて，食品安全チーム及びハザード管理計画の運用に責任をもつ者を含め，それらの人々が力量を備えていることを確実にする。

c) 食品安全チームが食品安全マネジメントシステムの開発及び実施について，多くの分野にわたる知識と経験を組み合わせたものをもつことを確実にする。

これらには，食品安全マネジメントシステムの範囲内での組織の製品，プロセス，機器及び食品安全ハザードを含むがこれだけに限らない。

d) 該当する場合には，必ず，必要な力量を身に付けるための処置をとり，とった処置の有効性を評価する。

e) 力量の証拠として適切な文書化した情報を保持する。

注記：適用された処置には，例えば，現在雇用している人々に対する，教育訓練の提供，指導の実施，配置転換の実施などがあり，また，力量を備えた人々の雇用，そうした人々との契約締結などもあり得る。

● 規格のポイント・解説

* 力量について，旧版の箇条 6.2.1，6.2.2，7.3.2 項の要求事項に該当するが，新規では，力量の重要性をさらに強調し，かつ，より具体的な要求事項を規定している。

* 人的資源である要員の確保のなかで，食品安全チームはもとより食品安全に影響を与える活動に従事する要員には，適切な教育・訓練，技能，経験などを総合した，いわゆる力量が要求される。JIS Q 9000 で力量は「知識と技能を適用するための実証された能力」と定義されており，実際の業務にそれらの能力がバランスよく活用される状態を要求している。

  a）組織の食品安全パフォーマンス（食品安全活動の結果）と食品安全マネジメントシステムの有効性に影響を与える業務に従事している外部提供者を含めた人々に対し，必要な力量を明確にすること。

  b）食品安全チームやハザード管理計画の運用に責任をもつ関係者の力量が明確であること。

  c）食品安全チームの各メンバーは，食品安全に関する広範囲な力量を有していること。

  d）必要な力量を身に付けるための処置，例えば，再教育を含め，場合によっては，適材適所のための配置転換などを実施した処置の有効性を評価すること。

  e）「力量の証拠として適切な文書化した情報」とは，力量が証明される文書類のこと。

（注）JISQ9001：2015 では，力量を「意図した結果を達成するために，知識及び技能を適用する能力」と定義している。

● 審査のポイント

* 食品安全マネジメントシステムに関与し，食品安全に影響を及ぼすすべての従事者（外部提供者を含む）について，力量が明確になっていること。

* 食品安全チームや食品安全ハザードの運用に責任のある要員について，力量を明確にしていること。

* 食品安全チームの各位は，食品安全に関する力量（知識，技能，経験）を有していること。
* 力量を備えるために特別に実施した処置に対しての有効性を評価していること。
* 食品安全に影響を与える活動に従事する要員に対して，力量を明確にし，かつ評価（力量の程度）を確実にしていること。
* 力量をより効果的に向上させるために，どのような手順で教育・訓練を実施し，その有効性を評価し，かつ以降の活動に活用されているか，明確になっていること。
* 要員の力量評価・判断にかかる適切な教育・訓練実施記録が維持されていること。
* 要員は，食品安全にかかる重要性や，内，外のコミュニケーションに対する重要性について，認識していること。（箇条 7.3 項関連）

● 審査指摘事例

■ 規格には，食品安全チームメンバーが関連する訓練や教育を受けられることを確実にすること，とあります。しかし，過日実施の「食品安全衛生の基礎知識」に関する講習会を欠席した要員に対するフォロー教育が実施されていませんでした。

■ 規格では，食品安全マネジメントシステムのモニタリングを担当する要員の教育・訓練が行われることを確実にすることが要求されています。
「OPRP プラン」による，冷凍加工製品の袋入れ工程で，その品温をモニタリングすることが規定されていますが，モニタリング実施担当者の教育・訓練の実施記録が確認できませんでした。

■ 組織は「非加熱冷凍カキフライ」の製造を受託していますが，食品安全チームメンバーの 1 人にインタビューしたところ，製品に直接関係するような微生物に関する知識を確認できませんでした。

■ CCP 工程としている金属探知工程や X-Ray 工程に必須とされる教育・訓練内容をより詳細に設定・実施し，評価することが望まれます。例えば，金属探知機の感知の強弱の位置関係に関する知識など。

■ 「加熱・冷却ライン力量表」が評価・承認されていますが，2 年前に評価・承

認されたものであり，最新の評価が求められます。

■ 教育訓練の効果の確認として実施されている「理解度確認テスト」の質問項目には，実施した教育・訓練の理解度に関する設問が確認できませんでした。例えば，CCP モニタリング（金属探知機）の原理に関する基礎事項など。

■ 規格では，食品安全に影響する活動に従事する要員に必要な力量を明確にすることが要求され，「食品安全マネジメントマニュアル」には，食品安全に関して必要な力量を「食品安全力量評価表」に明確にすると規定しています。しかしながら，官能検査については，その力量評価が明確になっていませんでした。

■ 各製造工程のウエイトチェッカーと金属探知機からリジェクトされた「不適合である可能性のある製品」を修正・検証し，規定されたラインプロセスへフィードバックする手順は確立されていますが，このプロセスを検証する要員について，教育・訓練が実施され，評価された力量が，「製造課力量表」から確認できません。

　ただしこの要員は，ライン主任としてベテランであることは，現場インタビューで確認できました。

■ 食品安全に関する業務を実施している開発部や営業本部の各要員に必要な力量が明確にされていません。また，要員には食品安全に関して自らの仕事の重要性を認識させるために「食品安全方針自己管理表」を作成させ，各部署長が確認していますが，その有効性の観点から，その利用方法や手順に改善の余地が観察されました。

■ 食品安全衛生に関する教育・訓練を実施していましたが，欠席した要員に対するフォローアップ教育が未実施のまま数か月が経過しており，実施手順に改善の余地が観察されました。

■ 水産練り製品製造工程からリジェクトされた，不適合である可能性のある製品について，修正・検査し設定された工程へリリースする手順は確立されていますが，この検査する要員についての教育・訓練が行われ，力量が担保されことを立証する記録が確認できません。

■ 食品安全チームリーダーは，指名した食品安全チームメンバーが適切な訓練・教育を受けられることを確実にすることが規定されていますが，メンバーへのインタビューによって，一部食品安全基礎知識の不備が確認され，かつ適切な訓練を実施した結果や今後の実施計画などが確認できませんでした。

7

支

援

■ 「検査検品実施基準」に従って，検品評価チェックリストを用いて検品 (官能検査) を実施していますが，官能検査要員の力量を確認できませんでした。

■ CCP 加熱殺菌工程に従事する要員の力量評価は，「社内有資格者認定リスト」に明確になっていましたが，水産加工製品に該当すると思われる微生物についてインタビューしたところ，「腸炎ビブリオ」に対する基礎知識を確認することができず，力量の評価基準に改善の余地が観察されました。

■ 「食品安全力量表」には，内部監査員に要求される必要な力量が明確にされておらず，力量があることが確認できない要員によって内部監査が実施されていました。また，内部監査員の力量評価に使用した教育訓練の記録が維持されていません。

■ 直接食品に使用している井水の残留塩素検査を毎日実施していましたが，活性塩素に関する知識やその濃度計算に関する力量の不備が，当該作業に従事している要員へのインタビューによって確認されました (活性塩素が 12 ％と表示されている次亜塩素酸ソーダ原液を希釈して，活性塩素 120ppm 溶液を作る力量)。

■ 内部監査員のリーダーの力量評価結果を明確にすることが推奨されます。
内部監査員はリストに明確になっていましたが，内部監査の実施に際して，そのリーダーの力量が明確になっていません。

■ 現時点の力量は，「力量評価表」によって確認できましたが，継続した力量の向上を目指す教育・訓練計画の立案と運用が明確になっていません。例えば，組織の要求する個別の要員に対する教育訓練事項と，その具体的な計画などを，明確にすることが望まれます。

■ 食品安全マネジメントシステム規格は，食品安全に影響がある活動に従事する要員に必要な力量を明確にすることを求めていますが，「教育訓練要領」や「力量評価チェックリスト」には，食品衛生法，JAS 法で規定している食品安全上重要なラベル表示や規格書作成，原料規格書の検証に必要な力量などが明確になっていません。

■ 食品安全に従事する個人の力量は「社内有資格認定リスト」に「◎」「△」で評価されていますが，その定義が曖昧であり，また空白欄も散見され，その要員に対する組織の要求事項が不明確でした。

■ パン生地ドウの物性測定の検査では，当時力量を認定されていない実習要員

による検査記録が確認され，検査要員の教育・訓練手順に改善の余地が観察されました。

■ 「教育訓練実施記録」には，有効性の評価基準が明確にされておらず，「有効性の評価」の欄には「OK」のみが記載されており，有効性の評価手順に改善の余地があります。

■ ISO22000 規格では，要員が必要な力量を持てるようにすることを確実にするために，教育・訓練を実施し適切な記録を維持することが要求されていますが，「パンの焼き上がり検査工程」の担当要員には，必要な力量と評価に関する教育・訓練，技能や経験について，該当する記録が確認できませんでした。

7.3　認　　識

組織は，組織の管理下で働くすべての関連する人々が，次の事項に関して認識を持つこと確実にしなければならない。
a）食品安全方針
b）職務に関する食品安全マネジメントシステムの目標
c）食品安全パフォーマンスの向上によって得られる便益を含む，食品安全マネジメントシステムの有効性に対する自らの貢献
d）食品安全マネジメントシステム要求事項に適合しないことの意味

● 規格のポイント・解説

＊ 表題「認識」の見出しは，新規であるが，要求事項内容は，旧版の箇条 6.2.2 項の要求事項にも該当し，組織の管理下で働く要員のすべてに対する食品安全マネジメントシステムの認識に関するより具体的な要求事項である。

● 審査のポイント

＊ 組織の管理下で働くすべての要員に，食品安全方針，食品安全マネジメントシステム目標，食品安全マネジメントシステムの達成の有効性の認識，およびそ

7

支

援

れらの未達成や不適合に対する弊害などに関する理解と認識などが要求される。

● **審査指摘事例**

■ 製造現場で食品の品質に影響するプロセスに従事している要員数人に，許可を得て，インタビューしたところ，組織の食品安全マネジメントシステムに関する目標と自身の業務の関わりについて理解できていませんでした。

■ 要員自身の関係するプロセスで発生した不適合について，組織の食品安全マネジメントシステムでの位置づけが理解できていませんでした。

■ 冷凍食品製造工程の一次包装工程に従事する要員にインタビューしたところ，目視検査を含めた自身の作業の適切性が，食品安全マネジメントシステムの有効性にどのように貢献しているのか，その関わりについて十分な理解が確認できませんでした。

食品安全基礎知識

セレウス (Bacillus cereus)

- グラム陽性，通性嫌気性，桿菌で，菌体の中央部に芽胞をもつ。
- 大腸菌と比べると，菌体の長さ，幅とも約 2 倍ある大型菌である。
- 10 ℃ 以下では発芽しないが，5〜50 ℃ で発育増殖する。
- 低 Aw (0.912〜0.95) でも増殖できる。
- 芽胞の耐熱性は，Clostridium 属ほどではないが，疎水性が強く，器具などに付着しやすいうえに，100 ℃ での D 値(90 % 死滅させる時間)は，1.2〜8.0 分であり，一般の炊飯温度では，十分生存している。
- 食品内毒素型食中毒は，嘔吐毒素であり，毒素セレウリドによる。
- セレウスは，澱粉を分解するが，毒素セレウリドを合成する菌株は，澱粉分解陰性のものが多い。
- 土壌菌であり，土壌 1g 当たり，10^2〜10^5 いる。
- 本菌の嘔吐型食中毒は，米飯が関わり，広く穀物に付着している。
- 本菌由来の嘔吐型食中毒は，いずれも澱粉由来の食品であるが，デンプン培地で培養しても，セレウリドは産生されず未解決な課題が多い。

- 食中毒症状は，喫食後 3 時間で悪心・嘔吐が起き，発熱はなく，黄色ブドウ球菌による食中毒に似ている。
- 耐熱性毒素，セレウリドを産生し，喫食により食中毒を起こす。
- セレウリドの産生は，30 ℃ 以下とされており，35 ℃ を超えると産生しないとの報告がある。
- セレウリドは，4 つのアミノ酸が 3 セット環状につながった，疎水性の高いペプチドで，分子量は 1.2kDa（キロドルトン），121 ℃，60 分でも抵抗性を示し，酸，アルカリ，消化酵素にも安定である。
- 予防策としては，炊飯後の温度管理が重要である。
- 無菌充填炊飯製造工程では，本菌の性質を十分考慮した，炊飯前の何回もの高圧蒸気加熱，炊飯温度管理，無菌化充填包装管理などが実施されている。

7.4　コミュニケーション

7.4.1　一　般

組織は，次の事項の決定を含む，食品安全マネジメントシステムに関連する内部及び外部コミュニケーションを決定しなければならない。

a）コミュニケーションの内容

b）コミュニケーションの実施時期

c）コミュニケーションの対象者

d）コミュニケーションの方法

e）コミュニケーションを行う人

組織は，その活動が食品安全に影響を与えるすべての人が，効果的なコミュニケーションの要求事項を理解することを確実にしなければならない。

● 規格のポイント・解説

＊ 旧版の箇条 5.6 項，6.2.2 項の一部などに該当し，一般要求事項を設け，外

部と内部のコミュニケーションを総括した共通の要求事項を具体的に提示している。

* 本項は，7.4.2 項に，「外部コミュニケーション」と 7.4.3「内部コミュニケーション」の要求事項の中で考慮し，確実に実施すればよい。

7.4.2　外部コミュニケーション

組織は，十分な情報が外部に伝達され，かつフードチェーンの利害関係者が利用できることを確実にしなければならない。

組織は，次のものとの有効なコミュニケーションを確立し，実施し及び維持しなければならない。

a）外部提供者及び契約者

b）次の事項に関する顧客及び／又は消費者

　1）フードチェーン内での又は消費者による製品の安全な取り扱い，表示，保存，加工，配送，及び使用可能にする製品情報

　2）フードチェーン内の他の組織及び／又は消費者による管理が必要な，特定された食品安全ハザード

　3）契約の約定，引き合い及び発注で，それらの修正を含む，及び

　4）苦情を含む顧客及び／又は消費者のフィードバック

c）法令・規制当局及び

d）食品安全マネジメントシステムの有効性又は更新に影響する，若しくはそれによって影響される他の組織

指名された要員は，食品安全に関するあらゆる情報を外部に伝達するための，明確な責任及び権限をもたなければならない。

該当する場合は，外部とのコミュニケーションを通じて得られる情報は，マネジメントレビュー（9.3 参照）及び食品安全マネジメントシステムの更新（4.4 参照）へのインプットとして含められなければならない。

外部コミュニケーションの証拠は，文書化した情報として保持しておかなければならない。

● 規格のポイント・解説

* 本項は，旧版の箇条 5.6.1 項に該当し，供給者を外部提供者に改め，また，外部コミュニケーションの記録を，フードチェーンの利害関係者が利用できるように，「文書化した情報として保持する」と改訂している。

* 外部コミュニケーションの効果的な手順の確立と記録の維持が要求されている。

* 外部コミュニケーションは，規格に規定されている「外部提供者」「最終消費者及びすべてのフードチェーン」「法令・規制当局」及び「消費者団体等その他の組織」などに対するコミュニケーションを指す。

* 外部コミュニケーションを効果的にするためには，外部へ提供する情報（相互に関連する食品安全ハザードに関する情報が中心），外部から受けた情報の食品安全マネジメントシステムの更新，マネジメントレビューへのインプットや，これら情報の取扱いに関する責任・権限などの明確化などが要求されている。

● 審査のポイント

* 相互に関連するフードチェーンの関係者が，それぞれの食品安全ハザードについて，情報を共有していること（例えば，原材料供給者は，自らの提供する原材料の食品安全ハザード，その原材料使用者は，消費者を含む提供者に対する食品安全ハザードの限度値などの「コミュニケーション」情報）。

* 「外部コミュニケーション」情報の取り扱いに関する責任・権限は明確であり，適切に扱われ，文書化された情報が維持されていること。

● 審査指摘事例

■ 顧客から異物混入のクレームが発生していましたが，クレームの受信や経過など，顧客担当者のコミュニケーションに関する記録が確認できませんでした。

さらには，外部コミュニケーションに関す手順にも不備が観察されました。

7

支

援

情報に関する責任と権限，伝達手順や記録の維持などが確認できませんでした。

■ 主原料の産地が国内から中国になり，食品安全ハザードにも影響すると思われる情報（ハーベスト前の殺虫剤の散布，その他残留農薬に関する情報）を入手しているにも関わらず，これらの情報が，食品安全チームメンバー全員に周知されておらず，また，マネジメントレビューのインプット情報からも確認できませんでした。

食品安全基礎知識

逆性石鹸と普通石鹸の科学

・ 逆性石鹸は，高級アミンの塩からなる界面活性剤であり，殺菌剤や柔軟剤，リンスの成分として利用される。

・ 逆性石鹸という言葉は，一般に広く利用されている石鹸との対比から名づけられたもので，通常の石鹸（普通石鹸）が水に溶けると脂肪酸陰イオンになるのに対して，逆性石鹸は水中で陽イオンになる。このため陽性石鹸，陽イオン界面活性剤とも呼ばれる。

・ 逆性石鹸は普通石鹸に比べると界面活性作用はあまり強くないものが多く，このため洗浄力では劣ることが多い。しかし陽性に荷電した逆性石鹸は，セルロースやたんぱく質など，陰性に荷電した高分子とは電気的に吸着しやすいという性質がある。この性質のため，細菌やカビなどの微生物に作用させると，その表面の生体高分子に吸着して変性させることで殺菌作用を示すため，消毒薬などの殺菌剤として利用される。また衣類や頭髪に吸着することで，空気中の水分が保持されやすくなり柔軟性を与えることから，衣類の柔軟剤や頭髪用リンスなどとしても利用される。

・ 普通石鹸と逆性石鹸を混ぜると，会合して両者ともに界面活性を失い，普通石鹸の洗浄効果も，逆性石鹸の殺菌や柔軟効果もともに減弱してしまう。例えばシャンプー（普通石鹸）とリンス（逆性石鹸）を混ぜたり，手洗い用の石鹸と消毒用の逆性石鹸を混ぜると，十分な効果は得られなくなる。また逆性石鹸は，溶液中に汚れなどの有機物が大量に存在するとそれらと結合してしまい，本来意図している微生物や衣類，頭髪への結

7

支援

合が阻害される結果，その効果が減弱する。このため逆性石鹸を用いるときは，まず普通石鹸で汚れを十分に落とした後，水で十分にすすいで普通石鹸を洗い流し，その後で逆性石鹸を使うのが効果的である。

・ 殺菌剤としての逆性石鹸：食品工場で広く使用されている逆性石鹸のうち，塩化ベンザルコニウムおよび塩化ベンゼトニウムが外用の消毒薬として器具や手などの消毒に，塩化セチルピリジニウムがトローチやうがい薬などに配合されて口腔や気道の殺菌に用いられる。

・ 逆性石鹸は，一般的な細菌，菌類(真菌)，原生生物，一部のウイルスなど，広範な微生物に対して殺菌作用を示し，その効果には持続性がある。ただし芽胞に対しては無効であり，真菌，緑膿菌，結核菌，エンベロープを持たないウイルスに対する殺菌作用は弱い。

・ E. H. Spaulding が提唱した消毒薬の殺菌力の区分では，3 段階 (高水準，中水準，低水準) のうちの低水準のグループに分類されており，消毒対象としては，環境，器具，手指，粘膜の消毒。また，対象微生物は，一般細菌に使用可能だが，真菌に対しては高濃度長時間処理が必要となり，芽胞，結核菌，ウイルスには使用不可とされている。

・ 普通石鹸は，汚れとなる有機物と混合すると殺菌力が低下するため注意が必要である。特に薬用石鹸 (普通石鹸にほかの殺菌成分を配合したもの) との混同から，逆性石鹸に洗浄力を期待した使い方をするなどの誤った使い方がなされることもあるため，逆性石鹸以外の名称を用いる場合もある。さらに近年は，ほかの消毒薬と同様，使用中の逆性石鹸の中から緑膿菌やセラチア菌などの細菌が検出される例も報告されており，適切な使用，保管が重要であることが再認識されている。

・ 逆性石鹸は水溶液として用いるほか，エタノールと混合して速乾性の手指消毒薬 (スクラブ) として用いられることもある。スクラブは速乾性で水がなくても使用可能であることに加え，エタノールと逆性石鹸という，作用点が異なる二種類の消毒薬によって相乗的な殺菌効果を得ることができ，しかも逆性石鹸の殺菌力が持続することから，有用な消毒薬として用いられている。特に，塩化ベンザルコニウムではエタノール溶液が，水溶液とともに医療分野などで利用されている。

7

支
援

7.4.3　内部コミュニケーション

　組織は，食品安全に影響する問題を要員間でコミュニケーションするための効果的な手続きを確立し，実施し，かつ，維持しなければならない。

　組織は，食品安全マネジメントシステムの有効性を維持するために，下記の変更があれば，それをタイムリーに食品安全チームに伝えることを確実にしなければならない。

　ただし，変更はこれだけに限らない。

a）製品又は新製品

b）原料，材料及びサービス

c）生産システム及び装置

d）製造施設，装置の配置，周囲環境

e）清掃・洗浄及び殺菌・消毒プログラム

f）包装，保管及び配送システム

g）力量及び／又は責任・権限の割り当て

h）法令／規制要求事項

i）食品安全ハザード及び管理手段に関連する知識

j）組織が遵守する，顧客，業界及びその他の要求事項

k）外部の利害関係者からの引き合い及びコミュニケーション

l）最終製品に関連した食品安全ハザードを示す苦情，リスク及びアラート

m）食品安全に影響するその他の条件

　食品安全チームは，この情報が，食品安全マネジメントシステム（4.4 参照）の更新に含められることを確実にしなければならない。

　トップマネジメントは，関連情報をマネジメントレビューのインプット（9.3 参照）として含めることを確実にしなければならない。

● 規格のポイント・解説

＊ 本項は，旧版の箇条 5.6.2 項に該当するが，新規の要求事項はない。

＊ すべての要員が，食品安全に影響する諸問題を食品安全チームに伝達し，周

知するための手順を確立し，実施・維持することが要求されている。

＊ 箇条 7.4.3 項の食品安全マネジメントシステムに関する有効性を維持するためのa）〜m）の 13 の事項（これに限定されない）に変更が発生した場合は，タイムリーに食品安全チームに伝達する手順の確立が要求されている。

【参考解説】

1）食品安全に影響する問題を組織の全員に周知させるための有効な手順の確立，実施，維持が要求事項である。

2）組織は，a）〜m）項の情報を含め，食品安全チームに変更がタイムリーに伝達されることを確実にすること。このタイムリーと確実にする手順の確立が重要な要求事項である。

3）a）〜g）項の内容は，この規格が要求する根幹となる要求事項であり，HACCP システムで運用する事項，前提条件プログラム（PRP），オペレーション PRP および重要な運用項目が網羅されている。

4）食品安全チームは，a）〜m）項の情報を食品安全マネジメントシステムの更新に含まれることを確実にすること。

5）トップマネジメントは，a）〜m）項に関連する情報をマネジメントレビューのインプットに含むことを確実にすることも要求事項である。

6）7.4.3 項「内部コミュニケーション」では，食品安全に関するさまざまな活動，作業，手順のために，適切な情報やデータを利用できることを確実にする。

7）食品安全チームは，内部コミュニケーションに関する主管部門として，重要な役割を果たすこと。

8）食品安全チームは，必要とする関連情報を明確にすること。

9）内部コミュニケーションに関する要求事項は，7.4.3 項だけでなく，食品安全マネジメントシステム全体の各所で要求されている。

＊ 新製品の開発や発売に関する内部コミュニケーションも重要であり，原材料に関する情報をはじめ，生産システムまたは機器，顧客，要員の資格認定レベル，責任，変更に関する情報などを，明確に伝達すること。またこれに関する責任・権限を明確にすること。

● 審査のポイント

* 食品安全に関わる情報が把握され，食品安全チームに伝達される手順が確立されていること（例えば，内部コミュニケーションの手段は，日常の食品安全会議，ISO会議，各部署会議など）。

* 食品安全に関わる顧客の苦情の情報も含めて，その処置手順が確立され，適切に処置されていること。そして，マネジメントレビューにインプットされ，維持されていること。

* 明確にしたリスクおよび機会，ハザード分析，管理限界，並びに行動基準などから逸脱して実施された製品の処分やその他の予防処置についてのすべての情報が，適切な階層や部署に周知し伝達されていること。

* 新規の法令や規制要求事項，新たに発生したリスクとその評価法，新たに発生したハザードの対応法などが，関係要員に周知されていること。

● 審査指摘事例

■ 「食品安全マニュアル」や「内部コミュニケーション手順」によると，食品安全上の「トラブル」や「顧客仕様書変更」などが発生した場合は，すべての情報を即刻規定した要員に伝達することとあります。

過日発生した，金属異物混入トラブルや顧客仕様変更（レシピや使用原料の一部変更）では，担当者がその情報を確認したにもかかわらず，処置を先行し，食品安全チームリーダーへの情報伝達は2日後になっていました。

■ 遵守すべき規制要求事項は，「遵守法令表」や「顧客仕様書」に整理され，品質管理課が，微生物検査基準などとともに最新版を管理していましたが，食品安全チームのメンバーはその内容を認識していなかったことが，インタビューによって明らかになりました。

■ 食品安全に影響する問題の発生（変更事項などを含む）情報について，食品安全チームメンバーへの伝達手順が確認できませんでした。

■ 規格は食品安全マネジメントシステムの有効性を維持するために，タイムリーに，かつ確実に食品安全チームに伝達することが要求されています。例えば，清掃・洗浄，殺菌・消毒プログラムの変更や洗ビン工程で使用されて

いるアルカリ剤や化学薬剤の残存性の検証実施担当者の交代などについて，適切に伝達されておらず，内部コミュニケーションプロセスの改善が望まれます。

■ 「製品温度管理基準」では，1年前に設定温度が更新され運用されていましたが，「工程管理日報」では，現場担当者の判断によって，過去のデータを元に異なる温度が設定され，この変更に関して食品安全チームへの報告，過去の記録の検証手順とその妥当性確認などに不備が観察されました。

■ 規格は，内部監査で発見された不適合と，その原因を除去するために遅滞なくその処置を実施し，また組織が要求するその他の手順が実施され効果的であることの検証が求められています。ところが，4か月前の内部監査の指摘事項3件について（CCPに関する不適合），是正処置が原因究明の途中で停滞していました。またこの是正処置の進捗状況を食品安全チームリーダーは認識していませんでした。このような事実から，貴社の食品安全マネジメントシステムをより効果的なシステムにするための改善が求められます。

食品安全基礎知識

ノロウイルスの科学

食品由来感染症として，現在，国内で最も多く発生しているは，「ノロウイルス」患者である。

一方，食品内や生体内での細菌の産生した毒素による場合もあり，これは感染症というより，中毒による健康被害である。現在，前者の感染型細菌性食中毒と区別した予防対策が実施されている。

（1）ノロウイルス属（Norovirus/NV）の特徴

・ ウイルスは，その粒子単体では代謝できず，生きた細胞内でしか増殖できないので，すべてが感染侵入型である（細菌類との大きな相違点であり，細菌類と区別されている）。

・ 食品の栄養物を利用して食品中で増殖したり，かつ毒素を産生したりはしない。

・ 患者や保菌者によって汚染された水，空気，食品などを主たる感染経路する場合が多く，これらのウイルス性の食品媒介感染症をウイルス性食

中毒という。

- NV 以外にも，A 型，E 型肝炎ウイルス，ロタウイルスなども経口感染するが，食中毒の大半は，NV によるものである。
- ノロウイルスの名前の使用は，2003 年 8 月からであるが，ウイルス本体は 1968 年に発見されている。
- アメリカのノーウォークで起きた集団下痢症の発見で，当初，ノーウォークウイルスと呼ばれていた。
  このウイルスの発見前から，わが国では，伝染性下痢症という病名で診断していた。
- ウイルスは，遺伝情報として DNA を保有するものと，RNA（リボ核酸）を保有するものに大別され，NV は，RNA 保有ウイルスである。
- NV は，正二十面体のタンパクの殻の中に，1 本鎖の RNA をゲノムにもつウイルスであり，宿主細胞に由来するエンベロープと呼ばれる膜を持っていないので，アルコールなどの殺菌抵抗性が強いとされている。
- その他，特徴的な形態をもつアストロウイルス属は，胃腸炎を起す近似のウイルスである。
- 以前は，これらをまとめて，小型球形ウイルス（Small round-strucred virus/ SRSV）と呼んでいた。
- サポウイルスやアストリウイルスは小児の感染が多く，大人にも胃腸炎を起す NV である。
- ウイルスには，感染宿主の細胞膜に由来する脂質二重膜をかぶって出てくるもの（エンベロープウイルス）とこれらの膜をかぶらないものがある。
- 脂質二重膜であるエンベロープは，胆汁や消毒剤などに脆弱であるが，エンベロープを持たない NV などは，抵抗性が高く，エタノールや塩素消毒にも耐性を示すのは，そのためである。
- このため，浄化槽や下水処理場でも不活性化されずに環境水中に流入しやすいと考えられる。

（2）ノロウイルスの疫学

- 食中毒の半数近くが，ノロウイルスの感染である。
- カキ，ホタテ，ハマグリ，赤貝などの二枚貝は，海水中のプランクトンを中心とした有機物を濾しとって摂取しているため，大雨などによる汚

物の河川への流入などからウイルスが流入し，貝類などに蓄積される。

・ 国内産のカキの 25 ％ がノロウイルスを持っているという報告がある。

・ 一般に，カキ 1 個当たり，200 個ぐらいのウイルス粒子をもっていると
いわれる。

食中毒原因微生物の病原機構に基づいた分類

感染型	ウイルス	ノロウイルス (NV) ／A 型，E 型肝炎ウイルス
	細菌	サルモネラ，カンピロバクター，腸炎ビブリオ，下痢原性大腸菌など
	原虫	クリプトスポリジューム，サイキロスポーラーなど
毒素型	食品内毒素型	黄色ブドウ球菌，セレウス，ボツリヌス菌
	生体内毒素型	ウェシュ菌

・ 最近では，消費者の衛生的注意の高まり，水質（大腸菌群最確数が海水
100ml 中 70 以下）に基づいた生食用カキ養殖水域の設定や加熱用カキ
の養殖場所区分，原産水域表示，衛生指標菌数の規格（一般生菌数が 5
× 10^4／g 以下，糞便性大腸菌群最確数*が 230 以下／100g，腸炎ビブ
リオの最確数が 100 以下／1g) が定着した。

＊ 大腸菌群最確数：最確数法／MPN（Most　Probable　Number）とは，
推計学に基づいた手法で，試料の細菌数を推定する定量法の結果得られた，
最も優れた値／最尤値 (さいゆう値) のことである。最尤法 (さいゆう法)
は統計的推定法で，確率が最大になるような母数の値をその推定値とす
る手法をいう。

・ 極めて少数のウイルスでも経口感染するという研究者もあり，感染者が
調理に従事し，食品を汚染して，集団発生する例が多い。

・ 患者の便だけでなく，汚物にも NV が含まれ，空気感染による集団発生
事例も少なくない。

・ 近年，衛生管理の強化などによって，細菌食中毒件数は，減少傾向にあ
るが，感染力の極めて強い NV の割合が増加している。

（3）症状と予防策

・ 原因食を口にしてから，発症までの平均時間は，36 時間から 48 時間である。

・ 空腸の上皮細胞に感染して絨毛 (じゅうもう) の委縮から始まり，剥離，
脱落を起し，下痢となる。嘔吐，軽度発熱，悪感，腹痛，下痢など消化

・ 器症状を起こす。

・ 一般に軟便で腹鳴り，発酵感覚などで，水便状態は少ない。

・ 発症後，2〜3日で軽快するが，高齢者は，肺炎の併発があり，要注意である。

・ ウイルスに汚染した食品の摂取が主たる感染経路であるが，「お腹にくる風邪」といわれるとおり，人から人への感染割合が高い。

・ 軽快してからもウイルスを長期間排菌する場合や，健康保菌者による汚染（食品／飲み物）の防止が重要である。

・ そのためには，調理従事者の体調管理，定期的検便，衛生教育，HACCP／ISO22000などの導入が求められる。

・ トイレの換気扇は，常に回しておくこと。

・ ウイルス粒子は，環境抵抗性も非常に強く，失活しにくいので，汚物などは，厳重な殺菌処置が重要である。

・ 嘔吐物，汚物の処置方法は，厚生労働省・指針を参照。

・ アルコールでは不活性化しないので，二枚貝を扱った器具類は，熱湯消毒すること。

・ 飲食物のNV対策殺菌条件は，中心温度／85℃，1分間が確実な予防策である（改訂食品衛生法）。

・ このような環境下での非加熱食品の扱いと喫食には，交差汚染などの防止策が最重要課題である。

（注）2017年7月5日，和歌山県で発生したノロウイルス集団感染事件は，作業者の健康管理と衛生的取り扱いの不備に起因する典型的な事例である。

7.5　文書化した情報

7.5.1　一　　般

　組織の食品安全マネジメントシステムは，次の事項を含まなければならない。

a）この規格が要求する文書化した情報

　b）食品安全マネジメントシステムの有効性のために必要であると組織が決定した，文書化した情報

　c）法令／規制機関及び顧客が要求する，文書化した情報及び食品安全要求事項

注記：食品安全マネジメントシステムのための文書化した情報の程度は，次の様な理由によって，それぞれの組織で異なる場合がある。

　── 組織の規模，並びに活動，プロセス，製品及びサービスの種類

　── プロセス及びその相互作用の複雑さ

　── 人々の力量

● 規格のポイント・解説

＊ 箇条 7.5 項「文書化した情報」は，新規の見出しであるが，旧版の箇条 4.2 項「文書化に関する要求事項」に該当し，文書と記録の垣根を統合させ，「文書化した情報」としている。

　また，旧版での「文書化された手順」もすべて包含した文書・記録類に関する改訂であるが，全体として，大きく変化した要求事項はない。

（注）「記録」は，ISO9000：2015「用語及び定義」に規定され，「達成した結果を記述した，又は実施した活動の証拠を提供する文書」と規定されているので，「記録」という用語は，削除されたわけではない。本規格でも，適所に使用されている。

7.5.2　作成及び更新

　文書化した情報を作成及び更新する際，組織は，次の事項を確実にしなければならない。

　a）適切な識別及び記述（例えば，タイトル，日付，作成者，参照番号）

　b）適切な形式（例えば，言語，ソフトウェアの版，図表）及び媒体（例えば，紙，電子媒体）

　c）適切性及び妥当性に関する，適切なレビュー及び承認

＊ 旧版の箇条 4.2.2 項に該当するが，新規の要求事項や変更はない。

7.5.3　文書化した情報の管理

7.5.3.1　（文書化した情報の管理の要求事項）

> 　食品安全マネジメントシステム及びこの規格で要求されている文書化した情報は，次の事項を確実にするために，管理しなければならない。
> a) 文書化した情報が，必要なときに，必要なところで，入手可能かつ利用に適した状態である
> b) 文書化した情報が十分に保護されている（例えば，機密性の喪失，不適切な使用及び完全性の喪失からの保護）

7.5.3.2　（文書化した情報の管理の活動）

> 　文書化した情報の管理に当たって，組織は，該当する場合には，必ず，次の活動に取り組まなければならない。
> a) 配布，アクセス，検索及び利用
> b) 読みやすさが保たれることを含む，保管及び保存
> c) 変更の管理（例えば，版の管理）
> d) 保存期間及び廃棄。
> 　食品安全マネジメントシステムの計画及び運用のために組織が必要と決定した外部からの文書化した情報は，必要に応じて識別し，管理しなければならない。
> 注記：アクセスとは，文書化した情報の閲覧だけの許可に関する決定，文書化した情報の閲覧および変更の許可及び権限に関する決定を意味し得る。

● 規格のポイント・解説

＊ 箇条 7.5.2 項「作成及び更新」は，文書類の作成と更新に関する要求事項であ

り，旧版の箇条 4.2.2 項に該当し，新たな要求事項はない。

＊ 箇条 7.5.3 項「文書化した情報の管理」は，文書化した文書類の管理を規定し，旧版の箇条 4.2.2 項，4.2.3 項に該当し，新規の用語としては，「文書化した情報」と「アクセス」などが挙げられる。

● 審査のポイント

＊ 新規格の文書管理は，旧版と比べ実用的な要求事項となっており，「確実に管理する」との表現が各所に見られるので，食品安全マネジメントシステムに関するすべての文書化された情報が，適切に管理され運用されているかが，審査のポイントである。

＊ 「外部文書」という表現はないが，すべて「文書化された情報」に含まれ，例えば，食品衛生法・規制要求事項などが最新版として，管理させている状態であること。

＊ 「文書の見直し及び改訂」の表現は，すべて「更新」となっているが，いつ，どこを，どのように更新したのか，最新版はどれなのかなど明確に識別されていることが要求されている。

＊ 電子媒体の管理についても同様の手順の確立が要求される。

● 審査指摘事例

■ 菓子製造プロセスにおいて，「製造レシピ」が製造事務所で保管・管理されていますが，現在，すでに廃版になっている同表と現在製造に使用されている同表が，同じ整理箱の中に散見されました。最新版の管理に改善余地があります。

■ A 氏は，食品安全チームメンバー兼内部監査員として「チームメンバーリスト」に登録されていますが，「力量一覧表」には，その力量が明確になっておらず，またしかるべき権限者による承認も確認できません。

■ 「FSMS マニュアル」に添付されている「マネジメント組織図」には，食品安全チームリーダーや内部監査員の位置づけがなく，また承認されたという文書化された情報になっていません。

7

支

援

■ アウトソースしている配送車の冷凍車庫内の清掃・殺菌状態について，アウトソース先とのコミュニケーション記録，例えば，「清掃・殺菌」済み記録などを維持することが望まれます。

■ 冷凍食品類製造工程の「HACCP プラン」は，「モニタリング手順書」が作成されていますが，FSMS 文書としての位置づけなど，文書管理手順が明確にされていません。

■ FSMS に関する文書類が更新されていますが，発行前の「承認」が確認できません。例) 力量表，社内資格認定者リストなど。

■ 「社内文書体系一覧表」「食品安全記録一覧表」に記載されている，文書名，記録名については，FSMS 関係文書・記録類として，具体的に，例えば，「枝肉受け入れチェックリスト」など該当プロセスを代表するような，一見して内容が誰にでも具体的にわかるような文書・記録名の設定が好ましい。

■ 顧客へ提出した「クレーム調査結果」は，関係部署によっては，その保管状態がまちまちになっています。食品安全に影響する情報の管理については，その重要度などを考慮して，組織の「文書・記録管理規程」に準拠した，統一された手順によって管理することが望まれます。

■ ロット NO. の「検証チェック」作業は，「最終検査工程」での，最新の「賞味期限管理一覧表」に従って実施することが，「作業手順書」に定められていますが，使用されていた「検証チェック」は，前回改訂の「賞味期限管理一覧表」が使用されており，文書管理の最新版管理ができていません。

■ 関連親会社から配布されている，水産練り製品「製品仕様書」の管理状態について，現場にそのコピーの一部が放置されているなど，外部文書として管理された状態が確認できませんでした。

また，廃止文書を保持する場合の手順も不明確で，品質管理部署（微生物検査室）においては，改定前の「食品衛生小六法」が使用されていました。

■ 原料の冷凍庫持ち出しまたは搬入については，OPRP として，「弁当及び惣菜の衛生規範」に準拠して管理されていますので，この文書を「社外文書管理台帳（法令）」に追記することを推奨します。

■ 規格では，食品安全マネジメントシステムで要求される文書は，発行前に適切かどうかの観点から文書を承認することを求めています。

品質管理課で使用されている文書の「各種製品の規格・基準」や「製品検査基

準書」について，その適切性に関する承認プロセスが確認できません。

■ ペットボトル洗浄工程を OPRP に規定し，仕上げ工程の圧力を「0.20MPa ± 10%」で連続運転されています。前回審査以降の「仕上げ圧力管理日報」には「0.20MPa + 10%」を超えた数値が散見されました。仕上げ工程の圧力が上限を超えるのは食品安全上問題ない，との回答を現場責任者からのインタビューで確認しましたが，この根拠の妥当性，文書管理（OPRP 設定表）並びに効果的な記録（「仕上げ圧力管理日報」）の維持などの観点から改善の余地があります。

食品安全基礎知識

微生物の増殖曲線

- 微生物は，一般に 2 分裂しながら，増殖スピードが一定ならば，時間とともに指数的に増加する（対数的増殖期）。
- 例えば，30 分に 1 回分裂する 1 個の細菌は，計算上では，24 時間後に 2.8×10^{14} という数字になる。
- しかし，実際には，下図のような，①誘導期，②対数的増殖期，③定常期，④死滅期などの増殖曲線を描く。

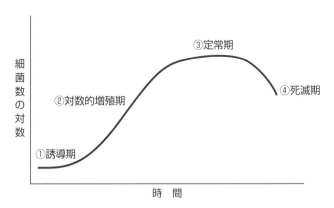

微生物の増殖できる pH 限界

- 自然界に生息する微生物には，最適の pH が 2〜3 で，pH1.0 でも増殖できるものもいる。

7

支
援

- 一般の食品関係の細菌，① Ecoli 及び ②エンテロバクターなどの腸内細菌，③シュードモナス，④バチルスなどでは，増殖の下限 pH は 4.0～5.0 であるとされている。
- 乳酸菌では pH3.3～4.0，カビ・酵母では，pH 1.6～3.2 である。
- 一方，アルカリ性 pH で生殖する微生物もいるが，ピータンなどの食品以外に一般食品との接点は少ない。
- サルモネラが増殖する最低 pH は，塩酸，クエン酸などで 4.0，酢酸で 5.4 とされているが，それ以下で生殖している報告もある。

8 運　用

8.1　運用の計画及び管理

> 　組織は，次に示す事項の実施によって，安全な製品の実現に対する要求事項を満たすために，及び 6.1 で決定した取り組みを実施するために必要なプロセスを計画し，実施し，管理し，維持し，かつ，更新しなければならない。
> a）プロセスに関する基準の設定
> b）その基準に従った，プロセスの管理の実施
> c）プロセスが計画どおりに実施されたという確信を持つために必要な程度の，文書化した情報の保持。
> 　組織は，計画された変更を管理し，意図しない変更によって生じた結果をレビューし，必要に応じて，あらゆる有害な影響を軽減する処置を取らなければならない。
> 　組織は外部委託したプロセスが管理されていることを確実にしなければならない。(7.1.6 参照)

● 規格のポイント・解説

* 箇条 8「運用」は，新規の条項名であり，食品安全マネジメントシステムの PDAC サイクルの「D」を効果的に推進するための要求事項である。

* 箇条 8.1 項の「運用の計画及び管理」は，事業全体の運用の詳細計画であり，箇条 6.1 項で設定した計画とその運用も含まれる。

・ a）プロセスに関する基準の設定とは，安全な製品実現のための，個々の製品やサービス提供に関するすべてのプロセスに関する基準の明確化を指している。

・ b）その基準に従ったプロセスの管理の実施とは，a）で設定した基準を遵守・運用するためのプロセスの管理の実施が要求事項である。

- ・ c) は，その計画・実施に必要な文書化の要求事項である。
* 計画の変更を管理し結果をレビューし，食品安全に有害な影響を与える可能性のある事項に関して，それを軽減する処置を要求している。
* 外部委託したプロセス（例えば，旧版のアウトソースしたプロセス）及び 7.1.6 項「外部から提供されたプロセス，製品又はサービス」の管理を確実に管理することを要求している。
* 安全な製品を製造するために必要なプロセスを計画し，構築することが主たる要求事項であり，製品ごとの製品実現プロセスの計画，構築，実施，変更管理，およびすべてのプロセスの明確化とその有効な管理が要求される。
* 8.2 項から 8.9 項のプロセスは，PDCA サイクルが回り，「安全な製品の計画及び実現」が維持されていること。
* Codex HACCP の管理手段は，CCP を管理する HACCP プラントと前提条件プログラムによる管理手段に対して，ISO 22000 の管理手段は，PRP, オペレーション PRP，および HACCP プランの 3 つの方法で管理する手法である。
* ISO／TS22004 による ISO 22000 の管理手段参照。

8

運

用

【参考解説】
- ・ 安全な製品実現のために，必要なプロセスを計画し，管理すること。
- ・ 安全な食品は，食品生産プロセス，そのプロセスの環境，その管理手段の有効な開発，実施，活動の監視，維持，検証などによって達成される。
- ・ 不適合の発生に対する適切な処理も次の安全製品の実現につながる。
- ・ 計画においての検証手順の確立は，8.8.1 項「検証」で規定され，その管理手段の組み合わせの妥当性確認は，8.5.3 項「管理手段の組合せの妥当性確認」で詳細に規定している。
- ・ 管理手段は，8.5.4 項「ハザード管理プラン（HACCP／OPRP プラン）」で規定されている。

● 審査のポイント

* 6 項「計画」，7 項「支援」，8 項「運用」，9 項「パフォーマンス評価」が相互関係にあり，システムが構築され有効に機能しているかがポイントである。

＊ 組織は，組織内外の課題を考慮した食品安全マネジメントシステムの目標達成計画，および関連する決定したリスクや機会の遂行計画について，それを達成するためのすべてのプロセスとその基準を確立すること。

例えば，「食肉及び畜産加工品の製造業」では，より安全な，畜肉原料の入手計画（関連するリスクや機会を含む）から始まり，そのプロセスの管理基準を決定し，そのプロセスを文書化した情報により，確実に実施，管理されていることの客観的証拠が審査のポイントとなる。

● 審査指摘事例

■ 組織は，精肉加工工程の一部を外部委託していますが，その委託したプロセスや管理について，文書化された情報が確認できませんでした。

■ CCP や OPRP を逸脱した事項は，「不適合」として問題提起し，規格要求事項や同規程に従って処置し管理されていますが，CCP や OPRP に規定されていないその他の食品安全に関係する事象（例えば，顧客クレーム，フライヤーの温度管理，および油の酸価の逸脱など）に対しては，どのように管理していくのか，そのプロセスが確認できません。

■ 精肉加工工程において，「真空包装工程」「冷却工程」「目視検査工程」などがフローダイアグラムに記載されていますが，それぞれのプロセスの基準が明確になっていません。

■ 畜肉加工会社は，輸入冷凍畜肉原料を委託先の冷凍倉庫会社から入手しており，冷凍畜肉原料の受け入れに関するリスクや機会は明確になっていましたが，その受け入れに関するプロセス，温度基準，および受け入れ検査記録が確認できませんでした。

■ 受け入れた冷凍畜肉原料をミンチにする加工工程に関するリスクや機会の計画は確認できましたが，その品温基準や加工所要時間の設定が明確に規定されていませんでした。

■ できたミンチの一時保管から成型，および急速冷凍工程に関するリスクや機会を考慮した計画は確認できましたが，各プロセスでの品温管理に関する基準が設定されていませんでした。

8

運

用

8.2 前提条件プログラム (PRPs)

8.2.1 (PRPs の目的)

> 組織は，次のために，PRP を確立，実施，維持及び更新しなければならない。
> a）製品への汚染 (食品安全ハザードを含む) の持ち込みの可能性を防止及び
>   ／又は低減すること
> b）製品間の交差汚染を含む製品の生物的，化学的及び物理的汚染を防止及
>   び／又は低減すること
> c）製品及び製品加工環境における汚染物 (食品安全ハザードを含む) の防止
>   及び／又は低減の促進

8.2.2 (PRPs の条件)

> PRP は，次のとおりでなければならない。
> a）食品安全に関して組織及びその状況に適していること。
> b）作業の規模及びタイプ並びに，製品中及び／又は取扱い中の製品の性質
>   に適していること。
> c）全体的に適用可能なプログラムとして，又は特定の製品若しくは作業ラ
>   インに適用可能なプログラムとして，生産システム全体で実施されてい
>   ること。
> d）食品安全チームによって承認されていること。
> 注記：PRP は，ハザード分析に進む前に確立し，設計する。
>   ただし，PRP の検証及び他の食品安全マネジメントシステム部分の更新
>   によって，PRP への変更又は改善の必要性を特定できることがある。

8.2.3 (PRPs が考慮すべき文書など)

> 法令／規制要求事項に加えて，PRP を選択及び／又は確立する場合，組織
> は，次の事項を考慮しなければならない。

a）ISO／TS22002 シリーズの該当する技術仕様書（巻末解説・実施例　参照）

b）該当する実施要領及び指針

8.2.4　（PRPs の要求事項）

PRP の確立に際して，組織は，次の事項を考慮しなければならない。

a）建物及びユーティリティの構造及び配置

b）作業空間及び従業員施設を含む構内の配置

c）空気，水，エネルギー及びその他のユーティリティの供給者

d）有害生物防除，廃棄物及び下水汚物処理及び支援サービス

e）機器の適合並びに，清掃，維持及び予防保全のためのアクセス可能性

f）供給者の承認及び保証プロセス（例えば，原料，材料，化学薬品及び包装）

g）受入れ材料の受理，保管，輸送及び製品の取扱い

h）交差汚染防止のための措置

i）清浄化及び消毒

j）人々の衛生

k）製品情報／消費者の認識

i）該当する場合，その他のもの

　文書化した情報は，PRP の選択，確定，該当する監視（モニタリング）及び検証について規定しなければならない。

● 規格のポイント・解説

* 旧版の箇条 7.2 項に該当し，前提条件プログラム（PRP）の要求事項に特記すべき内容の差異は，認められないが，最大の改訂事項は，「ISO／TS22002 シリーズの該当する技術仕様書」を考慮することを要求し，PRP の総合的なより具体的な要求事項を示している。

　（巻末：附属書 1　ISO／TS22002-1　要求事項と解説・実施例　参照）

8

運

用

* 同項，注記によれば，PRP は，ハザード分析に進む前の確立が好ましいとしていることから，例えば，原材料一覧表（リスト）などを作成し，下記の情報を明確化にすることが有効であると思われる。
  ① 原材料在庫管理表
  ② 製造日報
  ③ 入荷管理表による，原材料の食品安全に関係する保管温度
  ④ 品質特性（アレルゲンなど），産地，保管温度，食品添加物の使用期限の有無に関する情報など
* 食品安全の実現のため，下記の①〜③項について PRP を構築し，実施し，維持することが要求されている。
  ① 特に PRP の中でも作業環境に関するハード面での要求事項であり，食品安全ハザードとしては，外部からの微生物，異物の混入，昆虫，防鼠対策などに関する管理である。
  ② 作業環境による製品への交差汚染では，適切なゾーニングが必要であり，またハザードである生物学的（微生物汚染），化学的（薬剤などの混入），物理的（金属異物などの混入）を制御する対策である。
  ③ 食品安全ハザードの水準の管理は，製品の種類や製品加工工程でおのずとその管理基準や程度が異なり，それらに適応した管理が要求されている。

【参考解説】
* 前提条件プログラム（PRP）は，組織の食品安全マネジメントシステムに適用するニーズによって設定され，食品安全チームによって承認されていること。
* PRP は，食品安全ハザードを制御するための客観的な事実や文献データなどに基づいた適切性や妥当性が要求される。
* PRP は，その運用上の機能性により，「管理手段」としての HACCP／オペレーション PRP プランと区別し，運用される。
* PRP を選定して設計する際には，法規，顧客要求事項，指針などフードチェーンの業種別に異なる基準が設定されている。

【システム構築支援解説】

前提条件プログラム (PRP) マニュアル作成時の必要要件の参考例

* 要員の衛生
    ① 従事者の健康
    ② 従事者の手洗い
    ③ 製造作業従事者の作業着と衛生
    ④ 従事者の行動規範
    ⑤ 従事者の衛生記録
* 清掃および消毒
    ① 一般原則は洗浄・殺菌対象ごとに計画を作成し，管理運営すること。
    ② 洗浄・殺菌計画は，十分な効果の確認をあらかじめ検証しておくこと。
    ③ CIP 装置による洗浄・殺菌
    ④ 手作業による洗浄・殺菌
* ペストコントロール
    ① 建物の構造上や施設に対する要件
    ② 保守点検や衛生管理
    ③ 鼠族や昆虫の管理プログラム
    ④ 記録の管理
* 交差汚染の防止のための措置
    ① 目的／適用範囲の設定
    ② 実施手順の設定
* 包装手順
    ① 包装資材受入マニュアル
    ② 計量・包装作業マニュアル
* 購入材料，供給品，排水・廃棄物などの管理
    ① 副資材受入れマニュアル
    ② 使用水の管理マニュアル
    ③ ユーティリティ管理マニュアル
    ④ 排水処理規程・マニュアル
    ⑤ 廃棄物・食品残渣処理規程・マニュアル

8

運

用

＊ 組織は，適用範囲の食品安全マネジメントシステムの基礎となるべきすべての前提条件プログラム (PRP) を確立し，維持・管理し，適宜更新することを要求している。

＊ 食品安全ハザードの混入防止のために，組織の管理が及ぶ範囲において，総合的環境が維持・管理されていること。

＊ 製品間の食品安全ハザードの交差汚染防止策が具体的に維持・管理されていること (人，物，空気の流れや作業手順など，交差汚染対策を考慮した生産プロセスであること)。
例えば，ゾーニングの明確化，人，物，空気などの動線の明確化など。

＊ 生産環境である，室温，空気の清浄度，廃棄物・排水側溝などが適切に管理されていること。

＊ 食品安全の必要性とその維持・管理のために適切な PRP であること。

＊ 製品実現のために適切な PRP であること。(作業の規模，種類，製品とその取扱い，製品特性など)。

＊ 全般に適用されるプログラムや製品の実現など，生産プログラムに適用されるプログラムがそれぞれ食品安全マネジメントシステムの中で適切に運用されていること。

＊ 関係法令 (食品衛生法，食品表示法，JAS 法など) の明確化を含めて，食品安全チームによって承認されていることが必要である。

＊ Codex 委員会の「食品衛生の一般的原則」に基づいて策定された，厚生労働省施行通知である「食品等事業者が実施すべき管理運営基準に関する指針」には，多岐にわたる衛生管理手法が設定されているので，これらを参考にすることが望ましい。

＊ 食品衛生法に基づく，各業種別営業許可に関する施設基準の設定や，その他業界の規制要求事項などが適切な情報として参考にされていることが望ましい。

＊ PRP の検証活動には，公的に示されている各種チェックリストなどを引用し，検査，目標値，基準値などを参考にするとよい。

＊ 工場内の衛生管理手順を確認する。

＊ 工場施設図面 (衛生区分，人，原材料，製品，空気の流れ) による動線を確認する。

* 外部委託したプロセス（アウトソース先）及び購買先に対して，例えば，「衛生管理チェックリスト」などで，適宜管理していることを確認する。

● 審査指摘事例

■ 前提条件プログラム（PRP）の選択および確立・管理について，新規格では，「ISO／TS22002-1 技術仕様書」の要求事項を考慮することが規定されていますが，組織の PRP 関係の運用手順には，その採用が確認できません。

■ 「ハザード分析表」では，各工程ごとに多数の PRP が評価・設定されていますが，これらの PRP と，別途食品安全チームが設定した「前提条件プログラム」との整合性が確認できませんでした。

また，「ハザード分析表」での多数の PRP をどのように日々検証しているのか確認できませんでした。

■ 冷凍かき，むきエビ，冷凍たこ，などの納品については，PRP 管理として「納品・成績書」で管理するとしていますが，検査の実施記録が確認できません。

■ 現場審査において，次の PRP の管理に関する不備が観察されました。

・ 食肉加工処理工程での洗浄後のスライサー内部に残渣が残存していました。

・ 食品加工工程すべての清掃を外注先 A 社にアウトソースしていますが，作業場の清掃不備やラインの洗浄不備などが観察され，アウトソース先に対する管理強化が望まれます。

・ 加工中間製品を入れているコンテナにかなりの汚れが観察されました。

・ 計量調合室において，原料のアレルゲンも計量していますが，計量台にアレルゲン粉体がこぼれていることが確認されました。特にアレルゲン計量台の清掃手順の確立が望まれます。

■ 工場配置図に示されたゾーニングに従った，物の流れ，空気の流れ，動線，飛来昆虫の流れなどについて，清掃責任者や清掃作業者にその手順が渡されておらず，具体的な清掃・洗浄・殺菌作業に対する認識が周知されていませんでした。

・ ゾーニングに従った清掃手順

・ 設備機器の清掃・洗浄手順

・ 排水側溝の清掃手順

8

運

用

- ・ 廃棄物の取扱いなど，交差汚染防止手順
■ 現場審査での観察指摘事項あれこれ
  - ・ 工程から発生する食品残渣の取扱い (オープンな放置状態などの改善)
  - ・ 工程内での製品の一時置きの状態の改善 (例えば，足の膝より低い位置での一時置き状態の改善)。
  - ・ 惣菜生産工程での惣菜材料の取扱いに対する改善 (例えば，一時的な，オープンな放置状態などの改善)。
■ 加熱工程で，一時作業終了のため釜の直近で自分の長靴をホースで洗浄しているところが観察されました (衛生観念および認識度の改善)。
■ 調味液の移し替え工程で，調味液調整釜の底部から調味液が尻漏れしたまま作業が継続されており，側溝に流れ込んでいました。また，冷凍たこ，冷凍えびの解凍工程では，余分と思われる水道水が惜しみもなく，コンテナタンクの全面から排水溝へオーバーフローしていることが観察されました。
■ ジア塩素酸ソーダなどの薬剤の使用・保管管理について，管理状態 (薬剤の適切な置き場所，責任者の設定，管理記録の維持など) に不備が観察されました。(PRP の選択や確立・管理について，新規格での要求事項である「ISO／TS2 2002-1 技術仕様書」の採用が確認できません。)
■ 組織ではすべての要員に検便が計画され実施されていますが，未実施の要員が散見され，検便の実施手順の改善が求められます。
■ 5S 活動を宣言し，実施されていますが，食品製造現場の事務机の上には，交換したと思われる部品の一部，ボルト，ナット，ワッシャーなどがそのまま置かれていました。部品管理に関する運用手順に改善の余地があります。
■ PRP の一貫として，外気吸入フィルターの清掃・交換作業が月 1 回の頻度で実施されていますが，落下細菌検査と清掃状態および清掃頻度などの妥当性の確認について改善の余地が観察されました (落下細菌検査記録によると，清掃実施結果との相関関係が確認できません)。
■ 食品安全マネジメント組織図から「設備管理課」は除外されていますが，食品と直接接触するコンプレッサーエアーなどを管理していますので，食品安全マネジメントシステム (FSMS) の中で，その責任・権限を明確にし管理することが推奨されます。
■ 規格要求事項には，アウトソース (外部委託) したプロセスの管理を明確化し

文書化することとあります。組織は PRP の管理として「食品輸送プロセス」に関して，その PRP が要求どおり実施されているかどうかを確認するための検証プランを規定するとしています。

しかし，アウトソースである運送業務において「冷凍庫内温度条件」や「トラック冷凍庫内の衛生基準」を満たしているという客観的証拠が確認できず，アウトソースの管理に関して改善の余地があります。

■ 現場審査で観察された PRP に関する改善推奨事項

・ 加工エリアの蛍光灯に落下防止，飛散防止対策が実施されていません。

・ 魚加工食品の異なるカテゴリー製品に，同じ色のプラスチックコンテナが使用されており，要求される清浄度に対して汚染が懸念されます。

・ 魚加工食品製造プロセスから排出されるさまざまな残渣の取扱い基準が整備されていません。

・ 魚加工食品製造における各プロセスで塩素溶液管理手順に不備が観察されました (各プロセスの殺菌液濃度とその調整方法の不備)。

■ アウトソース (外部委託) している運送会社の不備により，大量の製品に水濡れ事故が発生していた事実に対して，賠償問題は終了していましたが，アウトソースしたプロセスの不備に関する是正・改善処置が完了していませんでした。

■ ゾーニングおよび PRP 管理を規定している，S 製品ラインおよび A 製品ラインの共同使用通路の清掃状態が不適切であり，清掃管理責任の不徹底が観察されました。

■ 防虫・防鼠対策として，工場屋内や側溝に薬剤が散布されていますが，薬剤の種類，散布濃度，散布場所，残存の影響度，食品との接触影響，社内管理者などの管理方法が明確になっておりません。

(本件については，「ISO／TS22002-1 技術仕様書」に詳細に規定されていますが，それらの要求事項が採用されていません。)

■ 各種の洗浄剤が保管されていますが，その管理方法，例えば，毒物及び劇物取締法に関連しての，苛性ソーダや次亜塩素酸ソーダの管理方法 (薬剤使用量と残量，管理責任者など) が明確になっておりません。

(PRP の選択や確立・管理について，新規格での要求事項である「ISO／TS22002-1 技術仕様書」の採用が確認できません。)

8

運

用

■ 食品安全マニュアルでは，食品安全チームは PRP が効果的であるかどうかを「年間検証計画」に基づき検証することと規定していましたが，この検証記録や「年間検証計画」が確認できませんでした。

■ 食品安全マニュアルの PRP に該当する項目 a)〜k) に関して，ハザード分析で評価した PRP と整合させた具体的な内容を規定している文書類が確認できません (例えば，ゾーニング，清掃・殺菌，原材料の流れ，空気の流れなど)。

■ 工場内で使用している化学薬剤の管理や製造機械に使用している食品と接触する可能性のある潤滑オイル類の識別と管理手順に改善の余地が観察されました。

■ 工場配置図に示された平面図には，ゾーニング，原料を含む物の流れ，清浄空気の流れなどを示した手順がなく，また該当作業要員がこれらを認識していないことがインタビューによっても確認されました。また PRP での管理が好ましいと思われる設備機器類の清掃・洗浄手順，および製品の保管中の汚染防止手順 (冷蔵庫内の総合的衛生管理) の不備も観察されました。

■ 組織は，野菜の浸漬工程とシャワーリング工程で水質検査が実施されていない井水を使用しているが，最終洗浄工程で飲料適の市水を使用しているので製品の安全性には問題がないと判断していますが，使用水の場合は，衛生的に未確認の状態で食品加工プロセスへの持込みは適切な行為とは言えません。二次汚染の可能性も十分考えられますので，早急な改善を推奨します。

■ 野菜サラダブレンド作業場の側溝に，汚染区域 (野菜類の下処理室) からの排水が流れていることが観察されました。PRP の管理に改善の余地があります (ゾーニングの管理，排水に関するルールと衛生的認識改善)。

■ 現場審査で観察された，PRP に関する改善推奨事項
　・ 汚染区域である冷凍機械室は，清潔区域と直接つながっており，ここを経由しないと出入りできない構造となっています。
　・ チルド冷蔵庫のスペースの関係で，製品と畜肉原料が同じ庫内に保管されています。
　・ 清潔区域である最終食品加工室に，汚染区域や準汚染区域からの排水が流れ込む排水溝構造となっています。
　・ 工場作業要員の制服のクリーニング手順が未設定のため，汚れの程度に差異が観察されました。

■ 洗浄・殺菌剤や潤滑油に関して，食品安全に関する組織の定めた管理基準が確認できません（例えば，組織の基準は，食品添加物に関する安全性が確保できることとしているが　その詳細な使用手順が不明確です）。
（PRP の選択や確立・管理について，新規格での要求事項である「ISO／TS2 2002-1 技術仕様書」の採用が確認できません。）

■ 牛乳殺菌室の一般的衛生管理基準が不明確であり，定期的な清掃管理の検証が実施されていません。例えば，一般生菌数の管理基準の設定などによって管理することが望まれます。

■ 規格要求事項は，PRP の確立によって購入した資材や製品を適切に管理することが規定されています。
現場審査により，原料・包装資材倉庫に以下の改善すべき事項が観察されました。
　　・　資材の上の鳥の糞
　　・　天井の鳥の巣
　　・　外とつながるシャッターの開放
　　・　資材の上の多量の飛来性昆虫（ユスリカなど）の屍骸
　　・　二次包装前のディーゼル式フォークリフトによる作業
　　・　不適切な原材料の保管状態（先入れ先出しの原則の不履行）

■ 担当者は，糖液の受入時に封印を確認したと言っていますが，この一連のプロセスに関する PRP 管理方法が確認できません。結果として PRP が確立（承認）されていないため，手順や実施した証拠が明確になっておらず，それらを検証するシステムが欠落しています。また，動植物油のタンクローリー車に関してもアウトソースの管理方法が確立されておらず，施錠確認や送出口付近の PRP に関する適切性を検証するシステムも確認できません。

■ 「最終検査工程の照度」が食品安全上適切な照度が維持されているかどうか検証することが望まれます。

（注）食品衛生法では，すべて 100 ルクス以上とありますが，Codex や労安法などでは，例えば，作業環境の照度については，労働安全衛生規則第 604 条や JIS で規定されています。第 604 条に示されている作業区分と基準は，精密な作業：300 ルクス以上，普通の作業：150 ルクス以上，粗な作業：70 ルクス以上とされています。JIS 照度基準では，一般の製造工場などでの普

8

運

用

通の視作業は 500 ルクスで，特に色が重要な場合は平均演色評価数 Ra ≧ 90 とされています。

したがって，食品工場の目視検査やモニタリングの箇所では，500 ルクス以上が好ましいとされています。

■ 化学薬剤の保管場所での在庫数と関係事務所に保管されている記録に差異が観察され，在庫管理方法に改善の余地が観察されました。

（PRP の選択や確立・管理について，新規格での要求事項である「ISO／TS2 2002-1 技術仕様書」の採用が確認できません。）

■ 工場内の要員は工場入場前に衛生について自己申告していますが，外部からの訪問者に関してはその実施がなく，管理方法の検討が望まれます。

■ むき貝類の貝殻片など異物除去作業は，指先の微妙な感覚が要求されるということで，素手で作業が行われています。定期的な手指の殺菌には，ジア水が使用されていますが，既にそのジア水に白濁状態が観察されました。作業者へのインタビューでは，ジア水の化学的な性質などを理解しておらず，教育を含めた PRP の管理手順に改善の余地が観察されました。

8

運

用

食品安全基礎知識

加熱殺菌理論

D　値

・ グラフの縦軸に生残菌数の対数，横軸に加熱時間をとると，ある範囲で，直線的な関係が見られる。

・ 例えば，10^6 の菌数が，4.3 分で，1／10 の 10^5 に減ったとするとき，次の 4.3 分でさらに 10^4 に減少する。

・ 微生物の熱死滅は，対数的に起こる。

・ その対数的変化の範囲内では，微生物数を 1／10 に減少させるに要する加熱時間は，一定である。

・ この時間を D 値といい，分で表し，90 ％ 死滅時間をいう。

・ どの加熱温度での D 値かを示すために，D_{121}，D_{100} のように右下に温度数字を書く。

・ この図は「熱死滅曲線」といい，この図から微生物を殺すに要する加熱時

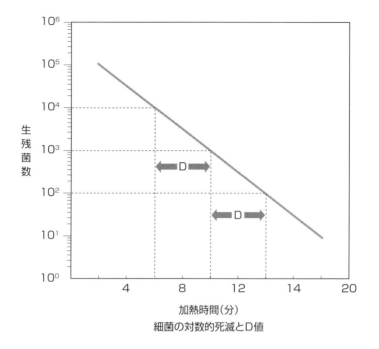

細菌の対数的死滅とD値

間は，初めの菌数（初発菌数）に，依存していることがわかる。したがって，食品の初発菌数は，重要な意味をもつ。

・ 「熱死滅曲線」から，初めの菌数を殺すための時間は，そのときのD値だけ延びることになる。例えば，そのときのD値が3分であれば，3分だけ殺菌時間が長くなる。

・ 例えば，胞子細菌セレウス菌（Bacillus cereus）の胞子で汚染されている1パックのレトルト米飯を100℃で殺菌するとき，いまこの胞子に対する100℃でのD値を6分とすると，（$D_{100} = 6$）このパックにセレウス菌胞子が10^3個あれば，10^{-2}（$10^{-2} = 0.01$で，1／100の確率で胞子が生き残る）まで殺菌するには，胞子数を1／10に減少させる時間サイクルの6分を5回繰り返すことになる。

10^3 →① 10^2 →② 10^1 →③ 10^0 →④－10^1 →⑤－10^2
したがって，全殺菌時間は，D×5＝30分となる。

同様に，もし，パックの中の胞子の数が，10^7個であった場合，この殺菌条件では，6分を9回切り返すことになり，D×9＝54分となる。

- 初発菌数が，10^3 個と 10^7 個とでは，殺菌時間が，30 分→ 54 分に延長されることになる。
- 実際のレトルト加熱では，1 パックではなく，10 万パック殺菌する場合には，初発菌が，$10^3 \times 10^5 = 10^8$ として計算しなければならないことになる。

8.3 トレーサビリティシステム

- トレーサビリティシステムは，供給者から納入される材料及び最終製品の最初の配送経路を明確にできなければならない。
- トレーサビリティシステムの確立及び実施に際して，少なくとも，次の事項を考慮しなければならない。
- a）最終製品に対する受け入れ材料，原料及び中間製品のロットの関係
- b）材料／製品の再加工
- c）最終製品の配送ルート
- 組織は，適用される法令，規制及び顧客要求事項が特定されることを確実にしなければならない。
- トレーサビリティシステムの証拠としての文書化した情報は，定義された期間，保持しなければならない。
- これには，少なくとも，最終製品の最短貯蔵寿命を含む。
- 組織は，トレーサビリティシステムの有効性を検証，試験しなければならない。

注記：該当する場合，システムの検証は，有効性の証拠として最終製品量と材料との一致を含む。

● 規格のポイント・解説

* 旧版の箇条 7.9 項に該当し，基本的な要求事項が a）～ d）項に，より具体的に提示された。それらの項目を，トレーサビリティシステムに取り入れ，適宜，その有効性を検証，試験することを要求している。

＊ 注記の要求事項のトレーサビリティシステムの検証では，最終製品量と材料との一致まで要求している。

＊ トレーサビリティシステムは，配送された最終製品ロットから製造・加工記録をたどり原材料ロットにたどり着くシステムである。

＊ 連続生産の場合は，バッチ生産ほど単純でなく，中間製品や途中使用の原料ロットの管理など複雑になるので，一連の工夫を要する。

＊ トレーサビリティシステムの目的は，出荷停止や不測の事態の回収に対する備えであり，使用原料ロット記録，製造ロット記録，加工記録，中間製品の使用記録，出荷記録などを維持し，よりシンプルなチャートなどでシステムを設定しておくことが要求されている。

（食品衛生法第 3 条，JAS 法，生産情報公表 JAS，トレーサビリティシステムに関わる規格・ガイドラインなど 参照）

【参考解説】

1) 製品ロットと原料バッチの関係，加工記録と配送記録の関係などを明確にするトレーサビリティシステムを確立すること。

2) 供給者から直接納入される原材料から直接の配送業者への最終製品の引渡しについてもその履歴を明確にすること。

3) トレーサビリティ記録は，システムの評価や安全でない可能性がある製品（管理基準を逸脱して継続生産された品質的ハザードおよび生物学的・化学的・物理的ハザードの可能性のある製品など）の取扱いを可能にし，また最悪の場合の製品回収などに備えて，規定した十分な期間，維持することが必要である。

4) 記録は，顧客要求事項と法的要求事項を維持または遵守し，最終製品の賞味期限（または消費期限）に基づくものであること。

● 審査のポイント

＊ 最終製品などのサンプリングによって，より速やかに，関係する文書化した情報（記録類）が明確になり，原材料ロットまでのトレーサビリティが確認できること。

8

運

用

■ 冷凍食品の製品保管作業は，60分ごとにコンテナを区別し仮保管されているが，識別表示は数コンテナが混在した1パレット単位となっており，ロット管理などのトレースが複雑，かつ煩雑な状態が観察されました。識別表示方法の改善が望まれます。

■ CIP洗浄で使用されるアルカリ系洗浄・殺菌洗剤化学薬剤の使用に関して，食品安全への影響度などを考慮したトレーサビリティシステムの設定が推奨されます。

■ カット野菜工場では，原料野菜の産地が，かなり小ロットで変更になっているためか，一部の商品について，トレーサビリティに不備が観察されました。産地表示を含めたトレーサビリティシステムの改善が望まれます。

食品安全基礎知識

乳酸菌

　乳酸菌は自然界に広く分布する，グラム陽性の大きな菌種である。桿菌・球菌で，胞子はつくらず，運動性をもたない。糖を発酵させ，乳酸をつくり，基質のpHは下がるが，酸性環境でも増殖できる。好気的代謝過程で発生する過酸化水素を分解するカタラーゼを生成できないので，乳酸菌は比較的酸素の少ない環境を好む。乳酸菌は食品の複雑な成分環境では，乳酸以外に多くの有機酸を発酵生産する。チーズ，発酵乳，漬物などに特有の風味を与える一方，食品に異味，異臭を与え腐敗をもたらす。乳酸菌は，善玉菌として広く知られているが，それだけではなく，食品の腐敗細菌としても作用し，ヒスタミンも生成し，食中毒の原因ともなりうるという報告もある。包装食品の膨張現象を起こす菌類の一つである。

真菌類

　食品に関係する真菌は，①接合菌類（カビ）　②子嚢菌類（カビ・酵母）③担子菌類（酵母・キノコ）　④不完全菌類（カビ・酵母）に区分される。
　生鮮食品では細菌が最初に増殖し食品を腐敗させるが，カビ，酵母は水分

活性，pH の低い環境で増殖する特性をもつ。そのため乾燥食品，酸性食品，塩分，糖分の比較的高い食品に増殖する。食品生産においても有害な腐敗真菌類も多く，有用真菌と常に共存している。

8.4　緊急事態への準備及び対応

8.4.1　一　　般

　　トップマネジメントは，食品安全に影響を与えることがあり，またフードチェーンにおける組織の役割に関する可能性のある緊急事態及びインシデントに対処する予防処置を特定するために，準備し，計画しなければならない。
　　これらの状況及びインシデントを管理するために，文書化した情報を確定し，維持しなければならない。

8.4.2　緊急事態及びインシデントの処理

　　組織は，次の事項を行わなければならない。
　a）次により，実際の緊急事態に対応する。
　　1）法令／規制要求事項への適合
　　2）内部コミュニケーション
　　3）外部コミュニケーション（例，供給者，顧客，該当する機関，メディア）
　b）緊急事態又はインシデント及び潜在的な食品安全影響の度合いに応じて，緊急時の結果を低減する処置をとる。
　c）可能な場合，手順を定期的に試験する。
　d）特に，何らかのインシデント，可能性のある緊急事態又は試験の後は，文書化した情報をレビューし，必要に応じて更新する。
注記：食品安全及び／又は生産に悪影響を与える可能性のある緊急事態の例は，自然災害，環境事故，生物テロ，作業場での事故，公衆衛生での緊急事態及び水，電力又は冷却供給などの基本的サービスの中断など，その他の事故がある。

* 旧版の箇条 5.7 項に該当し，約 2 行のシンプルな要求事項であったのに対し，新規要求事項としては，緊急事態に加えて，インシデントに対処する予防処置の特定を規定し，より具体的に，かつ詳細にその対応事項を要求している。(参考) インシデント (英：incident) は，事故などの危難が発生するおそれのある事態をいい，ISO22300 によると次のように定義されている。

  Incident：Situation that might be, or could lead to a disruption loss emergency or crisis. (中断・阻害，損失，緊急事態)

* a) 項は，実際の緊急事態の対応策を示し，b) 項は，緊急事態，インシデント，潜在的な食品安全への影響に応じた具体的な低減策を，c) 項は，a) と b) の文書化した手順の適切性に関するテストの実施を，d) 項は，テスト結果を含めた文書化した手順のレビューと更新をそれぞれ要求している。

* 注記には，食品安全や生産に悪影響を与える可能性のある緊急事態の具体例が示され，それらの具体的な対応策を計画する必要がある。

* 組織で発生する可能性が予測できる緊急事態を設定し，その対応策の手順を確立しておくことが要求されている。

* 旧版の「7.10.4　回収」では，「文書化された手順」が要求されているので，本条項も関連させて「文書化された手順」で取り扱うことが好ましい。

〈緊急事態・インシデントの事例〉

* 従事者の伝染病の発覚や製品汚染
* 原材料の表示ミス，アレルゲンの表示ミス，金属などの異物の混入，製品の微生物汚染・腐敗，化学薬剤汚染，
* 許容限界逸脱製品の誤出荷
* 火災，その他天変地変，大規模停電

〈緊急事態・インシデントへの対応手順の事例〉

* 緊急事態への事前の対応手順 (危機管理計画の確立，緊急事態訓練計画・実施)
* 緊急事態発生時の対応手順 (緊急事態発生情報の収集・分析，緊急事態の最善防止策，緊急事態連絡網)
* 是正・予防対策手順 (原因分析，是正・改善策，処置評価とフォローアップ)

【参考解説】

・ トップマネジメントは，潜在的な緊急事態や事故を予想して，それにどのように対応するのか実証し，その結果をマネジメントレビューのインプット情報とすることが要求されている。

・ この要求事項は，本規格と同様に，ISO9001：2015では，6.1項「リスク及び機会への取り組み」と10.2項「不適合及び是正処置」に該当し，ISO14001：2015，8.2項「緊急事態への準備及び対応」と10.2項「不適合及び是正処置」などの条項に該当すると思われる。

・ 潜在する食品安全ハザードの予防処置は，6.1項「リスク及び機会への取り組み」で可能な限り特定し，対応することが望まれるが，意外と困難であるので，食中毒菌の残存を想定し，その緊急事態への対応・実証するシステム手順を作成，定期的にテストし，レビューすることが望まれる。

〈事例〉食品病原微生物のボツリヌス菌は，最強の毒素を産生し，わが国でも，昔，多くの人命を奪った事故がある。この菌は，絶対（偏性）嫌気性細菌で，真空包装された食品に忍び込み，増殖し，毒素を産生する。酸素吸収剤の使用では手放しに安心できない。突然のエネルギー停止や冷蔵設備の機械の故障などの原因により，ボツリヌス菌が侵入し，魚やソーセージの真空包装，炭酸ガス充填包装食品でのボツリヌス菌増殖を想定した対応手順とテストによる実証などを考えれば理解しやすいだろう。リスク管理にも適応させる事例である。

【システム構築支援解説】

・ トップマネジメントは，フードチェーン関連企業が予測される事故，緊急事態や事象の可能性を確実にし，それらに対応する手順を構築し，維持することを確実にすること。

・ フードチェーン関連企業が，緊急事態への対応準備，特に実際的な事故や緊急事態の発生後の対応手順を可能な限りテストし，レビューし，適切に改正できる手順を確立すること。

・ 緊急事態の事故には，火災，洪水，生物テロや破壊活動，エネルギー供給停止，周辺環境の突然の汚染，新しく発見された食品安全ハザードなどがある。

・ フードチェーン関連企業の中には，科学的な根拠や証拠のない商業的リスク

8

運用

に関する食品安全ハザードを取り扱ってもよい。例えば，メディアの誇大宣伝などによる消費者への食品安全ハザードなど。その他，食品安全マネジメントシステムにとってマイナスとなる可能性のある要因など。

● 審査のポイント

* 具体的な緊急事態やインシデントの特定と対応手順が確立されていること。
* 設定された緊急事態やインシデントの対応手順の妥当性が，模擬訓練などによって確認されていること。
* 8.9.5 項 「回収／リコール」との関わりが考慮されていること。
* 具体的な緊急事態やインシデントの想定には，関連団体などの過去の客観的な情報事例などを考慮していること。
* 「ISO／TS22002-1 技術仕様書」，15 項 「製品回収手順」 参照

● 審査指摘事例

■ 新規格は，緊急事態やインシデントについての予防処置を特定するために，準備し，計画することを要求していますが，組織の生産している生麺製品について，例えば，食中毒やアレルゲンの混入による事故などを想定した，文書化した情報が確認できませんでした。

■ 規定した緊急事態やインシデントの準備や対応手順，例えば，冷媒剤の漏洩，長時間の停電事故などによる冷蔵・冷凍庫の温度上昇に伴う製品の品質劣化や火事，セキュリティーの問題，食品安全に影響を与える潜在的な緊急状況や偶発的に引き起こされる出来事など緊急事態の予想される事象に関する文書化した情報を確認できません。
（残念ながら組織は，天変地変のみを緊急事態に取り上げています。）

■ 食品安全マニュアルには，規格要求事項のみが記載され，組織の活動に見合った 「緊急事態及びインシデントの対応」 への要求事項が確認できません。また，新規格の 「インシデント」 について特定し，その予防対策などが検討されていません。

■ 「緊急事態及びインシデントに対する備え及び対応規程」 には，停電時ほか

14 項目について，その手順が確立されていますが，それらの手順の妥当性確認について，模擬テストの実施などレビューの実施記録が確認できません。

食品安全基礎知識

食中毒の発症

あらゆる種類の微生物が食品といっしょに消化器官に入り，胃の酸や消化酵素，あるいは消化器官にすみついている細菌類と戦い，消滅する運命にあるので，病原菌が腸管などで増殖し，食中毒を発症するには一度にまとまった細菌数を食品から取り込まなければならない。この数は細菌の種類によって異なり，ヒトの年齢や健康状態によっても大きく異なる。また，病原菌の入った食品を，ほかのどのような食品と，どれぐらい食したかも発症の程度に影響すると言われている。

食品安全ハザードと食中毒危害（2002～2012）

食品安全ハザード	食中毒危害 （発生率%）	食品安全ハザード	食中毒危害 （発生率%）
サルモネラ	13	その他の細菌類	3
腸炎ビブリオ	31	ウイルス	21
病原大腸菌	4	化学物質	1
カンピロバクター	2	植物性自然毒	4
黄色ブドウ球菌	4	動物性自然毒	3
ウェルシュ菌	5	その他	1
セレウス菌	1	原因不明	2
ボツリヌス菌	5		

8

運

用

8.5 ハザードの管理

8.5.1 ハザード分析を可能にする予備段階

8.5.1.1 一　　般

> 　ハザード分析を実施するために，食品安全チームは事前情報を収集し，維持し，更新しなければならない。
> 　これらには次のものを含むが，これらに限らない。
> a） 適用される法令，規制及び顧客要求事項
> b） 組織の製品，工程及び装置
> c） 食品安全マネジメントシステムに関する食品安全ハザード

● 規格のポイント・解説

* 箇条 8.5 項「ハザードの管理」は，新規の見出しで，旧版の箇条 7.3 項「ハザードの分析を可能にするための準備段階」に対応している。

* 箇条 8.5 項は，ハザード分析の準備や管理について，要求事項のすべてを網羅した条項となっており，食品安全チームの役割を規定している。

* 箇条 8.5.1 項は，旧版の箇条 7.3.1 項に対応し，文字どおり，ハザード分析の準備の一般事項を規定している。

* 「食品安全ハザード」とは，「健康に悪影響を与える原因となる可能性がある，食品中の生物学的(病原菌，ウイルス，寄生虫など)，化学的(農薬，抗生物質，動物のふぐ毒など，植物のキノコ毒など)，物理的 (金属片，石，硬質プラスチック片，ガラス片など) 物質あるいはそのような食品の状態」と定義されている。

* ハザード分析を実施するために必要なすべての情報とは，7.3.3 項から 8.5.1.5.3 項までのすべての要求事項を指す。

* 該当するハザード分析に必要なすべての情報を収集し，文書化し，維持 (最新のものとして管理状態にあること) し，適宜更新 (最新状態での維持) することが求められている。

● 審査のポイント

* 食品の製造のすべてのプロセスにおける，食品安全ハザードとそのハザードの状態・程度が，明確になっていること。
* 明確にした食品安全ハザードは，どのプロセスで，どのように管理されているか明確になっていること。

● 審査指摘事例

■ 液体製品の充填工程に供する，PET ボトル容器の連続式内面清掃に，コンプレッサーエアーが使用されています。しかし，この食品と直接接触する容器について，コンプレッサーエアーに混存するかもしれない鉱物油ミストの管理に対する安全性が確認できません。
* 「ISO／TS22002-1 技術仕様書」，6 項「ユーティリティ，空気，水，エネルギー」参照
■ 缶充填ラインへ缶ぶたを供給する工程のハザード分析評価と必要な管理手順の不備が観察され，改善の余地があります。

食品安全基礎知識

ハザード分析要素事例

生物学的危害	バクテリア (一般生菌，大腸菌群，大腸菌，黄色ブドウ球菌，カンピロバクター，サルモネラ菌，リステリア，エルシニア，セレウス菌，ボツリヌス菌) ウイルス (A 型肝炎，ロタウイルス，ノロウイルス) 真菌類 (アスペルギルス種，フザリウム種) 寄生虫等 (ランブル鞭毛虫，クリプトスポリジウム) 藻類 (麻痺貝毒，下痢性貝毒)
化学的危害	化学洗浄剤，駆除剤，アレルゲン (アレルギー抗原)，有毒金属，亜硝酸塩，硝酸塩，N-ニトロソ化合物，動物毒 (フグ毒；テトロドトキシン)，ポリ塩化ビフェニール，包材からの可塑剤，動物医薬残留物 (抗生物質，ホルモン)，化学添加剤，植物毒 (シアン化合物，エストロゲン)
物理的危害	ビニール片，金属片，石・ガラス，木片・小枝・葉，毛髪，こげ片，手袋，紙片，糸，硬質樹脂片，輪ゴム，鼠族昆虫，宝石類

8.5.1.2 原料，材料及び製品に接触する材料の特性

- 組織は，適用される全ての法令／規制食品安全要求事項が，全ての原料，材料及び製品に接触する材料に対して特定されることを確実にしなければならない。
- 組織は，すべての原料，材料及び製品に接触する材料に関して，適宜，次のものを含め，ハザード分析（8.5.2 参照）を実施するために必要となる範囲で文書化した情報を維持しなければならない。
- a）生物的，化学的及び物理的特性
- b）添加物及び加工錠剤を含め，配合材料の組成
- c）由来（例えば，動物，鉱物又は野菜）
- d）原産地（出所）
- e）生産方法
- f）包装及び配送方法
- g）保管条件及びシェルフライフ
- h）使用又は加工前の準備及び／又は取扱い
- i）意図した用途に適した，購入した資材及び材料の食品安全関連の合否判定基準又は仕様書

● 規格のポイント・解説

＊ 旧版の箇条 7.3.3.1 項の要求事項に対応しており，新規の追加要求事項はないが，新規格は，すべての箇所において，「記録」という用語が，「文書化した情報」という用語に置き換わっている。

＊ HACCP や食品安全マネジメントシステム（FSMS）の基本となる要求事項は，最終製品の品質検査に依存することなく，製品の製造にかかるあらゆるハザード汚染を低減・除去し，より安全な食品を消費者に提供することにある。そのための，ハザード分析に必要な情報の一つが「原料，材料及び製品に接触する材料」についての情報であり，文書化が要求されている。

＊ 食品に接触する「原料，材料及び製品に接触する材料」についての確認事項は，

規格の要求する次の事項である。

① 生物的，化学的および物理的特性 (特性とは，例えば，水分，水分活性，塩分濃度，pH)

② 配合された材料の組成 (添加物および加工助剤を含む)

③ 由来 (農産物であれば特定汚染物質の汚染地域や貝毒の発生地域など)

④ 原産地 (国内であれば，該当する都道府県の明記など)

⑤ 生産方法 (製造工程で代表される製造方法)

⑥ 包装および配送方法 (要求されるフィルムなどの空気特性など) や配送条件

⑦ 保管条件，シェルフライフ

⑧ 使用または加工前の準備と取扱い (前処理の段階とその処理の程度)

⑨ 意図した用途に適したその材料等の合否判定基準や仕様書 (原材料の受け入れ基準など)

以上のような情報は，例えば，「原材料特性表」などに明記するとよい。

【参考解説】

　すべての原材料と製品に接触する材料について，食品安全ハザードを明確にし，評価できるように文書化し規定すること。

　　a) 生物学的，化学的及び物理的特性について，例えば，「ハザード分析一覧表」に「想定されるハザード」として記入してもよい。

　　b) 添加物や加工助剤を含む，配合材料の組成については，「製造工程フロー図」に直接明記するか，「付属配合表」などで明記してもよい。

　(参考) 添加物など副資材は，例えば「副原材料管理マニュアル」として，次を規定するとよい。

　　① 添加物，加工助剤一覧表

　　② 管理基準

　　③ 作業手順

　　c) 由来 (動物，魚類，植物，鉱物など)

　　d) 原産地は，「原材料受入れ管理マニュアル」の中の「原産地一覧表」などで最新管理を実施することを推奨する。

　　e) 生産方法は，製造工程の代表的な特徴であり，「製造工程フロー図」，「QC

8

運

用

工程表」などで煩雑になる場合は，「作業手順書」の中で明確にする必要
がある。

f) 包装及び配送方法の特記すべき事項を明記する。

g) 保管条件及びシェルフライフ。

h) 使用又は加工前の準備及びその取扱い：本製造前の取扱いや前処理を指
している。

i) すべての原材料の受け入れ品質基準の明確化を指しており，意図した用
途に適した，購入原材料の食品安全に関連する受入れの基準又は仕様に
対する対応として，規格は汎用性の原材料と特定した用途との識別化を
意図しているので，例えば，アレルギー過敏症に対する原材料の購入・
取扱い等を含め，基準，仕様を規定している。

【システム構築支援解説】

1) 最終製品特性のハザードを設定する場合，包装形態も含め静菌的状態または
殺菌的状態について，その要素となる事項を明記すること。

2) ハザード分析に対するこれらの管理手順の有効性は，製品に影響する外的要
素（例えば温度，時間，湿度，その他の管理手段）によって影響されること
があり，また，その管理結果としての厳重さによっても影響されることがあ
る。

3) 食品内に直接的に関与する，静菌的管理手段には，①二酸化炭素の追加添加，
②コーティングや包装形態，③ MA 包装（ガス置換包装），④保存料，拮抗
薬剤，拮抗微生物の使用，⑤酸化還元電位，⑥水分活性，⑦ pH による制御，
などがある。

4) 食品内に直接的に関与する，殺菌的管理手段には，①拮抗細菌添加法　②低
pH による微生物死滅法，などがある。

5) 適切なラベル表示は，特定の管理手段が組織の手の届かない管理手段として
有効であり，消費者による，あるハザードの制御を可能にする有効な管理手
段となり得る。

6) 表示例には，①期限表示，②保管条件の説明書，③微量のナッツを含むこと
がある，④過剰な消費は下剤効果をもたらすことがある（ポリオール），⑤
グルテンを含む，⑥フェニルアラニン源を含む，⑦グリシンを含む，などの

表示例がある。

● 審査のポイント

* 組織が関わる，「原料，材料及び製品に接触する材料」に漏れがないこと。

* これらの情報は，最新の情報であり，変更などが生じた場合は，更新され，修正されていること。

* 「接触する材料」には，工程で使用する，潤滑油やコンプレッサーエアーの品質なども重要な要件である。

● 審査指摘事例

■ 食品に接触する材料は，ハザード分析に必要な範囲で規格要求事項 8.5.1.2 項を実施すると，食品安全マニュアルに記載されていますが，使用機器類に関する材料に関しては，製品と接触する可能性があるにもかかわらず，関係文書が維持されておらず，ハザード分析も実施されていません。

■ 「関連法令一覧表」には，食品衛生法，JAS 法などと法令の名称のみが記載され，直接該当する法規制や規制要求事項が明確になっていません。また，法令の最新版管理や規制当局の HP を即座に検索できる方法が確認できません。規格では，食品安全方針をはじめ各所に法令遵守の明確化が要求されており，適合している証拠を維持する必要があります。

そのためには，まず食品衛生法施行規則（食品衛生法の食品・器具・容器，添加物，表示，監視検査など），農林物質の規格化と品質表示適正化に関する法律（加工食品品質表示基準などの詳細）など，より具体的に把握する必要があります。

また，食品の種類による一般生菌数など微生物基準，添加物基準，アレルゲンなど該当食品に対する規制要求事項を具体的に設定し，監視・評価しその記録を維持することが求められています。

■ 規格 8.5.1.2 項では，製品に接触する材料は，a）～h）を含め，食品安全ハザード分析を実施するために必要となる範囲で，文書の中に記述することが求められています。

8

運

用

食品安全マニュアルの 8.5.1.2 項では，購買先より入手した「原材料規格書」などで明らかにすると規定していますが，本社工場の製造する製品に接触する材料として，包材フィルムと脱酸素剤を使用しているにもかかわらず，規格 8.5.1.2 項が要求する文書化が確認できませんでした。

■ 規格では，製品に接触する材料に関しては，ハザード分析に必要な範囲で文書化することが要求されていますが，「かにカマボコ包装工程」に使用されている「ケーシング」に関してはその実施が確認できません。

■ 規格では，すべての原料，材料および製品に接触する材料は，食品安全ハザード分析を実施するために，必要となる文書の中に記述することが要求されていますが，食品包装に使用され，直接食品と接触しているエアーについて，フローダイアグラムへの記載やハザード分析の実施が確認できません。

■ ハザード分析の準備段階として，8.5.1.2 項に沿った文書化が要求されていますが，本社工場の購入している「食品添加物」の一部には，食品安全への影響度を明確にした記載が確認できません。

■ 原料液卵を外部から購入していますが，食品安全ハザード分析を実施するために必要となる文書が維持されていません。

■ 購入したプラスチック包装材料に関して，関連する食品安全の法的要件を満足していることを証明する情報が確認できません。

■ 食品製造プロセスの各攪拌機には，各種潤滑油が使用されていますが，これらの潤滑油の食品安全品質やその管理方法が明確にされていません。
例えば，グレード（食品添加物／食品工業用），使用可能箇所，使用方法，製品の特性，使用プロセスなどに対する管理方法などの文書化が要求されます。

食品安全基礎知識

製造プロセスと微生物制御の科学

1）製品特性の明確化

　① 殺菌・加熱工程の有無

　② 微生物増殖抑制工程の有無

殺菌工程 (加熱工程)の有無	増殖抑制工程 (冷却・冷蔵)の有無	該当食品
○	○	果実飲料，醤油，ジャムなど
○	×	牛乳，レトルト食品
×	○	干物類，イカの塩辛など
×	×	魚介刺身など，野菜サラダなど

2）微生物危害の区分

　① 健康危害

　② 品質危害

3）微生物特性

　① 生存特性 (耐熱性，耐薬品性，耐濾過性)

　② 増殖特性 (栄養成分特性，pH範囲，Aw，増殖可能温度，増殖可能酸素濃度)

細菌と増殖可能温度域

細菌区分	最低温度 (℃)	最適温度 (℃)	最高温度 (℃)
高温性細菌	30〜40	50〜70	70〜90
中温性細菌	5〜15	30〜45	45〜55
低温性細菌	−5〜5	25〜30	30〜35
好冷細菌	−10〜5	12〜15	15〜25

4）一般的微生物制御法

殺菌	加熱殺菌 (乾熱，湿熱，高周波，赤外線) 冷殺菌 (殺菌剤，超高圧，放射線)
静菌	温度制御 (冷蔵，冷凍，高温保持) 水分低下 (乾燥，濃縮) 化学物質 (塩，糖，有機酸，保存料)
除菌，遮断	濾過，洗浄，包装，クリーンルーム

8

運

用

8.5.1.3 最終製品の特性

組織は，適用される全ての法令／規制食品安全要求事項が，生産予定の全ての最終製品に対して特定されることを確実にしなければならない。

組織は，最終製品の特性に関して，適宜，次のものの情報を含め，ハザード分析（8.5.2 参照）を実施するために必要となる範囲で文書化した情報を維持しなければならない。

a）製品名又は同等の識別

b）組成

c）食品安全に関わる生物的，化学的及び物理的特性

d）意図した貯蔵寿命及び保管条件

e）包装

f）食品安全に関わる表示及び／又は取扱い，調製及び使用法に関する説明

g）流通及び配送方法

● 規格のポイント・解説

* 旧版の箇条 7.3.3.2 項に該当し，旧版同様，組織の適用されるすべての規制要求事項が，生産予定のすべての最終製品の特性に確実に適合することを規定しているが，個々の要求事項に変更，付記はない。

* 最終製品の特性は，求める最終製品に対する，食品安全ハザードの許容水準を明確にすることである。

* 最終製品の特性は，「原料，材料及び製品に接触する材料」に関する情報と同様に，① 製品名または同等の識別，② 組成（保存料の有無），など要求事項に従って必要な要件の文書化が求められている。

* そのうち，アレルゲンの表示や保管条件や配送条件などの明確な表示も求められている。

* 関連する「法令・規制要求事項」を特定し，明記することが必要である。

* 「8.5.1.4 意図した用途」についても，「最終製品の特性」に求められる要件の一つである。

（注）d）の訳文を「意図した貯蔵寿命及び保管条件」としているが，旧版は，「シェルフライフ」と訳されており，「シェルフライフ」のほうが適切と思われる。

【参考解説】

1）最終製品の特性については，a）〜g）項に関する情報を含め，ハザード分析の実施に必要な範囲で，文書化した情報を確実にすることが要求されている。

- ・ 本項の要求事項は，HACCP の STEP2 の「製品説明」に該当する要求事項である。
- ・ また食品安全チームは，各製品を完全に理解しておく必要があり，そのためにもすべての製品の「製品説明書」などを作成する必要がある。
- ・ 「製品説明」は，最終製品に内在するハザードとなり得る要素を特定するための重要な情報である。

2）上記情報に関する法的な食品安全要求事項を明確にすること。

● 審査のポイント

* 「最終製品の特性」は，「製品仕様書」や「商品カルテ」が一般的であり，それらに要求事項が，明確に網羅されていること。

* 特にアレルゲンの識別とその明記について注意を要する。

● 審査指摘事例

■ 「商品仕様書」には，最終製品の特性に関する情報が記載されていますが，食品安全上重要なアレルゲン物質についての記載が確認できません。

■ 卵加工製品の原料卵の一部に「特殊卵」という表示のものが使用され，製品ラベルにそれが表示されていますが，この表示の適切性について，関係当局などとコミュニケーションをとり，その妥当性を確認することが望まれます。

■ 組織の食品安全マネジメントマニュアルでは，「最終製品特性」について「最終製品規格書」の中に記載すると規定されていますが，「最終製品規格書」には，主原料の卵の加工法や調味料（タレ類の成分である砂糖，かつおエキスなど）などの表示の順番に不適切なものが観察され，適切な「最終製品規格書」とは言えません。

8

運

用

8.5.1.4　意図した用途

> 　最終製品の，意図した用途，合理的に予想される最終製品の取扱い，並びに意図しないが合理的に予想されるすべての誤った取扱い及び誤使用を考慮し，かつ，ハザード分析（8.5.2 参照）を実施するために必要となる範囲で文書の中に記述しなければならない。
>
> 　適宜，消費者／利用者のグループを，各製品に対して，明確にしなければならない。
>
> 　特定の食品安全ハザードに対して，特に，脆弱であることが知られている消費者／利用者のグループを明確にしなければならない。

● 規格のポイント・解説

* 旧版の箇条 7.3.4 項に該当し，付記された要求事項はない。

* 最終製品の意図した用途は，「8.5.2 ハザード分析」の情報として，「最終製品の特性」をさらに補填する要求事項である。

* 「意図しないが合理的に予想されるすべての誤った取扱い・誤使用」については，メーカーなどの「利用者」や「消費者」が勘違いして，「加熱商品」を非加熱で食することも，十分に予想される誤った使用例である。
  また，「容器包装要冷蔵食品」と「容器包装加圧加熱殺菌食品」（レトルト食品）などは，特に，それらの間違いを起こしやすい包装なので，その特性を明確にし，注意しなければならない。（ボツリヌス菌食中毒事例）

* 食品安全ハザードに特に無防備とされる 5 集団などについては，アレルゲンや食品安全ハザードの許容水準（例えば，製品に残存する一般生菌数）などが「8.5.2 ハザード分析」の重要な情報である。

* 食品衛生法関連の要求事項：
  ① 製造基準（使用原料名・副原料名・添加物名，中心温度・加熱温度・時間，使用水の基準）
  ② 成分基準（残存亜硝酸量，各種関連微生物残存基準）
  ③ 保存および配送基準（－ 15 ℃ 以下など）

【参考解説】

・ 食品製造について，「意図した用途」に対する要求事項は，ごく最近までは日本の食文化にはなかった概念である。

・ 各製品またはプロセスカテゴリーに関して，利用者や消費者を明確にすること。

・ 特に，脆弱であることが知られている消費者とは，食品安全ハザードに対して無防備とされる消費者グループを指し，特に「影響を受けやすい5集団」への配慮を明確にすることである。

　　(注) 影響を受けやすい5集団：妊婦，幼児，老人，アレルギー疾患患者，免疫不全者など

・ 意図しないが当然予想される製品の誤った取扱いや正しい使用法を明確にすること。例えば，食品の保存温度，包装開封後の注意事項，電子レンジの使用に関する注意事項など。

● 審査のポイント

＊ 製品の組成について，食品安全ハザードの管理に影響する要件，例えば「添加物」の使用の有無などが明確になっていること。

＊ 食品安全に係る生物学的，化学的，物理的特性が明確になっていること（例えば，製品の pH，水分，水分活性，糖，塩濃度などは，食品安全ハザードの許容水準に大きく影響する要素である）。

＊ 包装材料の特性は，食品安全ハザードの許容水準に影響するため，酸素透過性，水分透過性など材質が明確になっていること。

＊ 食品安全にかかわる調理法や使用法について，例えば通常の調理では問題にならないような食品安全ハザードも，豚肉や牛肉など，加工方法によっては，内部への微生物汚染の可能性もあるため，ハザード分析の情報として明記されていること。

● 審査指摘事例

■ 「製品特性説明表」には，製品の pH，水分，水分活性，糖，塩濃度など，食

品安全ハザードの許容水準に大きく影響する要素や消費者グループなどが明確になっていません。

■ 味付け豚肉や鶏肉の加工プロセスには，調味液への漬け込み製品以外に，調味液を肉片の内部に注入する製品もありますが，注入加工法による肉類内部への微生物汚染の可能性に関する情報が明確になっていません。

食品安全基礎知識

食品と変敗の科学

　柑橘類は，土壌微生物，特にカビの汚染を受けるので，オルトフェノール，チアベンダゾールをワックスなどと混合し塗布される。海産物の変敗は，シュードモナス，ビブリオなどグラム陰性細菌によるものが多い。玄米の表面にはバシラスが付着しているので，炊飯後も主要な腐敗の原因菌であるので，日配米飯ではこれを防ぐため有機酸製剤などで pH を 5.0 以下に調整している。低 pH での変敗は，酵母，乳酸菌が原因である。

　魚類などの死後硬直は，筋肉タンパク質アクトミオシンとミオシン，ATP などが関与する。pH も死後直後は酸性を示し，自己消化しながら中性に変わる。硬直，解硬，軟化，腐敗の順で進行する。魚肉の ATP は，ADP，AMP，IMP（イノシン酸），HxR（イノシン），Hx（ヒポキサンチィン）の順に分解されていく。K 値（モル％）は，これらの総和に対する HxR と Hx の比で表し，鮮度の指標である。即殺魚では，これを 10 ％ 以下にするとしている。

　K 値が生鮮度を示すに対し，腐敗の指標は，生菌数，腐敗産物のアンモニア，トリメチルアミン，揮発性塩基性窒素などを定量する。低温細菌の中には 0 ℃ 以下でも増殖し，食品を腐敗させる微生物も存在する。乳酸菌や酵母は，有用細菌とするイメージがあるが，包装食品膨張や腐敗，ネト生成などの原因となる。レトルト米飯での細菌異状について，シュードモナスの検出は，加熱後の二次汚染であり，バシラスの検出は，耐熱胞子を持つため加熱不足の原因が考えられる。

8.5.1.5　フローダイアグラム及び工程の記述

8.5.1.5.1　フローダイアグラムの作成

食品安全チームは，食品安全マネジメントシステムが対象とする製品又は製品カテゴリー及びプロセスに対する文書化した情報として，フローダイアグラムを確立，維持及び更新しなければならない。

フローダイアグラムは，食品安全ハザードの発生，増大，減少又は導入の可能性を評価する基礎として，ハザード分析を行う際に使用しなければならない。

フローダイアグラムは，ハザード分析を実施するために必要な範囲で，明確で，正確で，十分に詳しいものでなければならない。

フローダイアグラムには，適宜，次の事項を含まなければならない。

a）作業におけるすべての段階の順序及び相互関係

b）あらゆる外部委託した工程及び相互関係

c）原料，材料，加工助剤，包装材料及び中間製品がフローに入る箇所

d）再加工及び再利用が行われる箇所

e）最終製品，中間製品，副産物及び廃棄物を搬出又は取り除く箇所

8.5.1.5.2　フローダイアグラムの現場確認

食品安全チームは，現場確認によって，フローダイアグラムの正確さを検証し，適宜更新し，文書化した情報として維持しなければならない。

● 規格のポイント・解説

＊ 旧版の箇条 7.3.5.1 項に該当し，新規の要求事項はない。

＊ フローダイアグラムは，食品安全マネジメントシステムの適用範囲の製造工程のみならず，すべての関連するプロセスが網羅されていることが要求され，食品安全マネジメントシステムの主要な要件の一つである。

＊ 食品安全マネジメントシステムにおけるフローダイアグラムの目的は，食品

安全ハザードの発生，増大，混入の可能性の評価などを明確にすることであり，そのためには要求事項の5つの項目が明記されていることが必要である。

* 作成されたフローダイアグラムは，「8.8.1 検証」に従って，食品安全チームによって，検証され，実際の現場のプロセスと相違ないことを確認し，記録しなければ完成とはいえない。

* フローダイアグラムに明記されたプロセスについて，実施している管理手段や工程のパラメーター（温度，時間，圧力，スピードなど）などの情報は，ハザード分析に必要な情報として，フローダイアグラムやその他関連文書に付記しておくことが好ましい。

● 審査のポイント

* フローダイアグラムは，原材料・添加物，製品特性，製造工程などを考慮して作成され，検証（作成，現場確認，承認）されていること。

* フローダイアグラムには，アウトソース（外部委託）のプロセスが明記されていること。

* フローダイアグラムには，工程の中間製品，副産物，および金属探知機やX-Ray などでのリジェクト品などの処理（検査・再加工・廃棄など）などが，明確になっていること。

● 審査指摘事例

■ 魚介類加工プロセスに関する，フローダイアグラムにおいて，工程や最終製品の特性に関わる官能検査の位置づけが明確になっていません。また，官能検査の基準や官能検査員の校正，教育訓練記録などが，確認できませんので，フローダイアグラムの見直しや改善を推奨します。

■ 畜肉加工工程のフローチャートには，作業工程（特に脱骨後の金属探知，真空包装，冷却工程など）の十分な詳細が記載されておらず，食品安全チームによる検証の記録も確認できません。

■ 副原料の選別のプロセスが，フローダイアグラムに記述がなく，また検証プランに従って，現場確認によってフローダイアグラムの正確さが検証されて

いません。またこの工程のハザード分析も実施されていません。

■ 規格ではフローダイアグラムにアウトソースしたプロセスや下請負作業を含めて，正確で十分に詳しいものを要求していますが，該当するアウトソースしたプロセスや自社の「野菜下処理工程」が上記内容を満たしていません。

■ 食品安全チームは，「冷凍エビフライ」製造工程の現場確認によって，フローダイアグラムの正確さを検証することが要求されていますが，同フローダイアグラムの検証が実施されておらず，「工程検査」や「最終製品検査」のプロセスが欠落しています。

■ 金属探知工程や X-Ray 検査工程で，リジェクトされた製品についての取扱い記録の改善，その不安全である可能性のある製品の再検査結果と良品と判定された場合の特定された工程への再投入などが，フローダイアグラムに欠落しています。

■ 適用範囲に該当するフローダイアグラムは完成していますが，一部の CCP や OPRP プロセスのフローダイアグラムへの記載は確認できません。

■ 「検査」工程でのリジェクト品はすべて，「廃棄」と，該当フローダイアグラムには記載されていますが，再検査後の用途外転用の事実も確認されましたので，この「用途外転用」プロセスのフローダイアグラムへの記載が望まれます。

■ フローダイアグラム作成後の検証結果の記録には，食品安全チームメンバーによる検証や実施日などの記載が確認できません。

■ 規格は，食品安全チームは，8.5.1.5.2 項「フローダイアグラムの現場確認」によって①フローダイアグラムの正確さを検証すること，② 検証したフローダイアグラムは記録として維持することを規定しています。
しかし，「味付け温泉たまご」のフローダイアグラムにおいては，食品安全チームが検証した記録や加工場での「UV 殺菌工程」が欠落しています。

8
運
用

8.5.1.5.3 工程及び工程の環境の記述

　　食品安全チームは，ハザード分析を行うために範囲内で，次の事項を記述しなければならない。

a）食品及び非食品取扱い区域を含む構内の配置

b）加工機器及び食品に接触する材料，加工助剤及び材料のフロー

c）既存の PRP，工程のパラメータ，（もしある場合は）管理手段及び／又は適用の厳しさ，若しくは食品安全に影響を与えうる手順

d）管理手段の選択及び厳しさに影響を与える可能性のある外部要求事項（例，法令／規制当局又は顧客の）

　　予想される季節的変化又はシフトパターンから生じる変動は，適宜，含めなければならない。

　　記述は適宜更新し，文書化した情報として保持しなければならない。

● 規格のポイント・解説

* 旧版の箇条 7.2 項と箇条 7.3.5.2 項に加え，新規箇条の要求事項である。

　　a）工場全体の施設・機器類を含むレイアウト図／ゾーニングの設定

　　b）加工機器及び食品に接触する材料，加工助剤及び材料のフロー

　　c）現行の PRP，工程のパラメータ（すべての作業プロセスに関する，相互関係を示す文書類），又は，食品安全に影響を与えるプロセスの作業手順書など。

　　d）作業管理に影響を与えるような，政府機関・行政当局及び業界規制事項，並びに，顧客要求事項など。

* その他，季節変動による食品安全に影響を与える食品安全事項（例えば，気温変動による原材料の品質変化），製造シフトによって影響される食品安全事項（人員変動，季節労働者の雇用，監視機能変動など）。

〈参考事例〉

8.5.1.5.3 「工程及び工程の環境の記述」の該当製造プロセス

　インスタント食品には，何十種類もの真空冷凍乾燥具材が個包装され，トッピングされているが，この具材の個包装作業は，比較的小規模の企業でも実施されており，その製造工程では，本項に該当する細やかな配慮のもとで，作業が実施されている。

　　a）真空冷凍乾燥具材の種類の多さ（野菜からチャーシューまで多岐にわたる）

　　b）その具材原料の保管条件と取扱い

　　c）ライン別での個包装作業

　上記，a）〜c）に関して，作業環境（空気，温度，湿度管理から2次汚染防止対策まで）から，具材別個包装作業機械の管理，作業者の衛生的取扱いに関する教育訓練（真空冷凍乾燥品の品質，アレルゲンから異物混入対策）などなど，多岐にわたる管理が要求されており，当製造プロセスは，ISO22000：2018の要求事項のすべてが凝縮されているプロセスの結晶であることを痛感した。

【参考解説】（8.5.1.5　フローダイアグラム及び工程の記述）

1）この規格の中で，中核をなす重要な作業工程であり，以下の8.5.2項，8.5.4項，および8.8.1項をも視野に入れた正確さが要求される。

2）製品やプロセスカテゴリーについて，フローダイアグラムを作成すること。

3）フローダイアグラムは，予想される食品安全ハザードの発生，増大，混入を見越したものであることとは，フローダイアグラムの各プロセスの段階が，例えば，3つのハザード混入に対し，それが明確にならないような中途半端な段階でのフローとならないように，基本的な注意を喚起している。

4）フローダイアグラムは，明確で，正確で，十分に詳細であることが要求されているが，単純な工程であれば，それだけで食品安全作業が実施できることを示唆している。

5）プロセスフローダイアグラムには，次のa）〜e）項を含むこと。

　　a）作業分析を実施し，プロセスの段階に欠落がないように，かつそれらのプロセスのつながりを正確なものにすること。

　　b）食品製造の一部またはすべてのプロセスを外部委託する場合，そのプロセスを明確に記載すること。下請負作業についても同様である。

　　c）原材料や中間製品についても，プロセスへの位置づけを明確にすること。

　　d）再加工や再利用が行われる場合のフローへの位置づけを明確にすること。

8

運用

e）最終製品，中間製品，副産物，廃棄物の発生位置と移動位置についても
フローの中で明確にすること。

6）食品安全チームは，8.5.1.5.2項「フローダイアグラムの現場確認」に従って，
現場で「ウォーク・ザ・トーク」によって，上記で作成したフローダイアグ
ラムの正確さや最新性を検証すること。

7）検証したフローダイアグラムは，文書化した情報として維持すること。

【システム構築支援解説】

1）プロセスフローダイアグラムの第一の利点は，見落とす可能性のある食品安
全ハザードを発見したり，予測されるハザードの発生，ほかのプロセスから
の汚染によるハザードの混入，およびそれぞれのハザードの水準を明確にす
るために効果的な手法である。

2）フローダイアグラムは，食品安全ハザードの明確化（8.5.2.2），ハザードの
評価（8.5.2.3），管理手段の選択と判定（8.5.2.4）に必要で，その他の管理
手段を相対的に位置づけ，混合使用するのに役立つ。

3）予想される食品安全ハザードの混入やすべての汚染とハザードの移動を明ら
かにするために，製品以外の流れに関する付加的なダイアグラム施設図や動
線（空気の流れ，スタッフの流れ，装置機器の流れ，消耗品の流れなど）を
作成するとよい。

4）各管理手段の説明の程度は，適用する厳しさに比例させ，そのハザードに対
する効果の信頼性と評価および妥当性確認（8.5.3）を可能にするために必要
な情報が得られる程度の詳細さが求められる。

5）それぞれの管理手段の説明には，関連プロセスパラメータ（例：温度，イン
プット量など付加的要素，スピードなど），適用する厳しさや厳密さ（例：時間，
レベル，濃度など），プロセスの変動性などを考慮するとよい。

6）このような説明の対象となる管理手段には，次の事例がある。

a）新しくオペレーションPRPによる管理の決定，または既に含まれている
管理手段

b）プロセスフローダイアグラムに規定したプロセスに適用する管理手段

c）最終製品の要求事項（8.5.1.3）として適用する管理手段

d）外部組織（例，顧客，当局）の要求事項であるハザード評価（8.5.2.3）に

適用する管理手段

e）フードチェーン（例：原料供給者，下請負業者，顧客）への適用，社会制度（一般的な環境保護政策など）への適用に実施され，さらにハザード評価が要求事項となる場合に適用する管理手段

7）ハザード分析の実施前に，HACCP／オペレーション PRP プランが既に整っている場合は，これまでに実施した管理手段の詳細な説明を明確にすることが好ましい。

● 審査のポイント

＊ ハザード分析に影響を与える可能性のある要素である，工場内のレイアウト（ゾーニング，機器類，食品添加物置き場など）を明確にしていること。

＊ 作業管理に影響を与えるような，政府機関・行政当局や業界の規制事項，並びに顧客要求事項などが明確になっていること。

＊ 季節変動に影響される食品安全事項，製造シフトに影響される食品安全事項などが検討され，明確になっていること。

＊ b）項，c）項で要求されている PRP，プロセスパラメータ，管理手段などの整備，および外部要求事項の明確化が行われていること。

● 審査指摘事例

■ 魚切り身の「バッター付け加工工程」のハザード分析（微生物汚染と記載している）に対する管理手段が確認できません。
例えば，循環使用のバッター液の微生物管理のための温度基準の設定など。

■ 串カツ冷凍食品の製造プロセスの一部である串刺し工程をアウトソースしているが，フォローダイアグラムには，そのプロセスが確認できません。また，同アウトソースプロセスの管理基準についても，関連文書での記載が明確になっていません。

8

運

用

食品安全基礎知識

食物アレルギーの化学

　人間を含む生命体は，病原体や異物などの侵入に対して免疫機能が働き，自己と非自己を見分け，そのとき非自己と認識された物質に対しては，死滅または排除させる攻撃が作用する。

　しかし，生命体は，自己形成のためには，あらゆる非自己物質を分解し，利用しなければならない宿命にもある。食物中の異種タンパク質に対して，免疫寛容性を作用させ，うまく取り込んでいくが，異常に強い免疫反応を起こす状態が食物アレルギー症状である。

　免疫に関与する細胞には，その形状から白血球(リンパ球)やマクロファージなどがあり，リンパ球は，その機能からT細胞，B細胞，ナチュラルキラー細胞に分類され，未熟なT細胞には，免疫反応を活性化させるヘルパーT細胞と，病原体を殺すキラーT細胞がある。このように免疫反応は，多くの多様な細胞群がその調節機能を担っている。

　一般的に免疫とは，一度経験した病原体などに対する抵抗力の維持と考えられているが，免疫記憶を維持している獲得免疫系と全く免疫記憶を持たずに反応できる自然免疫系に分類される。自然免疫は，原始的な生物から，細菌などが産生する抗原を受容体で認識し活性化させるシステムである。一方，獲得免疫の主体はT細胞とB細胞であり，抗原に対応した抗体を作るための遺伝子の再構成を伴い免疫を記憶して抗原受容体が細胞の表面に現われ，抗原に対する高い親和性を持つ受容体を形成するシステムである。

　アレルギーとは，栄養源として有用な食品や自身のタンパク質に対して，免疫反応を示すことであり，特定の抗原に対しての免疫過剰反応をいう。アレルギー反応の原因は，生活環境や抗原に対する過剰な暴露のほか，遺伝的要因も考えられるとしている。アレルギー反応は，その発生メカニズムなどからⅠ型からⅤ型の5種類に分類されている。一般的な疾患である，蕁麻疹，花粉症，アレルギー性鼻炎，食物アレルギーなどは，抗原が体内に侵入すると即刻に反応する過敏症で，Ⅰ型アレルギーに分類される。また，接触性皮膚炎，薬剤アレルギー，ツベルクリン反応などは，抗体が関わらない細胞性免疫であり，遅延型過敏症とも呼ばれⅣ型アレルギーに分類される。

8

運

用

　食物アレルギーの発症機構は，腸管免疫系とその腸内細菌叢などに関係していることが明らかになってきた。腸内細菌叢が安定していない状態で，かつ免疫機能が完成していない乳幼児に食品アレルギーの発症が多いのはそのためだとされている。また遺伝的要因もあり，遺伝的に抗体を作りやすい体質がアトピー体質として現れる。

　米国の調査では，食物アレルギー疾患は子供の約 4 ％ がもっており，近年増加傾向にあるとしており，わが国の厚生労働省調査では，乳児で 5〜10 ％ で，幼児で 5 ％，学童期以降は，3 ％ 以下と減少していると，報告されている。即時型食物アレルギーの主な原因である鶏卵，小麦などは，成長とともに大半がその耐性を獲得し，減少している。鶏卵，牛乳，小麦，大豆などはその耐性を獲得しやすいアレルゲンとされている。それに対し，そば，ピーナツ，エビ・カニなど甲殻類，魚などは耐性の獲得しにくいアレルゲンであるという調査結果が報告されている。

　非即時型反応を主体とするアトピー性皮膚炎もまた即時型反応性においても原因物質とされる食物抗原の中で最も多い症例は，鶏卵に次いで，牛乳，小麦の順である。

　現在の食品アレルゲンの大部分が，分子量 1〜6 万の比較的低分子の可溶性タンパク質であり，植物起源アレルゲンでは，プロラミン系統，クピン系統，プロフィリンなどが代表的である。動物アレルゲンでは，カゼイン，オボアルブミン，トロポミオシンなどである。

　その他のアレルゲンでは，システインプロテアーゼ，リポカイン，リゾチーム，アルギニンキナーゼなどと分類される。

　食物アレルギーの症例分類では，人工ミルク栄養児の新生児アレルギー，乳児アトピー性皮膚炎（卵，牛乳，小麦，大豆など），即時型として乳幼児や学童児に多く，特殊型であり，学童児が運動中に発症するアレルギーである。

　2008（平成 20）年には，重篤症状を示すとして，エビ，カニの 2 品目が従来の 5 品目（卵，牛乳，小麦，そば，落花生）に追加され，計 7 品目が，義務表示品目となった。

　最近，アレルギーを起こす現象は，腸内細菌からのシグナルが T 細胞のバランスを変化させ，それが免疫疾患に関与していることが明らかになり，

8

運用

疾病や予防・改善につながる腸内細菌叢の研究が期待されている。

アレルギー様食中毒 (ヒスタミン中毒)

　アレルギー様食中毒の原因物質は，ヒスタミンで，赤味魚肉中のアミノ酸であるヒスチジンが，海洋細菌であるモルガン菌のヒスチジン脱炭酸酵素により脱炭酸されてできる。化学性食中毒に分類されているが，細菌により生成される。生成されたヒスタミンは，熱分解されにくいので，焼き物，揚げ物などでも要注意である。

8.5.2　ハザード分析

8.5.2.1　一　　般

　食品安全チームは，管理が必要なハザードを決定するために，事前情報 (8.5.1.1～8.5.1.5 を参照) に基づいてハザード分析をしなければならない。
　管理の度合いは，食品安全を保証するものでなければならない。
　適宜，管理手段を組み合わせたものを使用しなければならない。

● 規格のポイント・解説

* 旧版の箇条 7.4.1 項に該当し，食品安全チームのハザード分析を規定している。
* 食品安全チームは，事前情報を確実に理解し，検証できていることが要求される。
* 食品安全チームは，ハザード分析の目的である次の 3 つの事項について，理解を確実にし，ハザード分析を実施することが要求されている。
  ① 管理が必要なハザードは何か明確になっているか。
  ② その管理はどの程度のものか。
  ③ 管理手段の組み合わせは，何を管理している手段なのか。

【参考解説】

・ 食品安全チームは，各製品別，各カテゴリー別のプロセスについて，客観的判断により発生する可能性のある食品安全ハザードの分析を実施すること。

・ 食品安全チームは，変更事項の有無 (7.4 項「コミュニケーション」参照)，各検証結果の評価結果 (8.8.1 項「検証」，8.8.2 項「検証活動の結果の分析」参照)，妥当性確認の結果 (8.5.3 項「管理手段及び管理手段の組合せの妥当性確認」参照)，システム更新の結果 (10.3 項「食品安全マネジメントシステムの更新」参照) などに準拠して，ハザード分析を繰り返し実施し，確実にすることが要求されている。

● 審査のポイント

* 食品安全チームは，事前情報 (8.5.1.1〜8.5.1.5) を検証し，理解し，適切にハザード分析を実施していること。

* 食品安全チームは，組織の食品安全マネジメントシステムに適用される，管理の度合い，管理手段の組み合わせの実施効果などを理解し，適切にハザード分析が実施されていること。

● 審査指摘事例

■ コンプレッサーのエアーが，計量ホッパーや包装袋，生産終了時の製造機器類の内部清掃などに使用されていますが，このエアーは，食品と接触しているにも関わらず，食品安全に対するハザード分析が確認できません。

■ 菓子パン製造工場内では各種潤滑油が，調合タンクの攪拌軸受け部分，包装工程のホッパーなど各所に使用されていますが，この各種潤滑油に対する管理方法が明確になっていません。例えば，潤滑油のグレードの特定，使用管理基準の設定，ハザード分析など。

■ 「ハザード分析」において，下記に示す不適合が散見されましたので，管理が必要なハザードや食品安全を確保するために必要な管理手段が適切であるとは言い難く，「重大な不適合」とします。
　① 原材料や製品に接触する材料のハザード分析の不備

8

運

用

② 流動槽乾燥プロセスにおいて，排気ダクトや付設バッグフィルターに付着し発生する可能性のある微生物 (特にカビ類) に関するハザード分析の不備

③ 供給業者から入手している「検査成績書」において，保証対象項目やハザードが不明確

④ ハザード評価の基準となる根拠 (健康への悪影響の重大さや，その起こりやすさによって評価するとしている根拠) が不明確

⑤ 生物学的ハザード分析評価に関するデータ (製品や工程において増殖可能な微生物の特定とそのデータ) の不備

⑥ ハザードを低減・除去させる管理手段の選択・評価活動に関する論理的な根拠が不明確

■ 「すき焼き丼」製造工程 (計量・袋詰め工程) に使用されている，直接食品と接触する包装材料の品質とコンプレッサーエアーのハザード分析 (鉱物オイルミストの混入の可能性) の評価が確認できません。

8.5.2.2　ハザードの明確化及び許容水準の決定

8.5.2.2.1　(製品情報)

製品の種類，工程及び工程環境の種類と関連して発生することが合理的に予想されるすべての食品安全ハザードは，明確にされ，かつ，記録されなければならない。

明確化は，次の事項に基づかなければならない。

a) 8.5.1.1〜8.5.1.5 に従って収集した事前情報及びデータ

b) 経験

c) 可能な範囲で，疫学的，科学的及びその他の過去のデータを含む内部及び外部情報

d) 最終製品，中間製品及び消費時の食品安全に関連する，可能性のある食品安全ハザードに関するフードチェーンからの情報，及び

e) 法令／規制並びに顧客要求事項

注記1：経験は，他の施設における製品及び／又はプロセスに詳しいスタッフ及び外部専門家を含む。

> 注記 2：法令／規制要求事項は，食品安全目標 (FSO) を含む。
> 　コーデックス食品規格委員会は FSO を「消費時の食品中にあるハザードの最大頻度及び／又は濃度で，適正な保護水準 (ALOP) を提供又はこれを寄与する。」と定義している。
> 　ハザード評価及び適切な管理手段の選択を可能にするために，ハザードを十分，詳細に考慮すること。

8.5.2.2.2　（食品安全ハザード）

> 　組織は，各食品安全ハザードが存在し，持ち込まれ，増加又は存続する可能性のあるステップ (例，原料の受取り，加工又は配送) を明らかにしなければならない。
> 　ハザードを明確にする場合は，次の事項を考慮しなければならない。
> a）フードチェーンにおいて，先行及び後続する段階
> b）フローダイアグラム中の全ての段階
> c）工程に使用する装置，ユーティリティ／サービス，工程の環境及び要員

8.5.2.2.3　（許容水準）

> 　組織は，明確にされた食品ハザードのそれぞれについて，最終製品における食品安全ハザードの許容水準を，可能なときはいつでも決定しなければならない。
> 　許容水準を決定する場合は，組織は，次の事項を考慮しなければならない。
> a）法令／規制及び顧客要求事項
> b）最終製品の意図した用途
> c）その他の関連情報
> 　組織は，許容水準の決定及び許容水準に対する根拠に関して文書化した情報を維持しなければならない。

8
運用

* 旧版の箇条 7.4.2 項に該当し，要求事項に大きな変更はないが，より具体的でわかりやすい記述となっている。

* 製品の種類，プロセスのタイプ，加工施設などとの関連について，客観的な見地に立って，予想されるすべての食品安全ハザードを明確にし記録する。

* ハザードの明確化は，「8.5.2.2 項」に基づいて実施し，食品安全ハザードが混入する可能性のあるすべてのプロセス（原料，加工，配送）を明確にすることが要求されている。

  a）8.5.1 項「ハザード分析を可能にする予備段階」の全体から得た情報やデータを考慮すること。

  b）経験に基づくとは，食品安全全体に対する知識や経験を総合してハザード分析に対処することを求めており，未経験の主観的判断による分析は好ましくなく，食品安全チームの力量が問われている。

  c）自社内のデータだけでなく，可能な範囲で外部の疫学的（疾病・事故・健康状態について，地域・職域などの多数集団を対象にしたその原因や発生状況を統計学的に明らかにする学問）文献データなどを考慮して，ハザード分析を実施することを求めている。決して，我流の分析であってはならない。

  d）消費者に届くまでの，最終製品，中間製品の情報や，フードチェーンの食品安全ハザードに関する情報などを明確にすること。

* ハザードを明確にする場合，規制された作業のつなぎ目の作業，プロセス機器の前後のつながり，清掃・メンテナンス・廃棄物の管理と環境問題全般，フードチェーンとの関わりなど諸問題を考慮して，食品安全ハザードの欠落を避けること。

* 明確になったそれぞれの食品安全ハザードについて，最終製品の食品安全ハザードの許容水準を可能な限り決定すること。

* その食品安全ハザードの許容水準は，規定要求事項，顧客の要求事項，経験，特定される顧客の意図的な用途・使用などを考慮すること。

* 食品安全ハザードの管理水準の決定は，どのような客観的要件に基づいたのか，その記録も維持すること。

* 明確にした食品安全ハザードが，組織の最終製品では，どの水準まで許容できるのか，決定することが要求されている。

* 導入する管理手段で管理できる許容水準を決定するためには，その許容限界を明確にしなければならない。

* 例えば，組織のある最終製品に対する病原菌をすべて陰性にするという「許容水準」の決定は，その「許容水準」が，製品に該当する，病原菌をすべて死滅させることであり，その「許容水準」を遵守するための「許容限界」は，例えば，ノロウイルスを含む一般病原菌を陰性にするための加熱工程では，品温中心温度を「85℃，1分以上維持」することである。

* 許容水準の決定には，法令・規制要求事項，業界規範，公的な文献値などの情報によって，その正当性を確保し決定することが重要であり，その根拠についての記録を維持することも要求事項である。

(注) 許容水準 (acceptable level) の定義：組織によって提供される最終製品において，超えてはならない食品安全ハザードの水準

(注) 許容限界 (critical limit) の定義：許容可能と不可能とを分ける基準であり，CCP が管理されているか否かを決定するために決定する。許容限界を超えた場合，または許容限界に違反した場合，影響を受ける製品は安全でない可能性があるものとみなされる。

【参考解説】

1) 食品安全マネジメントシステムは，次の2つのハザードプロセス (ハザードの明確化とその評価) によって機能する。

　　a) ハザードの明確化 (8.5.2.2) は，①製品のタイプ (例：家禽，ミルク，魚)，②プロセスのタイプ (例：搾乳，と殺，発酵，乾燥，保管，輸送など) ③加工施設のタイプ (例：開／閉路，乾／湿加工環境など) で分類し，発生しうる潜在的ハザードプロセスとする。

　　b) ハザード評価 (8.5.2.3) の実施によって，明らかになった潜在的ハザードを組織が制御するための重要ハザードプロセスとする。

2) ハザードは，上記2つのハザードプロセスとして分類されるが，8.5.2.4 項「管理手段の選択及び分類」で取り扱うハザードは，b) で挙げた潜在的要因を有するハザードだけである。

8

運

用

3）ハザードの明確化とハザード評価を容易にするために，その発生につながる
　　事象や原因として，次のような付加的情報を考慮することが重要である。
　　a）原材料または食品接触材料におけるハザードの存在率
　　b）装置機器，プロセス環境，生産要員からの二次汚染
　　c）装置機器，プロセス環境，生産要員からの間接的二次汚染
　　d）微生物学的生育・発生または化学的因子の蓄積起因汚染
　　e）施設における原因解明が困難なハザード汚染要因
4）ハザードは，生物学的ハザード（例：腸管出血性大腸菌），物理的ハザード
　　（例：ガラス，骨片），化学的ハザード（例：鉛，水銀，殺虫剤などの通常の
　　化学物質），品質ハザードなどに分類することが一般的である。
5）許容水準は，食品安全を確実にするために，フードチェーンの次のプロセス
　　（次の顧客）で最終製品に要求される，特定したハザード水準である。
6）許容水準は，フードチェーンにおける次の顧客が，確実に消費する場合に適
　　用される食品に許容される水準でもある。
7）最終製品に要求される許容水準は，次の情報を通じて決定することが要求さ
　　れる。
　　a）販売国の公的機関によって確立された目的，目標，または最終製品評価
　　　　基準
　　b）加工または直接消費以外に使用される最終製品の場合，フードチェーン
　　　　の次の顧客によって要求される仕様
　　c）顧客と合意した許容水準，法律で定められた規格，科学的文献や専門的
　　　　経験などを勘案して，食品安全チームによって許容された最高水準など
　　　　を考慮するとよい。

● 審査のポイント

＊　製品カテゴリー別に作成したフローダイアグラムに従って，食品安全ハザー
　　ド分析が確実に実施され，評価されていること。
＊　特定した食品安全ハザードについて最終製品や関連するフードチェーンのプ
　　ロセスを考慮した許容水準が明確になっていること。
＊　許容水準は，許容限界決定の基礎となる要素であり，そのためには，客観的

な根拠が明確になっていること。

* 食品安全に関する健康への悪影響を及ぼす可能性のある食品安全ハザードが漏れなく網羅されていること。

* 食品安全ハザードは，組織の製品に直接関係のある例えば，下記のような食品安全ハザードを具体的に特定することが要求される。

したがって，該当する生物学的ハザードを単に，微生物と記載している例があるが，これは不適合である。

① 生物学的ハザード：サルモネラ属菌，カンピロバクターなど

② 化学的ハザード：貝毒，フグ毒，アレルゲン (そば) など

③ 物理的ハザード：金属類，ガラスなど

* 組織の最終製品に対する，許容限界と許容水準が明確であり，かつ客観的証拠によって裏づけされていること。

● 審査指摘事例

■ パイ生地製造工程の「戻し生地」の取扱いについて，ハザード要因が明確になっていません。例えば，「戻し生地」のオープン状態での一時滞留による二次汚染や異物混入の可能性の特定など。

■ 冷凍洋菓子製造工程において，冷凍前製品の一般生菌数を 10 の 4 乗以下と規定し，QC 工程表や HACCP プランによって管理されていましたが，停電時や機械トラブル時の製品の工程内滞留について，そのハザード分析や微生物検査に関するバックデータが確認できません。また，停電時などに予想されるリスクやその機会などの検討結果も確認できません。

■ 「ハザード分析表」には食品ハザードとして「加熱不足」「冷却不足」「製品の劣化」などが記入されていますが，ハザード分析の目的と管理すべき活動が全く確認できません。

■ インスタントスープ製造工程で，副原料の「選別プロセス」に対する，フローダイアグラムへの記載と，その検証記録やハザード分析の結果が確認できません。

■ 「主原料受入工程」のハザードとして「微生物学的ハザード」が記入されていますが，この「微生物学的ハザード」の微生物とは何なのか，またその評価と

管理の必要性の有無などが確認できません。

■ 食品用包装フィルムの印刷作業において，作業をスタートさせる前に，この製品は，直接食品と接触するものか，あるいは個包装やインナーフィルムを使用するのかなど，オペレーターがそれらの情報を的確に認識できる手順や，このプロセスのハザード分析結果が確認できません。

■ 食品用軟包装フィルム印刷工程において使用される，有機溶媒トルエンに関するハザード分析や管理基準が明確になっていない。

■ 調味料造粒乾燥プロセスのナウターミキサー付設フィルターには，真菌類などの増殖状況が品質管理課の検査データから確認されましたが，可能性のある生物学的危害として，ハザード分析で特定されていませんでした。
また，予想される微生物は，真菌類と思われますが，特定されていません。

■ 規格はハザードを明確にし，それを評価し，管理手段を選択することを要求していますが，卵焼き液卵調整工程でのハザード分析が適切に実施されていません。例えば，調整液卵放置時間に関するハザード分析と管理手段の決定など。

■ 肉類加工プロセスの「ハザード分析表」には，その要因として「病原微生物」と記載されていますが，その「病原微生物」の種類が特定されておらず，ハザード評価やその効果的な管理方法を特定することが困難です。

■ 食品安全マニュアルには，最終製品における食品安全ハザードの許容水準を決定し，「ハザード抽出表」に明記することになっていますが，「ハザード抽出表」には，該当する「許容水準」が明記されていませんでした。例えば，最終製品である「えびフライ冷凍食品」の一般生菌を10の5乗以下とするといった，具体的な「許容水準」の決定が求められます。

■ かきフライ製造プロセスの「ハザード分析表」には，許容水準として，「病原微生物陰性」と記載され，管理限界は，中心温度75℃，1分以上と設定されていました。しかし，食品衛生法では，かきなど二枚貝のノロウイルスの可能性を考慮し，中心温度85℃，1分と改訂されているので，貴社の設定した管理限界は，適切な設定とは言えません。

8.5.2.3　ハザード評価

> 　組織は，明確にされたそれぞれの食品安全ハザードについて，その防止又は許容水準（3.1 参照）までの低減が必修であるかどうかを決定するために，ハザード評価を実施しなければならない。
>
> 　組織は，次の事項に関して，各食品安全ハザードを評価しなければならない
>
> a）管理手段適用の前に発生する可能性
>
> b）意図した用途に関する健康への悪影響の重大さ（8.5.1.4 参照）
>
> 　組織は，すべての重大な食品安全ハザード（3.40）を特定しなければならない。
>
> 　採用した評価方法を維持し，食品安全ハザード評価の結果を，文書化した情報として記録しなければならない。

● 規格のポイント・解説

* 旧版の箇条 7.4.3 項，7.6.2 項に該当し，新規要求事項で評価する要件を，a），b）に規定している。

　a）該当する食品安全ハザードについて，特定した管理手段を実施する前に発生する可能性，例えば，フライヤーの油の酸化度（AV）が，規定水準を超えている場合や，仕掛・中間製品が規定する加熱殺菌時間では，微生物量を規定水準以下に低減できない可能性がある場合などについての評価

　b）該当する製品が，例えば，アレルギー疾患のある消費者に重大な健康被害を及ぼす可能性などの評価

* a）やb）を含む事項についての決定した評価・判定・監視方法とその結果について，文書化した情報として記録し，維持することを要求している。

* 食品安全ハザードが明確になった場合，最終製品の「許容水準」を満たすために，その食品安全ハザードがどの程度の危害をもたらす「危険度」なのかについて，危害の「厳しさ」と「発生頻度」などを考慮してハザード評価（危険度・

8

運

用

リスク) を実施することが要求されている。

* ハザード評価に採用した方式は記録しておくことが求められる。
* 厳しさの考え方 (微生物危害の事例)
  ・ 危害が大きい：ボツリヌス菌，病原性大腸菌 O157，チフス菌，リステリアモノサイトゲネス
  ・ 中程度の危害：サルモネラ，カンピロバクター，マイコトキシン，赤痢菌
  ・ 小程度の危害：黄色ブドウ球菌，バチラス，ウェルシュ菌，ノロウイルス，ヒスタミン
  ・ 発生頻度：過去に発生した，危害や食中毒の発生データ (厚生労働省の食中毒統計表などを参照) によって，「高い」「中程度」「低い」などを評価
* 危険度の評価 (リスク)：危害の「厳しさ」×「発生頻度」で評価するのが一般的である。

【参考解説】

1) ハザード評価の実施
   ① 8.5.2.2 項「ハザードの明確化及び許容水準の決定」で決定したハザードの除去または許容水準までの低減が，安全な食品生産に不可欠かどうか，ハザード評価を実施すること
   ② その制御が規定の許容水準を満たすために適切なのかを決定するために，ハザード評価を実施すること
2) それぞれの食品安全ハザードを評価し，健康への影響の重篤性と発生の可能性によって分類すること。
3) それぞれの食品安全ハザードが，原料，加工，配送など，どのプロセスで混入し，汚染のレベルが上昇するのかについて示すこと。
4) ハザード評価をどのような方法で，どのような客観的証拠を引用して評価したのか記録する。

【システム構築支援解説】

1) ハザード評価の目的は，制御しなければならない重要な食品安全ハザード (8.5.2.2 項「ハザードの明確化及び許容水準の決定」に従って明確にした潜在的ハザード) について評価することである。

8

運用

146

2）ハザード評価を実施する際には，次のことを考慮するとよい。

  a）潜在的ハザードが，どこで，どのように，製品や環境の中に誘引され混入される可能性があるか

  b）ハザード発生の可能性，発生頻度，ハザードの重篤性（標準水準，可能な最高水準），統計的発生分布など

  c）ハザードの性質（毒性の増加程度，悪性程度，生成される可能性評価）

  d）ハザードの健康に対する悪影響の重篤性（「深刻」「重大」「軽微」「些少」）

3）ハザード評価を実施するため，必要な情報は食品安全チームで入手すること。これらの情報は，科学的文献，データベース，公的機関や専門コンサルタントなどからも入手できる。

4）ハザードの発生の可能性を評価するには，原材料入手から作業の前後のプロセス，プロセス装置，プロセスサービス，周辺並びに全プロセスの相互関係などについて，プロセスフロー図を用いて，詳細に調査するとよい。

5）原料供給者，下請負業者についても同様に該当プロセスについて，企業活動全般を調査する（例えば，農薬の使用状況，その他抗生物質の使用，総合的な衛生対策を含めて調査すること）。

6）ハザードの調査対象範囲は，ファームから消費者の食卓までであり，輸送，配送，店頭保管条件も含まれる。

7）行政公衆衛生当局が，特定のハザードを食品の組み合わせに対して，最大限度，対象物，目的，目標値，最終製品評価基準などを定めている場合は，当然それを遵守する前提でハザードを評価すること（例えば，過酸化水素の使用制限，酸化防止剤等食品添加物使用基準，賞味・消費期限のラベル表示など）。

8

運

用

● 審査のポイント

＊ ハザードの評価方法が客観的なデータに基づいて設定されていること。

＊ 最終製品の許容水準を満たすための適切なハザード評価方法であり，文書化された情報を記録していること。

＊ 重大な食品安全ハザードが漏れなく，特定されていること。

■ 規格要求事項では，ハザードを明確にし，それを評価し，管理手段を選択することが要求されています。しかし，「味付き温泉たまご」製造プロセスにおいて，ハザードの評価に関する以下の不備が観察されました。

① 水洗工程のハザード分析やその評価基準が不明

② 「ハザード分析評価表」に記載されている重篤性，発生頻度などの評価基準が不明

③ ハザード分析結果や，それぞれのハザードをどのような基準で PRP，CCP，OPRP に識別し，かつ管理するのかが不明

■ ミートパイ製造工程の「ハザード分析表」では，プロセスごとにハザードが特定され，その重要度が「イエス，ノー」で評価されていますが，この評価の基準となる根拠の適切性が確認できません。

例えば，「重篤性」「発生の可能性」などの評価の判断基準が具体的に設定されていません。また，生物，化学，物理の危害の発生要因をそれぞれ具体的に考慮せず，全体を「ハザードがない」と評価した根拠が不明確です。

■ ミートボール製造プロセスにおいて，CCP としている加熱工程や OPRP の冷却工程に対するハザード評価の実施方法が規定の許容水準を満たす有効な方法であることが確認できません（例えば，現在の実施方法では，中心温度が 75 ℃，1 分以上を満たしているとは考えられません）。

■ 生物学的ハザードの評価について，「起こりやすさ」を考慮するための具体的なデータ（例えば，原料，工程品，製品などについての微生物検査データ）が確認できず，ハザード分析の手順が適切であるとは言えません。

① 工程や製品の増殖可能な微生物の特定が不明確

② 工程における微生物増殖や汚染状況を判断できるバックデータが不明確

■ ソーセージのボイル工程は，CCP として管理されていますが，ハザード分析評価の実施結果について「食品安全管理」と「品質管理」が混在し，管理水準や管理限界が不明確になっています。

食品安全基礎知識

食品添加物とリスク評価

　食品添加物は，安全性確保のためのリスク評価が行われるため，リスク管理手段の規格や使用基準が設定されている。

　食品に使用するすべての添加物は，表示が義務づけられており，わが国では，指定添加物（約 423 品目），既存添加物（約 365 品目），天然香料（約 600 品目），一般飲食物添加物（約 100 品目）の 4 種類に分類されている。

　食品添加物の指定要請が提出されると厚生労働省は食品安全委員会にその安全性評価を依頼し，同専門委員会は，科学的リスク評価およびパブリックコメントを経て，添加物の指定や使用基準の設定を行う。

　現在の添加物は，1995（平成 7）年の食品衛生法改正時に，長い食経験があるものについて，使用販売が認められたものであるが，安全確認の見直しが推進され，安全性に懸念のある添加物は削除され，製造・販売，輸入の禁止処置が実施されたものもある。

　例えば，アカネ色素は，ラットによる肝臓がんや腎臓がんの発生が認められたことから，2004（平成 16）年に添加物名簿から削除された。

8

運

用

8.5.2.4　管理手段の選択及びカテゴリーの分類

8.5.2.4.1　（CCP/OPRP の分類及び評価）

　ハザード評価に基づいて，組織は，特定された重大な食品安全ハザードの予防又は規定の許容水準への低減を可能にする，適切な管理手段を，OPRP（3.31）又は CCP（3.11）として管理するように分類しなければならない。

　分類は，次の事項に関する評価を含む，論理的手法を用いて実施しなければならない。

a）管理手段の機能不全，又は重大な工程上の変動の起こりやすさ

b）機能不全の場合の結果の重大さ

　この評価は，次の事項を含まなければならない。

　1）特定された重大な食品安全ハザードへの影響

　2）他の管理手段に関する位置

　3）管理手段が，ハザードの除去又は有意なレベルまでの低減のために特別に確立され，適用されるのかどうか

　4）単一の処置か又は管理手段の組み合わせの一部であるか。

　すなわち，結合された手段の相互作用で，個々の手段の効果の総和以上の高い複合効果がもたらされること。

● 規格のポイント・解説

＊ 旧版の箇条 7.3.5.2 項，7.4.4 項に新規要求事項が追加された。

＊ ハザード評価に基づいて特定した管理手段，すなわち，OPRP と CCP の分類は，次の事項の評価を含めて，論理的手法，例えば「デシジョンツリー」などの手法に基づいて，実施することを要求している。

　a）管理手段の機能不全，例えば，喫食前非加熱冷凍食品の製造工程において，その中心温度管理を CCP と設定して，中心温度計で管理していたところ，その温度計が機能不全であることが判明し，測定不能となった場合なども想定し，単独の管理手段で良かったのか，あるいは，組み合わせの管理手段が適切なのかなど，論理的に評価することを要求している（この事例では，管理手段として，例えば，中心温度管理とフライヤーの温度管理の組み合わせを指している）。

　b）上記に事例とした，温度計機能不全の結果の重大さなどは，その評価において，次の事項を考慮しなければならないとしている。

　　1）想定される重大な食品安全ハザードへの影響評価値とは，該当製品の中心温度の不確実さから想定される食品安全ハザードである（例えば，サルモネラ菌やノロウイルスの残存などによるハザードである）。

　　2）ほかの管理手段に関する位置とは，本事例の場合，フライヤー各所の油の温度管理について，例えば，OPRP と設定していた場合などとの比較を指している。

＊ 8.5.2.3 項「ハザード評価」で評価・決定した食品安全ハザードの規定の許容

水準を満たすために，そのハザードの存在を防止し，除去し，低減するための「管理手段の組み合わせ」を適切な評価によって選択することが重要である。

* 選択した管理手段 (8.5.2.4 項「管理手段の選択及び分類」参照) によって，決定した食品安全ハザードが有効に管理されているかどうかレビューすること。

* 次の事項を含む論理的手法を用いて，オペレーション PRP による管理，CCP による管理のどちらが適切なのか識別すること。

  ① 明確になった食品安全ハザードに適用される実際的な厳しさの運用範囲 (間接的に影響をもつさまざまな要素によって制限される程度と範囲) に関連した影響を，どちらの管理手段で管理するのか識別すること。

  ② 特定したモニタリングの実用的な可能性 (是正処置を即時に可能にするタイムリーなモニタリングの総合的能力) を，OPRP と CCP のどちらで管理するのかを識別する。

  ③ 機能が損なわれた場合の結果の重大性を評価するためには，二者のどちらの管理手段が適切か判断する。

  ④ 機能不全に陥った場合の影響の重篤性，管理手段のハザードに対する有効性，また管理手段の組み合わせによる相乗効果などについて，客観的，論理的データを基に判断する。

* 上記の分類の結果，HACCP／OPRP プランに分類された管理手段は，8.5.4 項「ハザード管理プラン (HACCP／OPRP プラン)」に従って実施すること。

* 8.5.4 項「ハザード管理プラン (HACCP／OPRP プラン)」の選定方法論やパラメータは，文書化した情報として維持すること。

8

運

用

● 審査のポイント

* 管理手段 (食品安全ハザードを低減させ制御する手段) は，製品の特性，規制要求事項に対して，適切なものであること。

* 管理手段は，特定した食品安全ハザード (オペレーション PRP や HACCP プランで制御することを決定した方法) を制御するために効果的で適切なものであること。

* 管理手段の評価の基準は，客観性が確認できること。

【システム構築支援解説】

1）管理手段は，フードチェーン全体を通じて相互プロセスに適用される。

2）管理手段は，該当規範（農業，畜産，水産，食品衛生）を適用し，食品の移送から消費者による使用を含む。また，生産，加工，配送（輸送含む），保管や小売り販売中に適用する処置や食品固有の特性（例：pH値，水分活性値）を考慮し，設定すること。

3）食品衛生管理検査をロット別に実施するとき，製品および工程それぞれの検査手順に準拠すること。

4）特定した食品安全ハザードを制御する場合，複数の管理手段の適用，または単一の管理手段で複数の食品安全ハザードが制御できるケースがある（殺菌液の濃度と時間，加熱温度と時間など）。

5）特定した食品安全ハザードの発生原因追求とその発生原因を制御する管理手段は，より効果的な管理手段であること。

6）管理手段をより効果的に評価する場合，次項を参考にするとよい。

　　a）生物学的ハザードの防御としての，殺菌，静菌，予防的処置

　　b）その管理手段がより効果的に作用するハザードの特定

　　c）その管理手段がより効果を発揮する生産プロセスと適用される場所

　　d）プロセスパラメータ，運用上の不確実さ，設定した「厳しさ」に対する運用範囲と程度

　　e）運用上の諸条件の変更と調整条件

7）8.5.3項「管理手段及び管理手段の組合せの妥当性確認」は，妥当性確認によって，管理手段の組み合わせによる効果的な制御水準の達成の可能性を示唆している。しかし，その効果が実証できない場合は，新たな管理手段やその組み合わせに変更することが求められる。

8）管理手段の第一の目的が食品安全ハザード以外の，例えば「食品加工の適正」である場合は，ハザード管理は二次的なものとなり，食品安全ハザードの管理手段としては，有効性が懸念される。例えば，パンの一般生菌の制御に関する管理手段として，「パンの焼き色状態で判断」する管理手段は，むしろ「品質ハザード」の概念である（審査指摘事例参照）。

　　・2つ以上の管理手段の組み合わせ使用が効果的であるかどうか，また相乗的効果があるかどうかについて評価するには，それぞれの管理手段につい

て評価する必要がある。

・ ハザード管理手段と加工工程の大幅な変更の場合には，その管理手段の機能不足発生の可能性について十分に考慮することが求められる。

● 審査指摘事例

■ 魚貝類加工製品について，原材料や加工設備による汚染など，発生の可能性のある生物学的ハザードが，「食品安全ハザード表」に含まれていません。

■ 冷凍食品の金属検査工程では，包装個数(包装形態)によって，OPRP と CCP を区分して管理していますが，食品危害の発生の可能性から，管理手段の妥当性に問題があります。

■ パン焼成工程における中心温度の管理基準を 90 ℃ 以上とし，一般生菌を制御すると管理手順には記載されていますが，実際には焼成直後のパンの中心部分の温度の測定(モニタリング)は実施されておらず，パン表面の焼き色で判断されています。一般生菌の制御について，妥当性確認や管理手順のレビューの余地が観察されました。

(パンの焼き色と中心温度と一般生菌の関係について，客観的なデータに基づいて検証し，適切な限度色見本などの検討を推奨した。)

■ ガス充填包装作業の開始や停止は，微生物検査(一般生菌数)によって判断されていますが，その判断基準に関する手順は，タイムリーな手法とは言い難く，改善の余地が観察されました。

■ HACCP プランには，ピロー包装フィルム印刷時に残存する有機溶媒(トルエンなど)について，CCP としてモニタリングによる管理手段と設定し，定期的にガスクロによる分析でチェックしています。しかし，このモニタリング手段は，規格の要求している「タイムリー」なモニタリング手段とは言えません。例えば，ほかの管理手段である官能検査などと併用することが推奨されます。

■ 食品原材料や製品がそれぞれ冷蔵庫に保管されており，保管プロセスの「ハザード分析表」では，冷蔵庫ごとに管理温度が設定され，CCP，OPRP，PRP が設定されています。

しかし，「ハザード分析表」の中で記載されている，CCP，OPRP，PRP につ

いて，その評価・設定した判断基準が不明確で，一貫性や論理的根拠が確認
できません。例えば，この原料の保管温度はなぜ OPRP 管理なのか，またこ
の製品の保管温度はなぜ CCP として管理するのかなど，その評価設定の客
観的根拠が確認できません。

8.5.2.4.2 （管理手段の系統的アプローチ）

> さらに，各管理手段に対して，系統的なアプローチは，次の可能性の評価
> を含めなければならない。
> a）測定可能な許容限界及び／又は測定可能／観察可能な行動基準の確立
> b）測定可能な許容限界及び／又は測定可能／観察可能な行動基準を超える
> 　　ことを検出するための監視 (モニタリング)
> c）このような不具合の場合，タイムリーな修正の適用
> 　選択及び分類の意志決定プロセス及び結果を，文書化した情報として維持
> しなければならない。
> 　管理手段の選択及び厳しさに影響を与えることがある外部要求事項 (例,
> 法令／規制及び顧客要求事項) も，文書化した情報として維持しなければな
> らない。

● **規格のポイント・解説**

＊ 本項は，主に旧版の箇条 7.4.3, 7.4.4 項に該当する要求事項である。
　　a）「測定可能な許容限界及び／又は測定可能／観察可能な行動基準」と
　　　は，上述した事例では，フライヤーから出てくる工程製品の中心温度を,
　　　85 ℃，1 分と設定することで，この許容限界を正確に測定する行動手順,
　　　すなわちモニタリング方法を確立し，その管理手段で適切に運用できる
　　　かどうかを評価することを要求している (中心温度測定のより正確な測
　　　定方法の確立とその評価である)。
　　　また，行動基準は，上述した事例では，フライヤーの各所の温度基準の
　　　設定とその管理手段の実際の評価などが，該当する。
　　　換言すれば，設定した管理限界や行動基準が，実際に適切に運用可能な
　　　管理手段であるかを評価することを求めている。

b）「測定可能な許容限界及び／又は測定可能／観察可能な行動基準を超えることを検出するための監視（モニタリング）」とは，上述した事例では，製品の中心温度が管理限界を超える，または下回ることを感知する（モニタリング）のに適切な管理手段であるかどうか評価を求めている。

c）「このような不具合の場合，タイムリーな修正の適用」とは，上述の事例では，a）とb）に対する不具合の早速の原因追究と，場合によっては，該当する工程製品の再加熱などを，規定作業手順に従って対処することを要求している。

＊ 「管理手段の選択及び厳しさに影響を与えることがある外部要求事項（例，法令／規制及び顧客要求事項）」とは，顧客要求事項の仕様基準や法的基準値などを指している。

● 審査のポイント

＊ 設定した管理限界と行動基準を管理する手段が，適切な方法であることを評価し，文書化されていること。

＊ また，それらの逸脱に対する監視方法も適切であるかどうか評価されていること。

＊ 管理手段の厳しさに影響する外部要因は，文書化されていること。

● 審査指摘事例

■ 無加熱摂取冷凍食品の製造工程において，工程製品の「中心温度を85℃，1分」を許容限界と定め，モニタリングしていましたが，その測定手段の適切性について評価した記録が確認できませんでした。
また，同工程において，定めている許容限界を下回ったときに実施すべき管理手段が明確に文書化されていませんでした。

■ 管理手段に影響を与えていると思われる「PB商品製造仕様書」に規定されている微生物管理基準について，管理基準の設定を考慮したことが確認できませんでした。

8
運用

8.5.3　管理手段及び管理手段の組合せの妥当性確認

> ＊　食品安全チームは，選択した管理手段が重要な食品安全ハザードの意図した管理を達成できることの妥当性確認を実施しなければならない。
>
> ＊　この妥当性確認の実施は，ハザード管理プラン（8.5.4 参照）に組み入れる管理手段及び管理手段の組合せ等の実施前及び又は管理手段の全ての変更後に実施しなければならない。（7.4.2, 7.4.3, 10.2 及び 10.3 参照）
>
> 　妥当性確認調査の結果，管理が効果的でないことが明らかとなった場合，食品安全チームは，管理手段及び／又は管理手段の組み合わせを修正及び再評価しなければならない。
>
> 　食品安全チームは，妥当性確認方法及び意図された結果を達成する管理手段の能力の証拠を，文書化した情報として維持しなければならない。
>
> 　注記：修正には，管理手段の変更（すなわち，工程のパラメータ，厳密さ及び／又はこれらの組み合わせ）及び／又は原料，製造技術，最終製品特性，配送方法及び／又は最終製品の意図した用途の変更）を含めてよい。

● 規格のポイント・解説

＊　旧版の箇条 8.2 項に該当し，要求事項の変更や追記はない。

＊　オペレーション PRP や HACCP プランに設定し実施する管理手段は，目的の達成のために単独または組み合わせによって運用する。

＊　管理手段に関して，実施前や変更時にその妥当性を確認し，妥当でないことが判明した場合には修正する。

＊　修正は，管理手段の変更のみならず，原材料，最終製品特性，製造技術，配送手段，および最終製品の意図した用途の変更が対象となる。

【参考解説】

1）オペレーション PRP や HACCP プランに含める管理手段の組み合わせの初期の設計及び変更の後，その管理手段の組み合わせを設定した食品安全ハザードの管理水準を達成できることが確認できること。

2）妥当性確認の活動には，次項を確認すること。

　　a）CCP／OPRP に対して設定した許容限界／許容水準が，食品安全を意図して定めた目的の達成に有効であるか

　　b）規定した管理水準を満たす最終製品を実現するために，単独または組み合わせの管理手段は効果的であり，明確にした食品安全ハザードの管理を保証するか

3）妥当性確認の結果，上記要素が 1 つでも確認できない場合，管理手段システムを変更し，再評価しなければならない。

4）次項の変更を考慮すること。

　　a）管理手段の変更（プロセスパラメータ，厳重さ，厳しさ，これらの組み合わせ）

　　b）原材料，製造技術，最終製品の特性，配送方法の変更

　　c）最終製品の意図した用途に対する変更

【システム構築支援解説】

1）次項を目的として妥当性確認を実施するとよい。

　　a）個別の管理手段や特定した管理手段の組み合わせの実施によって，ハザード水準の増減の程度，ハザードの発生防止の範囲を決定する。

　　b）最終製品を設定した許容管理水準内で制御するため，組み合わせた管理手段全体の効果や能力を決定する。

2）目的を限定した妥当性確認では，設定した管理手段の組み合わせ全体の妥当性を確認することができる。妥当性確認の方法には次項が考えられる。

　　a）他者による妥当性確認，または文献的データの参照

　　b）プロセス管理条件を設定するための実験的試験

　　c）通常運転条件における生物学的，化学的，物理的ハザードのデータ収集

3）統計的手法によるサンプリング計画，妥当性が確認された試験的生産の中間製品，並びに最終製品のサンプリングや試験などが望まれる。

4）消費者の習慣（例えば，腐敗しやすい食品の保管情報）など，統計的調査手法の活用は管理手段の決定に有用である。

5）妥当性確認は，初期妥当性確認，定期妥当性確認，および次の特定事象時の妥当性確認に区分され，適宜実施するとよい。

8

運

用

a）追加的管理手段，新しい技術の実施や装置の使用

b）選択した管理手段（例：時間，湿度，温度，濃度）の「厳しさ」（厳密さ）の増大

c）管理が必要となった追加的ハザードの明確化（以前は発見されなかったハザードの出現，以前は管理が必要でないと評価されていたハザードに対する適用）

d）新たなハザードとハザード発生水準の変化（原材料，フードチェーンの変更などによる）

e）管理手段に対するハザードの除去効果の変化（微生物の適応性の変化など）

f）不適合製品の発生を含め，食品安全マネジメントシステムの不明確な欠陥の発見

6）妥当性確認によって管理手段の組み合わせの不適切さが立証された場合，または再計画による検討によって修正が実現的に不可能であることが実証された場合などは，適切な手段（情報，表示）で顧客や消費者へ通知すること。

● 審査のポイント

＊ 食品安全マネジメントシステムに適用されるすべての管理手段について，妥当性が確認されていること。妥当性確認では，過去の事実に基づいた実績記録，技術データ，実験記録，微生物検査記録などの情報を参照してもよい。

＊ その他，学会論文データや規制当局の公表したデータなども客観的事実として参照できる。

● 審査指摘事例

■ 魚介類冷凍加工食品の「金属検出工程」の管理基準に対する妥当性確認の手順に不備が観察されました。現在はテストピースのみでの排除確認が実施されていますが，現場審査では，凍結後の製品がトレーに盛られた状態で金属探知機を通過しているのが確認されましたので，テストピースのみでの妥当性確認は不適切であり，金属探知機の性質を考慮した，有効な管理手段の設定が必要です。

■ 飲料水製品のオゾン濃度は，0.3〜0.5ppm を管理基準と設定していますが，このオゾン濃度に対する妥当性確認を明確にすることが望まれます。

例えば，残存オゾン濃度と一般生菌の有無に関する検査データの維持など。

■ 食品安全マニュアルには，「妥当性確認の実施が必要なときに実施」とありますが，食品安全マネジメントシステムにおいて，具体的にいつ，どのような場合に，妥当性確認が必要であるのか，具体的な該当事項が明確になっていません。

■ 規格は，OPRP や CCP プランに組み込む管理手段の実施に先立って，妥当性を確認することを要求していますが，これらのプランに記述された，管理手段の妥当性（例えば，フライヤーの温度管理基準，中心温度管理基準など）を確認した証拠が確認できません。

■ 食品用軟包装フィルム印刷に関する「QC 管理手順」には，製品に残存する有機溶媒について，ガスクロ分析結果と官能臭気検査の相関関係に関する妥当性を定期的に検証すると規定されていますが，その検証結果が確認できません。

また，現場作業従事者や品質管理要員に対する官能検査の訓練を実施した記録も確認できませんでした。

■ 金属検知工程は CCP として管理されていますが，誤作動が頻発することを防ぐためにテストピースによる管理限界を変更するのではなく，金属検知機の感度が適宜変更されています。

このような管理手段の変更は，専門メーカーによる妥当性確認の記録が求められます。

8

運

用

食品安全基礎知識

食品変質事故要因とその防止策

1）基本的要因

　① 不適切な原料

　② 製品設計の不適切

　③ 不適切な生産・販売計画

2）生産現場での汚染：製造プロセス 3 原則の不備に起因（リスク評価）

3）システム的な要因

① 品質方針

② 作業環境・設備

③ 作業手順

④ 要員の教育・訓練

＊ 食中毒病原菌に対する考慮すべき危害分析要因

① 病原菌の生育速度

② 病原菌の生育温度

③ 最低発症濃度

④ 疾病の厳しさ

⑤ 病原菌の生存能力

⑥ 潜伏期間の長さ

8.5.4　ハザード管理プラン (HACCP／OPRP プラン)

8.5.4.1　一　　般

　組織は，管理手段が CCP 又は OPRP と分類された場合，ハザード管理計画を確立，実施，及び維持しなければならない。(8.5.2.4 参照)

　ハザード管理計画は，文書化した情報として維持され，なおかつ，各 CCP 又は OPRP ごとに，次の情報を含まなければならない。

a）CCP において又は OPRP によって管理される食品安全ハザード

b）CCP における許容限界又は OPRP に対する行動基準

c）監視 (モニタリング) 手順

d）許容限界又は行動基準を満たさない場合にとるべき修正及び是正処置

e）責任及び権限

f）監視 (モニタリング) の記録

● 規格のポイント・解説

＊ 「ハザード管理計画」は，新規の見出しであるが，旧版の箇条 7.5 項と 7.6 項

に該当し，旧版対比，CCP（重点管理点）と OPRP（オペレーション前提条件
プログラム）を区別した条項でなくなり，管理手段が分類されるものの，二
者同格に扱った条項となっている。

* CCP については許容限界を，OPRP については行動基準を規定している。

（注1）許容限界（critical limit）：許容可能と不可能を分ける基準と定義され，
CCP が管理されているかどうかを決定するために確立される。

許容限界を超えた場合，または許容限界に違反した場合は，影響を受ける製
品は，安全でない可能性があるものとみなされる。

（注2）行動基準（action criterion）：OPRP の監視（モニタリング）に対する測
定可能，または観察可能な仕様と定義され，OPRP が管理されているかどう
かを判断するための行動基準を規定している。

* HACCP/OPRP プランは，CCP または OPRP ごとに文書化した情報として
維持することを要求している。

【参考解説】

HACCP/OPRP プランは，管理文書として管理し，次の情報を含むこと。

a）HACCP/OPRP プランによって制御することを決定したハザードに対す
る管理点を明記すること（8.5.2.4）。

b）それぞれの決定した CCP（管理限界が定められた管理手段）/OPRP（行動
基準が定められた管理手段）を明確に設定すること（8.5.4.2）。

c）CCP/OPRP に対する管理限界/管理基準などを明記すること（8.5.4.2）。

d）それぞれの決定した CCP/OPRP のハザードについてモニタリング手順を
明確にすること（8.5.4.3）。

e）モニタリングによって，それぞれの CCP/OPRP について設定した許容
限界／行動基準を逸脱した場合にとる処置方法・手順を明確にすること
（8.5.4.4）。

f）それぞれのモニタリング手順の実施において，誰が責任ある要員であるか，
明確にすること。

g）実施したそれぞれのモニタリング結果は，どこに記録するのか明確にし，
記録として保管すること。

8

運用

HACCP/OPRP プラン参考事例

様式名	様式番号	様式設定日	様式改訂日	様式承認者
製品名	製品アイテム	作成者	モニタリング責任者	承認者
CCP：NO.1	CCP-1			
ハザード管理工程	金属探知工程			
ハザード許容水準	Fe：φ 2.0mm，Sus：φ 3.0mm			
管理手段及び許容限界	製品中に Fe：φ 2.0mm，及び Sus：φ 3.0mm が混入している場合，これらを排除できること。			
管理手段及び許容限界の妥当性確認	製品中に Fe：φ 2.0mm，及び Sus：φ 3.0mm が混入している場合，これらを排除できることを確認した。			
モニタリング	力量を承認された要員が，定められた頻度で，Fe：φ 2.0mm，及び Sus：φ 3.0mm を製品に組み込んだテストピースによって，これらを排除できることを確認する。 異常を示した場合は，上司であるライン長に報告し，手順に従った処置を実施する。			
修正・是正	＊ 製品に組み込んだテストピースが排除できなかった場合は，該当する製品を識別・隔離する。 ＊ 金属探知機を修理・点検し，該当した製品を再検査し確認する。 ＊ 金属探知機の不具合の発生原因を専門技術者の立会いにより調査し，再発防止策をとる。			
検証方法	＊ 該当する責任者が，モニタリング記録を検証する。 ＊ 専門技術者による定期的なメンテナンスを実施し記録を維持する。			
文書・記録	＊ モニタリング管理手順書 ＊ 金属探知モニタリング記録 ＊ 外部メンテナンス報告書			

● 審査のポイント

＊ CCP および OPRP ごとに HACCP プランが適切に文書化されていること。

＊ 許容限界および管理基準，管理手段が適切であること。

＊ 設定した記録類がモニタリングに適切な内容であること。

＊ CCP は，このプロセスの管理を除外しては，食品安全の目的が達成できない箇所をいい，設定根拠が明確になっていること。

＊ CCP/OPRP の選択には，よりタイムリーに管理状態をモニタリングできる管理手段の設定が求められる。

＊ 二次汚染の可能性などを考慮した管理プロセスの選定が望ましい。（ただし，この考え方は，OPRP についても同様である。）

＊ CCP/OPRP の選定には，客観性が認められること。

＊ CCP/OPRP の選定は，複数でもよいが，プロセスの管理手段は，最終的な汚染の予防に効果的であること。

＊ デシジョンツリー手法の採用を推奨する。

（注）既述の「二次汚染」「最終的な汚染」とは，モニタリングによる管理手段の実施にあたり，例えば，食品の最終包装前の中心温度測定や金属探知，X-線検査などの取扱いの不備による製品汚染などを指している。

● 審査指摘事例

■ 1 アイテムの食品製造工程で，15 以上のプロセスを CCP に設定していた事例も多くあるなか，適切な CCP 設定とは言えず，改善を推奨しました。

また，水練り製品製造工程では，加熱工程を CCP と設定せずに，包装工程の金属探知工程のみを CCP としていた事例もありました。

■ 新しい工程検査機器が，「スパゲティー製造検品プロセス」に付設されていましたが，フローダイアグラムへの記載がなく，また，金属検査リジェクト品の修正プロセスについても明確になっていませんでした。

■ ゆで麺製造プロセスの金属探知工程が CCP に設定されており，現場で検証した結果，2 名のモニタリング実施担当者による検知チェック手順に差異が観察されましたので，検知チェック手順と実施担当者の力量について，改善の余地を指摘しました。

■ 蓄肉加工プロセスのフローダイアグラムの検証について，食品安全チームによる現場確認を実施したとしていますが，実施者や実施結果の記録が確認できず，また最重要事項である CCP の記載が 1 件欠落していました。

■ しめ鯖製品の微生物検査は，一般生菌と大腸菌群の 2 種類を検査していますが，顧客要求の「製品微生物規格」には，「大腸菌および黄色ブドウ球菌」との規程があり，不整合となっています。

■ 水産練り製品の焼成工程の品温計測を CCP に設定し，そのモニタリング頻度は 2 時間ごとで，一方 OPRP プランとして管理されている凍結後品温のモニタリング頻度は 1 時間ごととして実施していますが，それぞれの「中心温度管理基準」の設定根拠の妥当性が確認できませんでした。

8

運

用

■ 最終製品包装室の管理を CCP と設定し，落下菌，粉じん，防虫などをモニタリングとして外注管理としていますが，規格が要求するモニタリングとして，タイムリーな管理手段とは言い難く，管理手段の検討が望まれます。

■ 米菓製造プロセスの金属検出工程は CCP とし，モニタリング・チェック頻度を包装開始前と終了時のみと定め実施し記録されていますが，このモニタリング手順は，危害を未然に防止する観点から適切ではありません（作業終了時のチェックにより不備が発見された場合の処置方法）。

■ HACCP プランでは，殺菌温度のモニタリング頻度（記録）は殺菌開始時と所定時間（2 時間）ごととなっていましたが，殺菌開始時の温度記録と所定時間ごとの温度記録の一部が未記入となっており，規定されたモニタリング記録が完成していません。

■ 冷蔵庫内での「いわし醸造酢浸漬工程」は，OPRP プランの管理として毎時に，品温チェックをモニタリングしていますが，例えば，冷蔵庫内温度のモニタリングの実施など，HACCP の目的である「工程を管理する」という観点からも，冷蔵庫内温度のモニタリングの採用など，より効率的な管理手段の検討が推奨されます。

■ 冷凍うどん製造ラインのボイル工程（98 ℃以上）が，OPRP で管理されていますが，このプロセスのモニタリングに使用している温度計の校正記録が確認できませんでした。

■ OPRP プランでは，冷凍中華麺のボイル工程の管理基準として，湯温設定（98 ℃）のみ記載されているが，食品安全ハザードである微生物の残存制御には一定時間を要するため，実際は一定時間滞留させて管理しているので，時間的要素も主要な管理基準であることを指摘し，理解を求めました。

■ かき揚げ冷凍食品の製造プロセスにおいて，OPRP で冷凍庫内温度の測定を午前始業時（7 時ごろ）と午後（12 時前後）の 2 回実施していますが，実際の「かき揚げ」の冷凍開始時間は夕方からであり，OPRP モニタリング手段に改善の余地があります。

■ HACCP プランでは，モニタリング方法と管理手段，モニタリング記録，許容水準の設定と要員の訓練，モニタリングの頻度，妥当性の確認などが要求されていますが，冷凍食品製造プロセスの OPRP のモニタリング要求事項のすべてを網羅した文書化が確認できません。

■ CIP 洗浄・殺菌に関する作業手順は，「洗浄・殺菌管理規程」の「洗浄・殺菌マニュアル」に定められ，CIP 洗浄実施記録は確認できましたが，洗浄・殺菌効果で最重要事項と思われる微生物に関するバックデータが確認できませんでした。

■ 清涼飲料製品の温度管理を OPRP に設定し，製品タンクや温冷却水タンクの差圧をモニタリングしていますが，採用しているモニタリング手段が有効であることが確認できませんでした。温度管理のモニタリングと温冷却水タンクの差圧のモニタリングの関係が理解できませんでした。

■ 充填室の落下細菌は OPRP 管理として，ヘパフィルターにより管理されていますが，この管理基準が明確になっていません。例えば，具体的なパーティクル数によるクリーン度の設定などが求められます。

■ 魚介類のうま煮製品の保管温度管理は，OPRP プランで保管温度− 8 ℃ を設定し，冷凍機の定期点検の実施，毎日の温度記録，および作業日報の検証などを規定していますが，冷凍機の定期点検の実施記録や毎日の温度管理のモニタリング記録が全く確認できませんでした。

8

運

用

食中毒細菌の特徴と基本対策

食中毒細菌の特徴

	概要	汚染源	媒介食品	発育条件	熱抵抗性	症状	潜伏期間	発症	感染量	予防対策
腸炎ビブリオ Vibrio Parahaemolyticus	耐性弱、増殖最速	海水海産魚介類	魚介類、発酵漬物	5.0-45℃ pH4.5-11.0aw > 0.94 塩3%	D60: 3-10分	極めて多彩悪心、寒気、嘔吐、腹痛、発熱、頭痛、下痢、脱水	4-20H	1-3日	$<10^7$-10^9	水洗、特に6-10月期は、生食を避けける、5℃以下に保存(1-2時間)
サルモネラ Genus Salmonella	腸チフス型、急性胃腸炎型	人、動の腸管、土壌	食肉、鶏卵、野菜、魚介、広範囲	5.2-46.2℃ pH3.8-9.5aw > 0.94	D60: 3-10分 D65.5: 0.3-3.5分	極めて多彩悪心、寒気、嘔吐、腹痛、発熱、頭痛、下痢、脱水	6-48H (平均15H)	1-4日 (3カ月後も排菌がある)	<(15-20) -105(年齢、健康状態で差異)	汚染防止、適切な温度管理 (加熱殺菌、低温保存)
カンピロバクター Campylobacter jejuni/coli	グラム陰性微好気、螺線運動	家禽、豚の腸管、流水、池水、ハエ	(鶏肉) 食肉、生乳、水類	30-47℃ pH4.9-9.0aw > 0.98	D50: 1.95-3.5分 D60: 1.33分	下痢(血便)、嘔吐、腹痛、発熱、頭痛、下痢	2-5日	2-10日	400-500	汚染防止、適切な加熱殺菌
黄色ブドウ球菌 Staphylococcus aureus	グラム陽性エンテロトキシン産生 (A、B、C、E)	ヒト、動物の皮膚、粘膜(咽頭、鼻腔)、化膿創	穀類、加工食品、畜産加工品、食肉、乳製品、複合調理食品	6.5-48℃ pH4.0-9.0aw > 0.83(毒素産生: 10-48℃, pH: 4.5-9.0, aw > 0.87)	D60: 0.43-8.2分 D65: 0.25-2.45分	嘔吐、腹痛、発熱、下痢、疲労感(化膿性疾患)	1-6H (平均6H)	1-2日	10^5/g 毒素エンテロトキシン) <1.0μg	適切な温度管理(低温管理)
腸管出血性大腸菌 O157:H7 腸内細菌科 Escherichia Coli	下痢原性大腸菌は、大きく5種類の大腸菌に分類	牛、鹿の大腸	食肉、同加工食品、生乳、野菜、サラダ	2.5-45℃ pH4.4-9.0aw > 0.95	D62.8: 0.3-0.58分	激しい腹痛、血液混入水様下痢、発熱は低位、嘔吐はまれ、子供の0-15%は、溶血性尿毒症	12-60H	2-9数週間	<10-100	汚染防止、適切な加熱殺菌

菌名	分類・特徴	分布	食品	生育条件	症状		菌量	予防
リステリア Listeria monocytogeres	グラム陽性単桿菌、芽胞非形成	土壌、水、下水	乳製品(ソフトチーズ)、食肉(生、発酵ソーセージ)、野菜、魚介類(燻製品)	−0.4-44℃ pH4.5-9.5aw >0.92 / D60: 2.61-8.3分 D70: 0.1-0.2分	脳炎、脳脊髄膜炎、敗血症、流産、インフルエンザ様症状、高い死亡率(30-50%)	2-3週間 / 4-5日-数週間	>10⁶ (大量菌量)	汚染防止、適切な温度管理(加熱殺菌、低温保管)
エルシニア・エンテロコリチカ Yersinia enterocolitica	腸内細菌科、特定の生物型(4型)/血清型(O3)	とト、動物の腸管、環境(土壌、地表水)、豚の咽頭	食肉(豚)、乳・乳製品、豆腐、水	−0.3-42℃ pH4.2-9.6aw >0.94 / D62.8: 0.24-0.96分(ミルク)	下痢、嘔吐、腹痛、発熱、関節炎	1-3日 / 2-3週間	—	汚染防止、適切な温度管理、食品加熱殺菌、低温保存
セレウス Bacillus cereus	グラム陽性桿菌、好気性、芽胞形成、下痢毒産生、嘔吐毒産生	自然界に広く分布(土壌等)	食肉、乳、野菜等のスープ類、米飯、ポテト、パスタ	6-48℃ pH4.9-8.8aw >0.93 / D50: 2.13(栄養型) D65: 32.1-75分(芽胞)	腹痛、下痢、嘔吐、吐き気	6-15H 0.5-6H / 12-24H 6-24H	>10⁶ (大量菌量)	—
ボツリヌス Clostridium botulinum	毒素抗原による G型、A型からG型の7種に分類	塵埃、動物の排泄物(土壌、環境)、A型、E型は北海道に多い	缶詰め、瓶詰、いずし、保存食、からし連根	*死滅条件: 121℃以上/4分以上pH5.5以下aw>0.94食品法記載 *E型は4.4℃以下でも発育する。	*性質: 毒素型A、B、E型が多い。致死率: A型>B型>E型(40-80%)嘔吐、頭痛、めまい、頭痛、腹痛、下痢→眼症状、神経症状、4-5日で死亡もある。国内死亡率(25%)	12-36H前後 / 2-3週間	12-24H 6-24H	汚染防止適切な温度管理、食品の加熱殺菌、低温保存
ウェルシュ菌 Clostridium perfringens	グラム陽性桿菌、偏性嫌気性、芽胞形成、毒素型分類(主にA型)	とト、動物の腸管、土壌	食肉、加工品、肉汁	10-50℃ pH5.0-9.0aw >0.93 / D98.9: 26-31分(芽胞)	腹痛、下痢、嘔吐、吐き気	8-22H / <24H 1-2週間持続の可能性	>10⁶	適切な温度管理、食品の加熱後の急冷と低温保存

8

運　用

8.5.4.2　許容限界及び行動基準の決定

> 　CCP における許容限界及び OPRP に対する行動基準を規定しなければならない。
> 　この決定の根拠を，文書化した情報として維持しなければならない。
> 　CCP における許容限界は，測定可能でなければならない。
> 　許容限界に適合することで，許容水準を超えないことが保証される。
> 　OPRP における行動基準は，測定可能又は観察可能でなければならない。
> 　行動基準に適合することで，許容水準を超えないことが保証される。

● 規格のポイント・解説

* 旧版の箇条 7.6.3 項に該当するが，OPRP について「行動基準」という用語が，新規に採用されている。

* CCP や OPRP に対する許容限界や行動基準の決定の根拠となる事項を含めて，文書化を要求している。

* 測定可能な許容限界を設定し，モニタリングにより監視すること。

* OPRP の行動基準については，測定可能，または観察可能でることを要求し，CCP とやや異なり，観察可能も含まれる要求事項であが，行動基準の適合は，許容水準を超えてはならないと規定している。
  「許容水準」（acceptable level）：組織によって提供される最終製品において，超えてはならない食品安全ハザードの水準と定義されている。

* CCP の許容限界の決定は，最終製品の許容限界を逸脱しない限界設定が最重要目的である。

* 許容限界は，判定可能なものでなくてはならず，もし官能によってモニタリングするような場合は，具体的な限度見本が必要であり，官能検査員としての力量ある要員によるモニタリングが求められる。

* CCP の許容限界が，管理された状態であれば，最終製品の目的とするハザードの除去が達成できるという，客観的な事実に基づいた正当性を文書化によって立証しなければならない。

＊　この正当性は，「8.5.3 管理手段及び管理手段の組合せの妥当性確認」で明確
　　にし，記録を維持してもよい。

＊　一般的に，「許容限界 (CL)」は，「操作限界 (OL)」をその内側に設定し，より
　　安全性を期して管理することが推奨される。

【参考解説】

1）各 CCP について規定した，モニタリングパラメータ (温度，pH，時間，ス
　　ピード，重量などの監視・測定する変数要因) のそれぞれについて，許容限
　　界を決定すること。

2）許容限界は，該当する食品安全ハザードの制御が確実であることを立証でき
　　るように設計しなければならない。

3）食品安全ハザードはそれぞれ制御しなければならないので，CCP や許容限
　　界もそれぞれ該当する食品安全ハザードごとに設定しなければならない。

4）設定した許容限界について，その根拠となる客観的事実を文書化すること。
　　この許容限界は，具体的に，このような事実に基づいて決定したという客観
　　的データが必要である。

　　また，許容限界は，当然のことながら「判定可能であること」が追記された。

5）製品，プロセス，取扱いなどの目視検査のような主観的な要素によるデー
　　タに基づいた許容限界の設定については，作業指示書，限度見本，仕様書，
　　OJT などの教育訓練実施による明確な裏づけが要求される。

【システム構築支援解説】

1）管理基準・許容限界は，CCP に適用する「管理の限界」「厳密さ・厳重さ」
　　を表す。

　　ある工程で，複数の食品安全ハザードを管理する場合，複数の管理基準が設
　　定されることもある。

2）製品，プロセスの目視検査のような主観的データによる管理基準・許容限界
　　の設定は，適切な力量や信頼性の高い技術データが要求される。

3）管理基準・許容限界を逸脱した製品は，不適合製品として，適切な措置が要
　　求される。(8.9 項)

4）OPRP は，モニタリングに対する行動基準を設定し，これを超えないよう工

8

運

用

程を管理することが要求される。

* CCP に設定された許容限界は，客観的なデータによって立証できること。
* 主観的なデータによる判断には，限度見本や十分な力量ある要員によって立証されること。
* OPRP の設定は，明確な行動基準が設定され，測定可能，または観察可能であることを確実にしていること。

● 審査指摘事例

■ 冷凍たこ焼き製造工程のフローダイアグラムには，輸入タコの洗浄殺菌工程から始まり焼き工程，急速冷凍工程，金属管理工程，X-Ray 検査工程など CCP と OPRP が記載され，HACCP／OPRP プランが設定されていますが，それらを識別設定した根拠が確認できませんでした。管理限界や行動基準の設定の根拠とその理由が不明確であり，食品安全チームも CCP と OPRP の識別に関する理解度に改善の余地が観察されました。
■ 規格は選択した許容限界の根拠を文書化することを要求していますが，CCP である金属探知工程に関して，テストピースの設定の根拠となる文書が確認できませんでした。また同時に，CCP の妥当性確認についても明確になっていませんでした。
■ 魚貝類の佃煮製造プロセスにおける蒸煮温度と時間の「許容限界」について，その妥当性の根拠となるデータを確認することができませんでした。例えば，文献値，過去の製品検査データなど。
■ 乳加工製品の加熱殺菌工程は，CCP として管理されていますが，この加熱殺菌工程の微生物ハザードについて，可能性がある微生物を特定しておらず，またその許容限界の適切性についても不明確でした。

8

運

用

8.5.4.3　CCPs における及び OPRPs に対するモニタリングシステム

各 CCP において，許容限界を超えることを検出するために，各管理手段又は管理手段の組み合わせに対して監視（モニタリング）システムを確立しなければならない。

このシステムは，許容限界に対するすべての予想された測定を含めなければならない。

各 OPRP に対して，行動基準を満たしていることを実証するために，各管理手段又は管理手段の組み合わせに対して監視（モニタリング）システムを確定しなければならない。

各 CCP における及び各 OPRP に対する監視（モニタリング）システムは，手順，指示及び記録を含む文書化した情報で構成され，次のものを含むが，これらだけに限らない。

a）適切な時間枠内に結果を提供する測定又は観察

b）使用する監視（モニタリング）方法又は機器

c）適用する校正方法又は，OPRP の場合，信頼できる測定又は観察を検証するための同等の方法（8.7 参照）

d）監視（モニタリング）頻度

e）監視（モニタリング）の結果

f）モニタリングに関連する責任及び権限

g）監視（モニタリング）及び監視（モニタリング）結果の評価に関連する責任及び権限

各 CCP において，監視（モニタリング）方法及び頻度は，タイムリーに製品の隔離及び評価ができるように，許容限界を超えることをタイムリーに検出できるものでなければならない。

各 OPRP において，監視（モニタリング）方法及び頻度は，故障の可能性及び結果の重大性に釣り合ったものでなければならない。

OPRP の監視（モニタリング）が観察（例，目視検査）による主観的データに基づいている場合は，指示書又は仕様書によって裏付けなければならない。

8

運

用

* 旧版の箇条 7.5 項，7.6.3 項，7.6.4 項に該当し，要求事項がより具体的に追記されている。

* 新規には，CCP と OPRP に対する要求事項が，ほぼ同格の監視要求事項となっている。

* 「各 CCP において，許容限界を超えることを検出するために，各管理手段又は管理手段の組み合わせに対して監視（モニタリング）システムを確立しなければならない」とは，例えば，CCP としたフライヤーによる加熱製品の中心温度と時間のモニタリングに対する一連の作業手順の確立を要求している。
また，モニタリングに関する，責任と権限，監視機器類の特定，記録などの具体的な確立も同様である。

* 「このシステムは，許容限界に対するすべての予想された測定を含めなければならない」とは，該当製品の規定した許容限界（例えば，中心温度：85 ℃，1 分）以外に，設定した許容限界に影響する要因（例えば，該当製品の形状（表面積，厚み，重量）などの監視・測定）を考慮に入れることを要求している。

* 「各 OPRP に対して，行動基準を満たしていることを実証するために・・・」についても，CCP 同様のモニタリングシステムの確立を要求している。

* 各 CCP における，および各 OPRP に対する監視（モニタリング）システムは，手順，指示，および記録を含む文書化した情報を網羅し，a) ～ f) を最低限満足させることを要求している。

* a) から f) に関する要求事項は，CCP や OPRP に関するモニタリングシステムの要件である。

* 「各 CCP において，監視（モニタリング）方法及び頻度は，タイムリーに製品の隔離及び評価ができるように，許容限界を超えることをタイムリーに検出できるものでなければならない」とは，許容限界を監視するモニタリング方法が，タイムリーに不適合を処置，対応できる手段でなければならないことを意味している。

* OPRP についても同様であり，不適合の重大性に見合った，モニタリングシステム，すなわち，適切な方法及び頻度などを要求している。

* 官能検査などを OPRP に設定した場合には，より具体的な監視手順，例えば，

限度見本などによる，色調や形状などの提示を規定している。

* CCP のモニタリングシステムは，要求事項の 6 項目について，HACCP プランのなかで，手順，指示，記録などを明記すればよい。

* 「適切な時間枠内に結果が提供する測定又は観察」とは，タイムリーに結果が判断できる管理手段であり，製品の出荷時点での判断が明確であることを意味し，例えば，微生物検査などは，結果の判定に数日を要するので，「タイムリー」に該当しない。

   食品加工工場では，一般的には，金属探知工程，X-線検査工程，加熱殺菌工程，薬液による殺菌工程などでの温度管理，酸化度，pH，官能検査，滞留時間，濃度管理などが該当する。

* 上記のモニタリングに使用する機器を「モニタリング機器」といい，温度計，酸化度測定試験紙，pH メーター，有効塩素測定器，官能検査要員，滞留時間測定時計 (スピードメーター) などがある。

* 「モニタリング頻度」は，管理限界を逸脱した製品が流れた場合に，その不適合であるかも知れない製品を識別・隔離できるモニタリング範囲でなければならない。

* 「責任と権限」は，モニタリングに関して，モニタリングの要員，その結果を検証する要員，モニタリング結果の逸脱が発見された場合の処置の決定などについて，明確に規定しておくことが要求されている。

* 旧版の「記録」は，すべて，「文書化された情報」と変更されているので，モニタリング結果として重要な証拠は，「文書化された情報」として維持されなければならない。

8

運

用

【参考解説】

1）CCP／OPRP が管理された状態のものであることを客観的事実により実証するために，各 CCP についてモニタリングシステムを確立しなければならない。

2）そのモニタリングシステムには，許容限界と行動基準に関するすべての計画的測定，または観察手順を規定すること。

3）モニタリングシステムには，次の事項を含む手順，作業指示書，および様式で構成すること。

a）適切な一定時間内で結果が出る測定方法や観察方法に関する手順，および作業指示書を設定すること。

　　b）使用するモニタリング機器を特定し，その管理基準（校正等を含む）などを規定した手順，および作業指示書を設定すること。

　　c）適用する校正方法の手順，および作業指示書を設定すること。

　　d）モニタリング頻度の設定に関する手順，および作業指示書を設定すること。

　　e）モニタリング実施とその結果の評価の実施に関する責任と権限を明確にすること（モニタリング実施者，文書化された情報，評価・承認などに関する責任の明示が要求事項である）。

　　f）文書化する情報に関する具体的な記述内容，手順，様式などを規定すること。

4）モニタリング実施の方法や頻度は，食品製品が使用され消費される前に，許容限度や行動基準を逸脱し，隔離・識別しなければならない製品，すなわち不適合製品であるかどうかを明確にできるものでなければならない。

【システム構築支援解説】

1）CCP／OPRP を制御するためのモニタリングシステムは，オンラインでかつリアルタイムで情報が入手できることが必要である。

2）モニタリングは，管理基準や許容限界の逸脱を防止するプロセス制御を確実にしなければならないので，モニタリング情報はできる限りタイムリーであることが要求される。

3）物理的，化学的測定をより迅速に行い，それによって，製品の微生物学的制御の状態を知ることができる。

4）物理的基準や化学的基準は，温度，時間，重量，サイズ，色，味，臭い，形，金属の有無，pH 変化，水分活性値，塩分濃度，脂肪含有量，蛋白質，繊維，炭水化物，糖分，ビタミンなどを指している。

5）微生物学的試験は，プロセスの妥当性確認（賞味期限の設定などに利用）および検証に用いることができる。

6）文書化された情報は，逸脱の証明だけではなく，すべてのモニタリングデータの文書化を可能にするために不可欠である。

● 審査のポイント

* CCP/OPRP に関するモニタリングシステムが要求事項に適合し，確立されているか。
* モニタリング機器が適切に維持・管理されているか。
* モニタリング結果の評価に関する責任と権限が明確になっているか。
* 文書化されたモニタリング情報は，適切に維持・管理されていること。
* OPRP のモニタリングに目視検査などの主観的な管理手段が採用されている場合，指示書や仕様書などに裏づけられているか。

● 審査指摘事例

■ 規格には CCP／OPRP のモニタリングのためのシステムについて，モニタリングとその結果の評価に関する責任と権限が規定されています。
惣菜検査を担当している品質管理課で実施されている HACCP プランに基づいた各種「製品検査記録」，主として「色，味，臭い」についての官能モニタリング結果の評価について，食品安全チームリーダーや製造課長へ報告する基準や手順がなく，報告・検証漏れが散見されました。
また，官能検査員の力量検証に一部不備が観察されました（標準物質での官能テストの結果）。

■ 規格は，CCP／OPRP が管理されていることを確実にするために，CCP／OPRP ごとにモニタリングシステムを確立すること，また，モニタリングシステムは，使用するモニタリング機器について指示や記録で校正することなどを要求しています。
CCP-1：金属探知器では，テストピース Fe φ 1.0mm を管理限界として使用しているにもかからず，「金属探知工程 CCP チェックリスト」では，テストピース Fe φ 1.5mm を使用しており，モニタリングシステムが適切に機能していません。

■ 規格要求事項は，CCP／OPRP が管理されていることを実証するために，モニタリングの記録を維持することを要求していますが，CCP の「包装作業日報」には，当日製造した製品の 4 アイテムについてモニタリング記録が確認

8

運

用

できません。またモニタリングの実施を検証した証拠も維持されていません。

8.5.4.4　許容限界又は行動基準を超えた場合の処置

> 許容限界又は行動基準を超えた場合にとるべき修正 (8.9.2 参照) 及び是正処置 (8.9.3 参照) を, 規定しなければならない。
>
> 併せて, 次のことを確実にしなければならない。
>
> a) 安全でない可能性がある製品がリリースされていない (8.9.4 参照)。
> b) 不適合の原因を特定する。
> c) CCP 及び OPRP によって, 管理するパラメータを許容限界内又は行動基準内に戻す。
> d) 再発を予防する。
>
> 組織は, 8.9.2 に従って修正を行い, また 8.9.3 に従って是正処置を実施しなければならない。

8

運

用

● 規格のポイント・解説

＊ 旧版の箇条 7.6.5 項に該当し, 管理基準の逸脱については, 箇条 8.5.4 項「ハザード管理プラン」でその処理手順を明確にすることを要求しており, 具体的要求事項の変更はない。

＊ 「モニタリング結果が許容限界を逸脱した場合の処置」は, その処置の概要を, HACCP プランに記載し, 文書化された情報として, 維持管理することが, 要求されている。

＊ 管理限界を逸脱した場合の処置について, 要求されるそれぞれの処置の概要が, HACCP プランに明記されていること。

＊ 管理限界を逸脱した「不適合の修正」は, まず管理下に戻すことであり, 逸脱の発生原因を究明し, 改善し, 再発防止策は, 箇条 8.9.3 項「是正処置」で, 規定すればよい。

＊ 「管理するパラメータ」とは, 例えば, 温度／時間, 殺菌液濃度／時間など, 変化するファクターの相互関係要素を言うが, 金属探知機／X-Ray の各テス

- トピースの材質とその大きさなどの要素も含めてよい。
* 管理限界を逸脱した間に生産された製品は，箇条 8.9.4 項「安全でない可能性のある製品の取扱い」で処置すればよい。

【参考解説】

1) HACCP プランの中で，許容限界や行動基準を逸脱したときに実施しなければならない是正処置や修正を明確にすること。
2) その是正処置は，原因を追究し，CCP／OPRP において管理するパラメータの管理下に確実に戻さなければならない。
3) 再発防止につながる処置（水平展開など）を確実にすることが要求される（8.9.3）。
4) 食品製品の安全性を評価し，承認するまで出荷されないことを確実にすること。
5) 不適合製品の適切な取扱いに関する，文書化された情報を確立し維持することが要求されており，修正（8.9.2），安全でない可能性のある製品の取扱い（8.9.4）で，取り扱えばよい。

8

運

用

● 審査のポイント

* 管理限界を逸脱した場合の処置について，要求されるそれぞれの処置の概要が，HACCP プランに明記され，要求事項に従って，適切に実施されていること。

● 審査指摘事例

■ 「食品安全マニュアル」には，管理限界や行動基準から逸脱した場合の改善措置は，「CCP プラン」に明記し，かつその不適合に関する是正処置は「品質異常管理規程」に従って実施し，不適合の原因を特定，CCP／OPRP のパラメータの管理状態へ復帰，再発防止を確実にすることが規定されています。
しかしながら，「金属異物報告書」によると，半年間で 8 件の金属異物が発見されていますが，原因を追究し再発を防止する手順（様式）がなく，有効な是正処置が行われたことが確認できませんでした。

■ 生食用野菜加工プロセスの殺菌工程を CCP と規定し，モニタリングを実施しています が，使用される塩素酸水の塩素濃度と殺菌時間の管理限界のパラメータの適切性の検証結果（規定した一般生菌数と大腸菌数）が反映されていません。現行の CCP 管理データでは，規定した生菌数が約 50 ％ 程度しかクリアできていません。管理するパラメータの許容限界の修正が求められます。

食品安全基礎知識

食品と健康被害の科学

われわれ動物は，従属栄養生物であり，ほかの生き物やその代謝物を食べ生命を維持しているが，時には，不都合な成分や病原体を媒介する有害微生物や毒性物質に汚染を受ける場合がある。

食べ物に起因する健康障害を「食性病害」と総称される。

ジャガイモの新芽の部分に含まれるソラニンやチャコニンは，アルカロイド系の有毒成分としてよく知られている。猛毒なトリカブトの毒素もその成分である。豆類やイモ類にはシアン化合物を含むが品種改良され栽培されている。食用とされる植物から発がん性物質が検出された例では，わらびのプタキロサイド，ソテツの実のサイカシンやナツメグのサフロールなどはよく知られている。大豆中のトリプシンインヒビターや抗甲状腺物質などは，人間の長い食生活の知恵の中から加工・調理され，より安全な範囲まで低減することによって食されている。

（しかし，余談であるが，植物は，人間よりも何倍も長い歳月の中で，一次代謝，および二次代謝を進化させ，自分たちを守るために製造したその産物成分を，人間サイドから，勝手に「毒物」などと特定しているにすぎず，われわれ人類を守ってくれる多くの貴重な医薬品の大半は，「植物様の毒物」からの貴重な贈り物であることも忘れてはならない。）

食品の外部からの汚染による健康被害には，食中毒菌やカビ毒，細菌やプランクトンによって産生される一種の食物連鎖として蓄積されるフグ毒や貝毒などがある。牛海綿状脳症（BSE）の原因物質である異常プリオンタンパク質の人間への疾病やその他フードチェーンへのさまざまな環境汚染や食品

の放置による品質劣化による発がん物質のニトロソアミンなどが知られている。

　食性病害の発生場所は，大きく5か所に分類される。① 一次生産（農業・漁場など）では，カドミウム汚染・難病の発生，野菜等農産物へのO157汚染食中毒，BSE プリオンタンパク質感染，魚介類の寄生虫食中毒などがあり，② 食品工場の二次加工では，従事者からのノロ汚染食中毒，薬剤・洗剤汚染事故，低温流通食品のリステリア食中毒，冷蔵・冷凍保管中の温度管理不備によるヒスタミン中毒など，③ 飲食店などの調理過程では，生肉のO157食中毒，二枚貝などによるノロウイルス食中毒，煮込み料理の放置による芽胞ウェルシュ菌食中毒，傷などによる黄色ブドウ球菌食中毒など，④ その他，病院・学校などでのノロウイルスやO157食中毒など，⑤ 家庭では鶏肉調理加熱不足によるカンピロバクター食中毒，スイセンとニラの間違いによる食中毒，焼き飯のセレウス菌食中毒，卵焼き弁当のサルモネラ食中毒などである。

　食料自給率の低いわが国は，代表的な食料輸入国であるが，健康被害をもたらす可能性のある要因（危害要因）を，可能な限り調査・追究し，リスク分析をしながら，より安全・安心な食品を選択し，そのリスクを軽減する努力が，健康を維持する必須条件である。

　食料の一次生産から食卓までのすべての連続した食品安全プロセスの管理は，国際食品規格委員会（Codex）が食品に関わるすべての段階のリスクを軽減させるために，「食品衛生の一般原則」を採択し，「HACCP システム及び摘用のためのガイドライン」が，国際規格と採択された。また，大改訂された ISO22000：2018 では，特に，総合的なリスク管理の必要性が強調された要求事項となっている。

　農業・漁業の一次生産から消費者の食卓までの食品安全管理には，適正農業規範（GAP）や適正製造規範（GMP）が浸透し，加えてわが国でも，HACCP の適応が法制化された。食品のリスク分析では，常にフードチェーンの個々の役割と関与の意識が必要であり，そのリスク評価においては，消費者の健康を害することがないよう，危害要因を科学的に解析し，有害物質については，規格基準が制定されている。自然界に分布するカドミウムなどの汚染物質については，人間が食べ続けても健康に悪影響が生じない「耐用

8

運

用

摂取許容量」（TDI）が設定されており，農薬や食品添加物のように，意図した目的で，フードチェーンに必須要件として入ってくるものについては，一生摂食しても健康に影響のない「一日摂取許容量」（ADI）が設定されている。このようにわが国では，既に多くの食品に関する規格基準が設定され，日本食品衛生学会では，これらの規格基準値を一覧表にして公表し，国民のフードチェーンに対する理解を深める努力をしている。

8.5.4.5　ハザード管理プランの実施

ハザード管理計画を実施し，維持し，また関連する証拠は文書化した情報として保持しなければならない。

● 規格のポイント・解説

* 本箇条は，新規の見出しであるが，個々の要求事項の内容自体は，旧版の要求事項と相違ないが，より具体的に「ハザード管理計画」としてまとめた内容となっている。
* 8.5.4.4「許容限界又は行動基準を超えた場合の処置」で規定している許容限界や行動基準を超えた場合のとるべき是正処置と修正を，「ハザード管理計画」で規定し，その実施を要求している。
* 8.5.4.4 項に規定する，a），b），c）の処置を含めて，「ハザード管理計画」を作成し，関連する証拠の記録を含めて，文書化した情報として維持することを規定している。

8.6　PRPs 及びハザード管理プランを規定する情報の更新

　ハザード管理計画を確立した後，組織は，必要ならば，次の情報を更新しなければならない。
a）原料，材料及び製品と接触する材料の特性
b）最終製品の特性
c）意図した用途
d）フローダイアグラム及び工程並びに工程環境の記述
　組織は，ハザード管理計画及び／又は PRPs が最新であることを確実にしなければならない。

● 規格のポイント・解説

＊ 旧版の箇条 7.7 項に該当し，レビューし更新する項目として，a）原料，材料及び製品と接触する材料の特性から，b），c），d）などについての変更の有無などについても適宜，更新することが新規要求事項となっている。

＊ HACCP システムは，構築した時点から現時点まで，常に最新情報によって維持されることを要求されている。

　・ 例えば，食品衛生法の細部の基準などは，社会の状況を反映して，適宜改定されていることに留意することが重要である（ノロウイルスの汚染の可能性のある食品については，その中心部の温度を「75℃，1 分以上」から「85℃，1 分以上」に改定されたなど）。

　・ また，顧客の要求事項なども，常に変化し，更新が求めれていることへの対応である。

＊ 本条項で指摘している 4 項目の事前情報の変更は，必然的に，PRP，OPRP，および HACCP プランへも影響し，更新の対象となる。

【参考解説】
　食品安全マネジメントシステムの効果的な運用を可能にするために，PRP や HACCP プランについて，適宜，次の事項を更新すること。

8

運

用

1） 製品の特性など規定された情報

2） 意図した用途の記述内容

3） フローダイアグラム

4） 各プロセスの段階

5） 客観的事実に基づく管理手段

【システム構築支援解説】

1） 既に実施したハザード分析は，原材料や工程の変更などにより，異質なものになっている場合もあり，定期的な見直しが要求される。

管理手段の廃止や追加更新が実施されていたり，それによって，「厳しさ」（厳密さ）が変更されている場合があり注意を要する。

2） 管理手段の組み合わせによる再計画は，モニタリング手順，是正処置，修正を含め，PRP や HACCP プランに影響を与えている場合があり，注意を要する。

3） 顧客情報や仕様書などから，ハザード分析への有力な関連情報が得られる場合がある。

● 審査のポイント

* 法令・規制要求事項，顧客要求事項，原材料，生産設備の変更など最新の情報を反映させ，食品安全マネジメントシステム範囲内の，関係諸事項は更新されているか（法令／規制要求事項，製品の特性，意図した用途，フローダイアグラム，工程の段階，管理手段，HACCP プラン，PRP 規定手順など）。

* 特に食品は，原材料の変更や顧客要求事項の変更が頻繁に発生し，変更管理（生産の 4M などを含む）に留意し，適宜，レビューされていること。

● 審査指摘事例

■ カット野菜製造工程に，新たにスライサーと脱水機が付設されているにも関わらず，ハザード分析のレビューと管理計画などに反映されていません。

■ 主原料である冷凍たこに対する製品特性の情報としては，産地証明のみ維持

されていますが，凍結方法，凍結時間，ハザードの B，C，P に関する情報など詳細な品質規格が確認できません。

■　貝類を主原料とした非加熱冷凍食品を製造している組織の「法規制遵守評価一覧表」には，食品衛生法の一部改正項目（ノロウイルス対策）が最新情報として記載されていませんでした。

■　主要取引顧客の「製品仕様書」は一部レシピの変更があり，アレルゲン品目が追加され，既に製品化されているにもかかわらず，組織の「最終製品特性表」にはその記載がなく更新されていません。

8.7　モニタリング及び測定の管理

　組織は，指定の監視（モニタリング）及び測定の方法と機器が，PRP 及びハザード管理計画に関して使用している監視（モニタリング）及び測定活動にとって，適切であるという証拠を提供しなければならない。

　使用するモニタリング及び測定機器は，次の事項を満たさなければならない。

　a）使用前に，定められた間隔で校正又は検証する。

　b）調整をすること，又は必要に応じて再調整すること。

　c）校正の状態が明確にできる識別をすること。

　d）測定した結果が無効になるような操作ができないようにする。

　e）損傷及び劣化しないように保護する。

校正及び検証の結果は，文書化した情報として保持しなければならない。

　すべての機器の校正は，国際的又は国内の測定標準までトレースできなければならない標準がない場合には，校正又は検証で使用した基本的な考え方を文書化した情報として保持しなければならない。

　機器又は工程環境が要求事項に適合しないことが分かった場合，組織は，以前の測定結果の妥当性確認を評価しなければならない。

　組織は，影響を受けた機器又は工程環境及び不適合によって影響を受けたすべての製品について適切な処置を取らなければならない。

　評価及びその結果としての行動は，文書化した情報として維持されなければならない。

8

運

用

食品安全マネジメントシステム内での監視（モニタリング）及び測定で使用するソフトウェアは，組織，ソフトウェア供給者又は第三者が，使用前に妥当性確認をしなければならない。

　妥当性確認活動に関する文書化した情報は組織が維持し，ソフトウェアは適宜，更新しなければならない。

　ソフトウェアの校正／市販ソフトウェアへの修正を含む変更があったときは必ず，その変更を承認し，文書化し，また，実行前に妥当性確認をしなければならない。

注記：設計された適用範囲内で一般に使用されている市販のソフトウェアは，十分に妥当性確認がされているとみなす。

● 規格のポイント・解説

* 旧版の箇条 8.3 項に該当し，具体的な要求事項の変更はない。

* モニタリングや測定に使用する方法や機器が妥当なものであることを証明できること。

* 確実かつ有効な結果を得るために，規格要求事項のa）からe）を満たしていることを実証できること。

* モニタリングや測定のために採用する「方法」も管理対象である。例えば，微生物検査や官能検査による「方法」が，モニタリングや検証および妥当性確認の「方法」として適切で，正しく機能し，正しい結果を得るための方法でなくてはならず，そのために，a）からe）の校正や検証が実施されていなければならない。

* 不適合が発見された場合，いつの時点で発生したかを特定し，その時点から不適合が判明するまでの測定結果の妥当性を評価しなければならない。

【参考解説】

　ISO 9001：2015 の 7.1.5 項「監視及び測定のための資源」に該当する要求事項である。

1）効果的なモニタリングや検証活動の前提条件として，モニタリングや測定に

　　適した方法を決定すること。

2）モニタリングや測定のため，機器を必要とする場合，その機器が食品安全マネジメントシステムの性能を保証するために適切であることの客観的証拠を確実にすること。

3）モニタリングや測定が，規定要求事項を満足させることを確実にするため，必要なプロセスを確立しなければならない。

4）測定値の正当性が保証されなければならない場合は，その測定装置や測定方法は，次の事項を満足しなければならない。

　a）定められた間隔，または使用前に，国際・国家計量標準にトレース可能な計量標準に照らして，校正または検証しなければならない。そのような標準が存在しない場合は，校正や検証に用いた基準を文書化した情報を維持しなければならない。

　b）必要に応じて調整，または再調整を実施すること。

　c）校正状態を明確に識別すること。校正の必要性の有無，校正の完了や非完了，次回校正実施時期など。

　d）測定結果が無効にならないような防御処置などを実施すること。

　e）損傷および劣化しないような保護・防御処置を実施すること。

5）校正や検証の結果を文書化した情報は，食品安全に関する情報として維持管理すること。

6）測定機器が要求事項に適合していないことが判明した場合は，それまでの測定結果の妥当性を評価し，文書化した情報を維持すること。

7）その測定機器と影響を受けた製品に対して，適切な処置をとること。

8）この評価や処置の結果を文書化した情報を維持すること。

9）規定要求事項にかかわる監視や測定にコンピュータソフトウェアを使用する場合は，以下を実施する。

　①　それによって意図した監視や測定ができることを確認すること

　②　この確認は，使用に先立って実施すること

　③　必要により再確認すること

〈その他参考事項〉

1）食品製造管理においては，官能試験は特に重要であり，官能試験パネルは「測定機器」として扱いその性能を定期的に点検することが要求される。

8

運

用

2）官能試験に関連する国際規格 (ISO6658, ISO10399) を参考にするとよい。

3）プロセスの検証に用いるソフト（定量的成分値を使った栄養分など）は，測定機器として管理することが望ましい。

● 審査のポイント

＊ 測定機器の校正は，外部校正のみならず，組織内で標準へのトレーサビリティープロセスを確立し，合否判定基準を設定し実施しているか。

＊ 官能検査など主観的なモニタリング方法を採用し実施する場合には，その検査の正確さが確保できる検査員の力量の評価も審査の対象となる（外部検査機関へのアクセスにより，外部精度管理検査の実施など）。

● 審査指摘事例

■ カット野菜製造工程において，スライス後の殺菌工程を CCP に設定し，塩素酸水濃度をモニタリングしていますが，通常は，簡易試験紙によって測定していますので，定期的により精度の高い濃度測定器で測定し，その差異を検証することが望まれます。

■ 加熱済み冷凍食品の CCP モニタリング温度計は，自主校正されていますが，中温度帯（中温 75 ℃）のみの校正となっており，実際の使用温度帯は，マイナス温度帯，中温 75 ℃，高温 180 ℃で使用されているので，より使用実態に合った温度帯での校正が望まれます。

■ 仕分け選別工程では，官能検査が実施されていますが，この官能検査員の力量評価，指名および官能検査員に対する校正手順が確立されていません。

■ CCP や OPRP のモニタリングに関係する機器の校正（検証）方法に関して校正（検証）の外部，内部の識別やその手段などが確認できません。

■ 乾麺の乾燥工程は OPRP 管理として，「乾燥工程作業標準」に，乾燥温度終点を管理基準として 58 ℃以上と規定されていますが，過去 2 年以上もこの温度計を校正した記録が維持されていません。

■ 「乾燥工程作業基準書」には，粉末複合調味料のスプレードライ乾燥工程における，モニタリング乾燥終点管理温度を 59 ℃以上 62 ℃以下と規定されて

8

運

用

います (HACCP プランでは，このプロセスは，OPRP の管理となっていた)。しかし，この乾燥終点管理温度を測定している温度計が，目的とする管理温度を正しく測定しているのか否か校正した記録が確認できませんでした。

現場インタビューでは，この温度計は高所に設置されているため校正しておらず，測定温度が正しいと信じてモニタリングしているという証言を得ました。

■ ジャガイモ保管倉庫では，ジャガイモの発芽抑制のために低温管理を実施しており，「自記温湿度計」のデータを毎日確認し，適切に管理しているとのことですが，この自記温度計の校正または検証の記録が確認できません。

■ 規格は，測定機器のパフォーマンスを確実にするために，定められた間隔，もしくは使用前に国際・国家計量標準にトレース可能な計量標準に照らして校正または検証することを要求しています。

■ 「OPRP 管理表」や「CIP 基準書」では，洗浄薬剤である酸液・アルカリ液を回収し，その濃度をモニタリングし，それらの濃度測定機器の校正を定めていますが，実際の校正対象濃度計は，新薬剤液サービスタンクの濃度計であり，回収後の濃度計は該当していませんでした。

OPRP 管理として，食品安全を管理するモニタリング機器であるにもかからず，作業手順書には，「品質に直接影響しない」と記載されており，管理内容と整合していません。

■ CCP としている「金属探知工程チェック表」のモニタリングした記録の一部に，実施日時や実施者の記載が欠落しており，システムの欠陥が懸念されます。

■ 加熱済み冷凍コロッケ製品の「中心温度チェック記録」には，殺菌中心温度 (90 ℃ 以下) や冷却中心温度 (チルド 5 ℃ 以下，冷凍製品 − 18 ℃ 以下) を規定し，CCP 管理されていますが，フローダイアグラムに記載されている管理基準値と整合していません。

■ 規格は指定のモニタリングや測定の方法と機器が，そのパフォーマンスを確実にするために適切なものであるという証拠を提供することを求めていますが，製品「充填工程」の落下菌の OPRP 管理で使用されている UV 灯使用延べ時間が不明確であり，OPRP 管理基準の改善が推奨されます (UV 灯の取替え時期の記録の維持など)。

8

運

用

8.8 PRPs 及びハザード管理プランに関する検証

8.8.1 検　証

組織は，検証活動を確立，実施及び維持しなければならない。検証計画は，検証活動の目標，方法，頻度及び責任を明確にしなければならない。

個々の検証活動は，次の事項を確認しなければならない。

a) PRP が実施され，かつ効果的であること

b) ハザード管理計画が実施され，効果的であること。

c) ハザード水準が，特定の許容水準内であること。

d) ハザード分析へのインプットが定期的に更新されていること

e) 組織が決定したその他の活動が実施され，かつ効果的であること

組織は，検証活動を，活動の監視（モニタリング）又は管理手段に責任をもった人が行わないことを確実にしなければならない。

検証結果は，文書化した情報として維持され，また食品安全チームに伝達しなければならない。

検証が最終製品サンプル又は直接プロセスサンプルの試験に基づき，かつ，そのような試験サンプルが食品安全ハザード (8.5.2.2) の許容水準への不適合を示した場合，影響を受けた製品ロットは，安全でない可能性があるものとして取り扱わなければならない。(8.9.4.3 参照)

組織は，8.9.3 に従って是正処置を適用しなければならない。

● 規格のポイント・解説

* 旧版の箇条 7.8 項「検証プラン」と 8.4.2 項「個々の検証結果の評価」の要求事項に該当し，PRP や「ハザード管理計画」について，新規に「検証」として統一した要求事項になっているが，特に基本的な要求事項の内容に変更はない。

* 検証活動は，監視（モニタリング）や管理手段の責任者が行わず，直接，モニタリングや管理手段の責任者以外の要員が実施することを要求している。すなわち，検証活動の独立性を強調している（新規要求事項）。

* HACCP システムは，従来の最終製品の検査に依存した品質管理ではなく，

プロセスの管理に重点を置いた，最終製品の安全性の提供システムである。したがって，「決められたことが，決められたとおり」実施されていなければならない。検証結果は，その記録が求められている。

＊　検証結果は，「8.8.1　検証」で体系的に評価され，「8.8.2　検証活動の結果の分析」で分析される。

（体系的に評価するとは，規定された手順に従って評価することである。）

＊　PRP は，「8.5」全体で規定した事項が，適切に実施され，手順などに不具合がないか検証すること。

＊　食品安全ハザード分析に提供したインプット情報が最新情報で維持されていることを検証するためには，「8.5」全体の要求事項を検証すればよい。

＊　「8.5」全体の検証以外にも，「7.4　コミュニケーション」「10.3　食品安全マネジメントシステムの更新」なども検証活動の一貫である。

＊　OPRP や HACCP プランが効果的であることの検証は，管理限界や行動基準からの逸脱の有無を調査するとともに，推移した数値の限度値に対する傾向を把握することも重要である。

＊　「8.9.2　修正」「8.9.3　是正処置」「8.9.4　安全でない可能性のある製品の取扱い」に関する文書化された情報などを検証することによって，OPRP や HACCP プランの有効性が判断できる。

＊　食品安全ハザードレベルが明確にされた許容限界内にあるか否かについては，例えば，製品中に混入する異物類の検出について，金属探知機や X-Ray 検出器などの性能や感度調整なども影響するため，管理水準決定の妥当性確認データと顧客クレーム状況などを勘案して，分析すればよい。

＊　組織が要求するその他の要求事項の有効性は，例えば，内部監査の指摘事項などに対する有効性を組織が判断すればよい。

【参考解説】

1）「8.8.1　検証」では，検証活動の方法，頻度，責任を規定すること。

2）検証活動では，次の事項を確認すること。

　　a）設定した日常管理としての PRP が適切に実施，運用されていること

　　b）組織の活動の変更によりハザード分析も常に変更を伴うので，そのインプットが継続的に更新されていること

c）「8.5.4　ハザード管理プラン（HACCP/OPRP プラン）」で規定した要件が実施され，効果的であること

　　d）決定したハザードの水準が，対応する許容水準以下で推移していること

　　e）組織が必要とし設定した手順などが，有効に運用されていること

【システム構築支援解説】

1）検証活動は，組織が実施する食品安全マネジメントシステムが正常に機能しているか，またその能力の信頼度もチェックするプロセスである。

2）食品安全マネジメントシステムは，個別製品の管理状況に関する事項と HACCP システムを含むシステム全体についての検証を要求している。

3）箇条 8.8.1 項「検証」は，旧版の箇条 7.8 項「検証プラン」の個別の検証を包含した活動であり，箇条 8.8.2 項は，食品安全マネジメントシステム全体の性能に対する検証活動の分析活動を規定している。

4）モニタリング，検証，妥当性確認の概念は，よく混同されるが，検証は，HACCP プランとの合致を確認するためのモニタリングをはじめ，事前に決定した管理手段，テスト，その他の評価活動の応用である。

5）妥当性確認は，実施した HACCP 活動が正確であるかを確認することである。妥当性確認が終われば，計画を実行に移すことができる。HACCP の実施後は，検証やメンテナンスを実施する。

6）検証は，HACCP の妥当性確認，モニタリング結果の見直し，製品テスト，監査の 4 つのプロセス活動からなる。

7）組織が直接管理できない管理手段の検証には，例えば，合否判定基準，購入材料の仕様書への適用，試験成績書，フードチェーン関係者に要求した配送条件などの検証も含まれる。

8）設定したハザードに対し，許容限界，行動基準，許容水準が満たされているかどうかを検証（これは製品テストに該当）する方法に，分析試験を含むことがあるが，特定のサンプリング計画を作成する必要がある。それには，サンプリング単位の数，サイズ，頻度，分析方法，許容範囲などの検討を含めるとよい。

9）検証は，特定の製品バッチの合否を評価することがその目的ではなく，安全でない可能性がある製品（不適合製品）を生産する個々のバッチの次工程へ

のリリース条件に関する手順を規定している。

10) 検証頻度は，食品安全ハザードの決定した許容水準や決定した達成度に関して，適用した管理手段の効果における不確実さの度合いや管理からの逸脱を検出するためのモニタリング手順の能力によって設定すればよい。

11) 検証の頻度は，食品安全マネジメントシステムが効果的に機能しているかを確認できる程度とし，妥当性確認の結果や管理手段の効果（プロセスの変動，プロセスの安定性）と関連する不確定要素によって大きく左右される。

12) 妥当性確認によって，その管理手段が，設定よりも著しく高いハザードを管理できる能力があることを実証できた場合，その管理手段の有効性の検証頻度は適宜少なくしてもその客観性が立証される。

〈参考〉ISO 15161 は，ISO9001 と HACCP をジョイントさせるのに有効なアドバイザー的役割の ISO 規格である。

a) 監視（モニタリング）・測定は，HACCP システムの適用における最重要項目の一つであり，HACCP の第 4 原則（CCP の管理を監視するシステム）及び第 6 原則（HACCP システムが効果的に機能していることを確認するための検証手順を確立する）に明記されている。

b) 管理が許容基準を満たしているかどうかの情報の収集は，安全な製品を確実に製造する HACCP の最優先原則に極めて重要であるが，「事後の検証」では，その原則になんら寄与しない。

8

運

用

● 審査のポイント

＊ 食品安全マネジメントシステムは，「ハザード管理計画」に従って，「決められたことが，決められたとおり」適切に実施されているか，検証結果は文書化された情報が適切に維持されているかが問われている。

＊ 検証結果の文書化された情報は，すべて箇条 8.8.1 項「検証」で網羅され，旧版の箇条 8.4.2 項「個々の検証結果の評価」を含めて，箇条 8.8.2 項「検証活動の結果の分析」で適切に分析されているかが問われる。

＊ PRP は，効果的に機能し，適切に実施されているか。

＊ 食品安全ハザード分析に提供したインプット情報は，最新情報として維持されているか。

* OPRP や HACCP プランが効果的であることが，顧客クレーム状況などを勘案して検証されているか。

● **審査指摘事例**

■ ミネラルウォーター製造に関する「容器洗浄工程」では，地下水を使用しているために，ジア殺菌後 0.5 μ のフィルターでろ過し，洗浄水とすることを「洗浄手順書」で規定していますが，実際は，1.0 μ のフィルターが使用されていました。
現場担当者のインタビューでなぜ決められた 0.5 μ のものを使用しないのですかと尋ねたところ，頻繁に目詰まりするためであることが判りました。決められたことが適切に実施されておらず，「洗浄手順書」の見直しや食品安全マネジメントシステムにかかる検証の不備を指摘しました。

■ 「食品安全マニュアル」には，食品安全上の工程トラブルが発生したときには，関係する要員に伝達することが規定されています。しかしながら，6 日前に発生したステンレス製ストレーナー破損の件では，現場担当者が破損状況を確認したにもかかわらず，ライン長の判断で数日間使用を続けていた事実が確認されました。食品安全チームリーダーへの報告もなく，また記録には「破損なし」と記載されていました。メジャーな不適合として，システムの欠陥や検証にかかる不備事項として，徹底した原因分析とその是正処置を要求しました。

■ OPRP や CCP プランの検証は，食品安全チームリーダーが実施することが規定されており，検証結果の食品安全チームメンバーへの情報提供は，毎週 1 回実施される製造会議にて報告されるとのことでした。しかしながら，情報提供は 3 週間後の「製造会議」で，3 週間のタイムラグが生じており，検証システムやコミュニケーション手順の不備を指摘しました。

■ 冷凍食品製造企業として，構築した食品安全マネジメントシステムの要素である，「検証プラン」に従って検証活動を実施した，PRP，OPRP，CCP についての検証記録が確認できません。また，内部監査で，食品安全チームリーダーを監査した記録も確認できず，食品安全マネジメントシステムが有効に機能していません。

■ 内部監査で，OPRP や CCP プランについて，検証活動を実施するとしていますが，その検証結果記録が明確になっていません。また，「検証プラン」に記載されているその他の項目についても，実施記録が確認できません。

また，検証活動の一部は，管理手段に責任があるとしている，製造部長が実施していました。

■ 規格要求事項には，HACCP プランを実施し，その効果を検証した結果を記録することとされていますが，過日発生した CCP である金属探知不適合製品の発生トラブルについて，管理限界や管理手段を検証した証拠が確認できません。

■ 魚介類加工品製造プロセスにおいて，HACCP プランで設定した，オペレーション PRP や HACCP の要素についてモニタリングされた効果の検証を確認した記録が見当たりません。

① オペレーション PRP の実施記録

② モニタリング記録（許容限界の管理，逸脱時の処置記録，新ハザードの再評価，情報の更新）

■ 食品安全マニュアルでは，規格が要求する「検証プラン」の検証結果や評価について，「安全，衛生，防火，5S パトロールチェック表」に明記すると規定されており，一部その内容の記載が確認できましたが（PRP），8 項全体に対する検証活動，8.8.2 項の検証活動の結果の分析に関する実施状況が確認できませんでした。

■ 乳製品製造プロセスの CIP 洗浄工程において，食品安全に大きく影響する機器類の洗浄効果を検証した記録が確認できません。

■ 惣菜類製造プロセスにおいて，規格は検証活動に関する目的，方法，頻度，責任などを規定し，その実施記録を要求していますが，一部の PRP や OPRP と設定している加熱殺菌工程について，検証結果が確認できませんでした。

■ タピオカ澱粉を使用した麺製品の「製品規格書」には，使用原料であるタピオカ澱粉はタイ産と明記されていますが，同タピオカ澱粉の「原産地証明書」には，中国産と明記されており，その検証記録やタイ産タピオカ澱粉に関する「原産地証明書」も確認できませんでした。

■ FSMS の検証活動の結果やその評価が，「5S・パトロール管理表」に記録されていますが，同表の内容には，8 項全体の「運用」に関する検証活動が確認で

きません。

■ 水飴製品に関する「最終検査項目」や規格値は「最終製品出荷基準表」に定められ実施されていますが，製品 A の一部について，規格の DE 値を逸脱したものが出荷されていました。(DE 値：Dextrose Equivalent 値)

■ アウトソース先の管理方法については，組織の食品安全方針や目標などを背景に，その重要度やリスクに応じた管理方法の有効性の検証が求められていますが，その記録が確認できません。

■ ハム製造プロセスにおいて，「残存亜硝酸根」の不適合が発生し，製品が回収されました。本件に関する検証結果の記録は維持されていますが，検証結果の分析に関する記録が確認できませんでした。
また，「回収」システムの有効性に関する評価記録も確認できませんでした。
本件を重大不適合として指摘し，不適合発生原因を含めた，「是正処置」を求めました。

■ A 社は，金属検知器のテストピースの管理限界に関する根拠として，FDA の示す値を根拠としていましたが，組織の製品に関して適用される管理限界の設定が要求され，かつモニタリング結果の検証が要求されます。
FDA の管理基準に準拠することは，不適切です。

■ 受け入れ原料肉の細菌検査が定期的に実施されていますが，受け入れ管理基準や検証結果に対する合否判定基準が明確になっていません。
関係法令等規制要求事項などを参考にして，まず，組織の原料肉の受け入れ基準の明確化と評価の記録が要求されます。

■ 「原料肉受け入れチェックシート」によって，ダンボールの破損状態，凍結状態，表面温度，および官能チェックの受け入れ検査を実施していますが，それらの検査基準値が曖昧なため，担当者と検証者との判定結果の差異が観察されました。

■ 冷凍食品の製品輸送は，外部運送会社にアウトソースしていますが，混載便の温度管理（- 18 ℃ 以下）に関して，検証結果に不備が観察され，アウトソースの管理や検証手順に改善の余地が観察されました。

■ 冷凍ホットケーキに添付している，「ハニーシロップ」について，すべて国産蜂蜜が使用されているとしている証拠がなく，商品への表示に不備が観察されました。

■ 規格は検証プランの実施として PRP の実施とその検証結果の記録が求められていますが，容器洗浄工程で使用されているアルカリ剤や化学薬剤の残存に関する検証結果記録が確認できませんでした。またアルカリ洗浄後の効果の確認は，官能のみが実施されていますが，より化学的な検査手順の導入が望まれます。

■ PRP で管理している文書類や記録に，確認者，検証者および承認者のサインは確認できますが，この責任と権限が明確になっていません。また検証方法にも改善の余地が観察されました（防虫・防鼠検査記録，使用水検査記録，検便実施総括記録，劇物在庫・使用記録など）。

■ 規格は，フードチェーンの供給者に対し，食品安全に関連する問題を効果的に周知し，アウトソースしたプロセスの管理を明確化し文書化することや PRP の構築には「輸送」を考慮し，要求どおり実施されているかどうかを確認し，検証することなどが要求されています。
 しかし，冷凍パイの配送をアウトソースしている運送業務に関して「温度基準」や「トラックの衛生管理基準」を管理しているという客観的証拠が確認できません。また当プロセスの検証実施の証がありません。

■ 食品安全マニュアルには，内部監査で指摘された不適合事項は，遅滞なく処置することが規定されていますが，本件に関して 5 か月が経過しているにもかかわらず，規定された是正処置が実施されておらず，要求事項を満たしておりません。

■ トップマネジメントの「食品安全・品質方針」には安心・安全な商品提供を目指すと宣言され，OPRP で各保管庫は腐敗菌などの増殖防止のため，関係要員に衛生手順を徹底させ，輸送プロセスにおける温度上昇による劣化をハザード分析し，OPRP で管理するとしています。また微生物検査基準は，弁当衛生規範を引用し管理しています。
 配送担当者に，輸送中の温度上昇による危害について，インタビューしたところ，「温度上昇による危害はない」との発言があり，その発言の根拠が不明確であり，トップマネジメントの「食品安全・品質方針」が正しく周知されているとは言えず，自らの活動に関する重要性が認識されていませんでした。

■ 「フラクトース管理基準」で，保存タンクの設定温度が決められていますが，「運転管理日報」には，設定温度と異なった温度が記載されており，担当者へ

8

運

用

のインタビューで確認したところ，過去のデータを元に現場要員の判断で異なる温度を設定しているとのことでした。

管理基準で定めた設定温度の変更を，食品安全チームリーダーやチームメンバーに報告されておらず，変更に伴う管理手順のシステム上の欠陥を指摘した。

■ 「有資格者リスト」により個人の現在の力量は明確にされていますが，組織が必要とする力量との関連性が明確ではありません。そのため効果的な教育訓練の実施が困難となっています。また必要な力量を満たすために実施した教育訓練の有効性を評価した証しが確認できません。また評価基準として利用されている「◎」「△」の定義と基準が不明確です。

■ 冷凍たこの鮮度検査工程では，力量を認定されていない研修中の要員による「作業実施記録」が確認されました。組織の規定する，鮮魚検査員の力量に整合させた作業の監督と実施が求められます。

■ 軟包装フィルム印刷工程において，真空包装し，加熱殺菌する惣菜製品に使用するフィルムは，直接食品と接触する材料であるにもかかわらず，ハザード分析に必要な情報や管理方法が確立されておらず，PRP の検証システムに改善の余地が観察されました。

■ 規格は，組織が要求するその他の手順が実施され，また効果的であるか検証し，検証結果は記録することを要求していますが，製品検査手順に規定されている，「官能検査」を実施したという「製造日報」への記載もなく，また検証結果の記録も確認できません。

また，「官能検査員」の検査員認定基準なども確認できませんでした。

■ カット野菜製造製品の「顧客製品規格」は，「大腸菌群陰性」と決められているにもかかわらず，すべて陽性と出た製品の再検査結果が陰性と出たことにより，顧客への「検査成績書」には「大腸菌群陰性」と記載し，すべて「合格判定」として，該当製品が出荷されていました。

顧客とのコミュニケーションにより，顧客要求事項の見直しや製品ロット内のバラツキについてより適切なサンプリングとその検証が求められます。

■ 生野菜加工プロセスで発生した不適合ついて，「不適合是正処置報告書」が発行されていますが，「原因」「修正処置」，および「再発防止策」に対する理解度に問題点が観察されました。システムに有効な是正処置とは言い難く改善

が望まれます。またこれらの文書の「検証および承認プロセス」にも改善の余地があります。

■ 製造工程の CCP に設定されている温度計は，精度確認（校正）が実施されます。校正にはデジタル温度計が使用され，さらに標準温度計にて校正されます。CCPモニタリング温度計との校正誤差が，3.5℃と記録されていましたが，モニタリングに要求される温度基準に対する精度が明確でなく，またモニタリングチェックシートには，校正誤差がカウントされず，そのままの温度が記録されていました。モニタリングに要求される温度基準の明確化と食品安全マネジメントシステムの効果的な校正管理に改善の余地が観察されました。

■ アレルゲンや食品添加物に使用されている計量器について，計量器本体に計量校正済みシールが貼ってあるものや，そのシールがなく「計測機器管理台帳」でしか校正が確認できないものが観察されました。また「計測機器管理台帳」の最新版管理に不備があり，校正機器管理の手順に改善の余地が観察されました。

■ 清潔ゾーンに指定されている製品包装工程では，落下細菌とふき取り検査が実施されていますが，この分析結果の判定基準，必要な処置や管理方法が不明確であり，有効な管理手段とは言えません。

■ 規格要求事項は，組織の PRP やその他の手順が効果的に実施されているかどうかを検証することを要求しています。生麺製造プロセスの各種「仕込み記録表」や「PRP 実施記録表」には，日々，ライン長や品質管理責任者が検証・承認する手順となっているにもかかわらず，PRP の検証に不備が観察されました。また，検証プランで，3 か月ごとに実施することが規定された検証の実施記録も確認できず，FSMS が効果的に機能しているとは言えません。FSMS のレビューを推奨します。

また，同製造ラインでは，生ソバも製造されており，ソバアレルギーの重篤性を考慮した，ラインの清掃手順が確立されていません。

■ ミネラルウォーター充填ボトルキャップの洗浄・殺菌手順が「サニテーション手順書」に規定されており，ジア塩素酸ソーダの有効塩素濃度を「0.5〜0.8ppm」と記載されていますが，「洗浄・殺菌記録」では，0.4ppm と記載されているものが観察されました。

作業担当者によれば，これぐらいなら OK としているという回答が返ってき

8
運
用

ました。この充填ボトルキャップの洗浄・殺菌工程は，OPRP 管理となっており，OPRP の管理，検証方法および従事者の教育・訓練など FSMS の欠陥を指摘しました。

■ 豆乳加工飲料の包装材料殺菌工程では，UV 照射，加熱温度，過酸化水素などが併用され，OPRP で管理されているが，噴霧使用されている過酸化水素の濃度と残存確認に対するモニタリング管理手順に改善の余地が観察されました。

① 効果の確認　② 管理手段の妥当性確認　③ 残存確認

■ 清潔ゾーンの清浄度を PRP で落下細菌と，ふき取りの検査が実施されていますが，この分析結果と必要な処置が不明確であり有効な検証活動とは言えません。

■ 検証活動が食品安全チームによって実施されていましたが，「製造指示書」や「X-Ray チェック表」などの最終検証結果に，食品安全チームリーダーや工場責任者らの承認がないことが見逃されていました。

また，「検証結果評価表」には，食品安全チームによる評価結果の記録や適合が実証されない場合の処置内容などの記載が欠落していました。

■ カット野菜充填工程の PRP の検証活動として，各ホッパーなどの「ふき取り検査」が実施されていますが，合否判定基準と逸脱時の対応手順が不明確であり，有能な PRP の検証活動が実施されていません。

食品安全基礎知識

代表的食中毒菌の分類

感染型 (汚染食品の摂食)	サルモネラ，腸炎ビブリオ，カンピロバクター，毒素原性大腸菌以外の下痢原性大腸菌
生体内毒素型 (摂取された生菌による腸管内での毒素産生による)	ウェルシュ菌，セレウス菌，毒素原性大腸菌
毒素型 (産生された毒素を含む食品の摂食：菌の増殖とは無関係)	黄色ブドウ球菌，ボツリヌス菌，セレウス菌
ウイルス，原虫その他	ノロウイルス，クリプトスポリジウム

8.8.2　検証活動の結果の分析

> 食品安全チームは，食品安全マネジメント評価（9.1.2 参照）へのインプットとして使用する検証の結果の分析を実施しなければならない。

● 規格のポイント・解説

* 旧版の箇条 8.4.3 項に該当するが，より簡略化された要求事項となっており，新規要求事項の追記はない。

* 内部監査，外部監査を含めて，すべての検証活動は，系統的，すなわち，食品安全マネジメントシステムの要求事項に対応した具体的な評価が要求されている。

  例えば，発生した顧客クレームや監査の指摘事項が，システムのどこの欠陥に起因しているか否かなどの評価を意味している。

* 「検証が計画された配置との適合を実証できない場合」とは，検証活動で計画した事項と，実際に運用されている事項が異なることが観察された場合をいい，何らかの改善策の実施を指摘している。

（注）planned arrangements を敢えて「計画した事項」と解釈した。

* 「検証結果の分析は，食品安全マネジメントシステムの検証へのインプットでなければならない」とは，検証結果のすべてのデータが，何を意味しているのか検索し，その情報は食品安全マネジメントシステム全体の検証のインプット情報としなければならないことを示している。

* 食品安全チームは，内部監査の結果（9.2 項），外部監査の結果，個々の検証結果の評価（9.1.2 項）について，「分析」しなければならない。

* これらの「分析」の目的は，旧版の箇条 8.4.3 項の要求事項 a）〜 e）の有効性改善のためであり，マネジメントレビューの主要なインプット情報となり，食品安全マネジメントシステムの更新へとつながる。

8

運

用

【参考解説】

・ 検証結果の分析は，管理限界／行動基準を満たした最終製品を顧客に提供するときの食品安全マネジメントシステムの全体性能を評価する手段であり，その分析結果は，行政公衆衛生当局や顧客とのコミュニケーションにおいて，重要な情報源となる。

・ 食品安全チームは，内部監査の結果，検証活動結果の情報などを分析しなければならない。

・ 分析は，次の目的のために実施すること。

① システム全体の成果を含む実施状況が，計画した要求事項と一致し，規格要求事項を含む，食品安全マネジメントシステム要求事項を満たしていることの確認

② 食品安全マネジメントシステムの更新，または改善の必要性について明確にする

③ 安全でない可能性がある製品の発生率のリスクの傾向を，より明確に把握

④ 監査する分野の状態や重要性を網羅する内部監査プログラム計画の作成のための情報を確立

⑤ 実施した是正処置や修正の有効性を立証するための情報提供

・ 分析の結果や活動の結果を文書化した情報を維持し，マネジメントレビューのインプット情報として，適切なかたち（トップマネジメントが理解し，指示・言及しやすいかたち）で報告すること。

・ また分析の結果は，食品安全マネジメントシステムの更新へのインプット情報としても使用すること。

● 審査のポイント

＊ 「検証活動分析」は，内部監査の結果（9.2 項），外部監査の結果，個々の検証結果の評価（9.1.2 項）の結果について実施されていること。

＊ 「検証活動分析」の結果は，マネジメントレビューへのインプット情報や食品安全マネジメントシステムの更新への情報となっていること。

● 審査指摘事例

■ HACCP プランで規定している，生物学的危害に対する管理手段の有効性を立証するために，検証活動の一貫として，各種製品の微生物検査が実施されています。

(例) 一般生菌：10000 以下，大腸菌群：陰性であること，など。

しかし，これらの多くの検査結果データは，記録されていますが，これらのデータは分析されておらず，異常時をより早く発見するなど，その傾向が把握できず，また予防処置や継続的改善のために分析結果が活用できません（検証結果を分析した証拠が確認できなかった）。

「検証活動の分析」の意図するところが今一つ，理解されていない。

■ 各種惣菜製品については，さまざまな顧客クレームが発生していましたが，そのクレームについて，例えば，統計的手法などによって分析（発生したクレームのデータは，何を指摘しているのか，どんな傾向を指摘しているのか，何を改善せよと言っているのか）し，その分析結果をマネジメントレビューのインプット情報として提供し，FSMS の継続的改善に有効活用することが望まれます。

8

運

用

8.9 製品及び工程の不適合の管理

8.9.1 一　般

> 組織は，OPRP 及び CCP の監視（モニタリング）で得られたデータは，是正処置及び修正を開始する十分な力量及び権限をもつ指定された人が評価に当たることを確実にしなければならない。

● 規格のポイント・解説

* 新規の見出しになっているが，旧版の箇条 7.10.1 項，7.10.2 項を総括した要求事項であり，「一般」で，是正処置や修正を実施するに十分な力量や権限をもつ指定された人が評価に当たることを，確実にすることを要求している。
* 「不適合」とは，直接的に不適合製品を指すのではなく，OPRP や CCP などの管理基準からの逸脱や管理不良状態をいう。
* 「不適合」に関する条項は，8.9.2 項「修正」，8.9.3 項「是正処置」，8.9.4 項「安全でない可能性のある製品の取扱い」，8.9.5 項「回収／リコール」など「不適合」および「不適合製品」に該当する。

【参考解説】

8.9 項「製品及びプロセス不適合の管理」は，ISO 9001：2015，10.2 項「不適合及び是正処置」に該当する要求事項であり，基本的に大きな相違点はないが，この規格「ISO22000」は，セクター規格であるので，製品の性質上，識別された詳細な要求事項となっている。

1）ハザード管理計画で規定した，CCP やオペレーション PRP による不適合が最終製品に影響しないように，識別し，使用および引渡しに関して管理を確実にすること。

2）次項について，文書化した情報を維持すること。

　　a）適切な取扱い方法（8.9.4 項）を決定するために影響を受けた最終製品の識別や評価に対する手順を作成し，維持すること。

b）実施した修正が，適切であったかどうかをレビューする手順を維持すること。

3）許容限界を逸脱して生産された安全でない可能性がある製品は，8.9.4 項「安全でない可能性のある製品の取扱い」に従って取り扱うこと。

4）オペレーション PRP の行動基準が遵守されない状態下で製品が生産された場合，なぜ行動基準が遵守されなかったのかその原因を追求し，製品の安全性について評価する。必要な場合は，8.9.4 項「安全でない可能性のある製品の取扱い」を適用すること。

5）その評価は，文書化された情報を維持すること。

6）すべての修正について，不適合ロットに関するトレーサビリティ情報，不適合の原因や結果の性質に関する情報など，文書化された情報を維持し，指名された責任者が署名すること。

8.9.2　修　　正

8.9.2.1　（許容限界及び行動基準からの逸脱）

組織は，CCP の許容限界及び／又は OPRP の行動基準を超えた場合は，影響を受けた製品を特定して，その使用及びリリースについて管理されることを確実にしなければならない。

組織は，次を含む文書化した情報を確立，維持及び更新しなければならない。

a）適切に取り扱いを保証するために，影響を受けた製品の特定，評価，修正の方法

b）実行した修正のレビューのための手配

8.9.2.2　（許容限界の逸脱）

CCP の許容限界を超えた場合には，影響を受けた製品を特定して，安全でない可能性のある製品として取り扱わなければならない。（8.9.4 参照）

8.9.2.3 （行動基準の逸脱）

> OPRP に対する行動基準を超えた場合，次のことを実施しなければならない。
> a) 食品安全に関する不具合の結果の判断。
> b) 不具合の原因の決定。
> c) 影響を受けた製品の特定及び取扱い。(8.9.4 参照)
> 組織は，評価の結果を文書化した情報として保持しなければならない。

8.9.2.4 （修正の文書化した情報）

> 文書化した情報は，下記を含め，不適合製品及びプロセスについてとられた修正を説明するために保持しなければならない。
> a) 不適合の性質
> b) 不適合の原因
> c) 不適合の結果としての重大性

● 規格のポイント・解説

* 旧版の簡条 7.10.1 項に該当するが，CCP が「許容限界」を超えた場合及び OPRP が「行動基準」を超えた場合の処置についてそれぞれ個別に，より詳細な要求事項を規定している。

* 8.9.2.4 項では，不適合製品及びプロセスについてとられた修正を説明するための文書化した情報による説明文を要求している。

【参考解説】

・ 修正とは，「検出された不適合を除去するための処置」と定義され，不適合状態の応急的処置の実施により，正常な管理状態へ戻すことをいう。

・ 簡条 8.9.2 項「修正」では，① CCP の許容限界を超えた場合，② OPRP の行動基準からの逸脱した場合は，影響を受けた製品を特定し，安全でない可能

性のある製品として取り扱い，それぞれ箇条 8.9.4 項「安全でない可能性の
ある製品の取扱い」として，対応しなければならない。
（顧客クレームや検証結果からの不適合の顕在化なども含まれる）
・ 「不適合製品」の修正は，責任者の承認と次の記録が要求される。（不適合の内
容の記録，原因および結果の記録，トレーサビリティを可能にするための記
録）
・ 「不適合」の影響を受けた製品は，しかるべき評価・判定の結果，正常品とし
て使用できるか，そのまま出荷が可能であるか，その使用やリリースについ
て管理された状態を確実にすることが求められ，不適合品として処置するも
のと，識別しなければならない。
・ 箇条 8.9.2 項，8.9.3 項，8.9.4 項での一連の活動結果は，文書化された情報
として保持すること。

● 審査のポイント

＊ HACCP プランや OPRP からの逸脱は「不適合」であり，一連の「文書化した
手順」が設定されていること。
＊ これらの「不適合」については，要求事項に従って，適切に処置され，力量の
ある責任者の承認が求められる。

● 審査指摘事例

■ ミートボール製造ラインにおいて，そのフライヤーの油温が一時的に管理基
準値を 10〜15 ℃ 低下していたことが発見された。その修正処置に対する
「影響を受けたと思われる製品」の特定手順に不備が観察され，またこの製品
の「安全でない可能性がある製品の取扱い」について，ハザードを許容水準ま
で低下させる，処置手順が不適切でした。
■ 食品安全マネジメントシステムに関する，安全でない可能性がある製品の取
扱いに関して次の事項に該当する手順の設定が確認できません。
① 一時保留にする，② 識別し修正する，③ 回収後再検査するなど，どのよ
うに処置するのかその手順を明確にすることが求められます。

8
運
用

■ 顧客の苦情・クレームや工場内トラブルに関する，修正処置や是正処置など
への処置手順について，現在の運用方法は食品安全マネジメントシステム要
求事項の修正処置手順の一部が欠落しており，適切な修正処置の実施が確認
できません。
CCP／OPRP に対する「修正」の要求事項のレビューを求めます。

8.9.3　是正処置

> 　CCP における許容限界及び／又は OPRP に対する行動基準を超える場合，
> 是正処置の必要性を評価しなければならない。
> 　組織は，検出した不適合の原因を洗い出し，排除し，再発を防止し，さら
> に不適合が特定された後にプロセスを管理下に戻すための適切な処置につい
> て規定した，文書化した情報を構築して維持しなければならない。
> 　このような処置には，次を含む。
> a）顧客及び／又は顧客苦情／規制検査報告書で特定された，不適合をレ
> 　　ビューする。
> b）管理が損なわれる方向にあることを示す可能性がある，監視（モニタリ
> 　　ング）結果の傾向をレビューする。
> c）不適合の原因を特定する。
> d）不適合が再発しないことを確実にするための処置を決定し，実務する。
> e）とられた是正処置の結果を文書化する。
> f）是正処置が有効であることを確実にするため，とられた是正処置を検証
> 　　する。
> 　すべての是正処置に関する，文書化した情報を保持しなければならない。

● 規格のポイント・解説

* 旧版の箇条 7.10.2 項に該当し，基本的な要求事項の変更はない。
* 不適合（顧客及び／又は顧客苦情／規制検査報告書で特定された不適合）につ
　いて，明確に特定している。
* 旧版の e）項，「必要な処置を決定し，実施する」は，本項，前文で具体的に
　規定されているためか，削除されている。

＊　是正処置は，不適合の原因を追究し，それを取り除く活動をいう。HACCP
　　の管理限界からの逸脱や OPRP の行動基準に対する管理下からの逸脱，顧客
　　クレームなどを取り扱い，文書化した情報を維持し，指名された要員が，適
　　切な処理を実施することを目的としている。

【参考解説】

1）モニタリングから得られたデータの評価は，是正処置が実施できる十分な知
　　識・技能と権限のある指名された要員によって実施すること（5.3 項，7.2 項）。
2）是正処置の実施は，許容限界や行動基準を超えたとき実施すること。
　　（8.5.4.4）
3）検出した不適合の真の原因を究明・除去し，再発を防止するために，次の要
　　求事項を含めて，プロセスやシステムを適切な管理下に戻すための処置を実
　　施したことを文書化した情報で維持すること。
　　不適合の原因追求により，プロセスやシステムの不備事項を摘出し，再発防
　　止のための適切な是正処置手順の再構築を実施することが求められる。
　a）顧客からのクレームをはじめ，不適合事項について分析し，適宜レビュー
　　　すること
　b）このまま放置しておくと管理が損なわれる方向にあること，すなわち不適
　　　合が発生する可能性を示唆する状態を，モニタリング結果の傾向より把握
　　　した場合，適宜，レビューすること
　c）不適合の発生に際し，再発防止につながる真の原因を特定すること
　d）同じ原因による不適合が発生しないように，またそれと類似の不適合の発
　　　生を防止するために，その是正処置の必要性を評価すること
　e）必要な是正処置を実施すること
　f）是正処置の結果を文書化した情報を維持すること
　g）是正処置が効果的であったかどうかについて，レビューすること
　　　ISO9001：2015，10.2 項「不適合及び是正処置」とほぼ同様の要求事項と
　　　なっているが，モニタリング結果の傾向のレビューや是正処置の効果を確実
　　　にするためのレビューの必要性など，やはり事前の食品安全ハザード防止に
　　　重点を置いた要求事項となっている。
4）文書化した情報を維持することが重要視され，責任者が署名するとともに，

8

運

用

その次の手順として，実施した処置の有効性を評価することが要求されている。

* 是正処置には，根本原因の追究が求められ，その原因を取り除く処置が，再発防止にもつながり，適切に実施されていることがポイントである。
* 是正処置の実施要員は，教育・訓練を受け，組織が認定した力量がある要員が実施していること。

● 審査指摘事例

■ 生野菜製造加工プロセスでは，多岐にわたる顧客クレームが発生していますが，その重要性を評価・選別し，食品安全への影響度によっては，「是正処置要求書」によって，徹底した原因分析を実施し，再発防止策の検討・実施が求められる。

■ OPRP で管理している，冷凍中華ゆで麺のゆで槽の加熱温度が，基準値を逸脱した事案に対し，現場での修正措置は適切に実施されていましたが，是正処置の原因追究とその実施手順に改善の余地が観察されました。

■ 食品安全マニュアルには是正処置の実施は，外部クレームと内部の人的ミス（CCP／OPRP プランの不適合も含む）による不適合について「不適合・是正処置報告書」を発行し，是正処置を実施し，その進捗管理や再発防止策の有効性を評価することが規定されていますが，一部の不適合の発生事例については未実施であり，また一連の是正処置についてのレビューを実施したことが確認できません（金属片混入，ゴムパッキン片混入，表示ミスの発生など）。

■ 内部監査の不適合指摘事項に「CCP をモニタリングしている S さんの力量を評価した記録が確認できません」と指摘し，これを是正するための原因究明欄には，「食品安全力量一覧表の作成が遅れたため」と記載されており，このような原因究明内容は，再発防止のための是正処置の実施としては，不適切であり，適切な原因究明と，その再発防止策の実施が求められます（原因分析の真の意味が理解されていません）。

■ CCP 工程（金属検出機）の修正・是正処置は，規定した HACCP プランの文

書化された手順と，現場での作業手順とが整合していません。また，CCP である金属探知モニタリング管理基準を逸脱した事実が観察されましたが，本件について修正や是正処置の実施が確認できず，これは，重大な指摘事項です。

■ 「製品仕様書」では顧客クレーム発生時に「製品不適合報告書」を発行し，決定された担当部署が，「不適合調査表」に詳細な内容を記載すると定められていますが，「賞味期限印字不良クレーム」については，「不適合調査表」にその記載がなく，また再発防止策の有効性評価結果も確認できません。

■ 連続して発生している製品への毛髪混入クレームに関する，是正処置に対する「原因分析」が，適切な再発防止策につながっておらず，食品安全マネジメントシステムが有効に機能しているとは言えません。

これらの対策として，例えば，全要員に対する意識の喚起，教育・訓練，並びに改善策の検討など食品安全チームを中心とした検討が求められます。

（毛髪の混入ゼロ対策は永久の努力目標となっていますが，企業によっては，記載した事項を徹底して実施し，ゼロに近い状態を維持している食品工場もあります。）

■ 昆虫異物混入クレームについて，その是正処置は「不適合処理報告書」に実施されていましたが，過日発生した，「原材料使用基準表」に基づいた，アレルゲンに関する「原材料表示ミス」に関する不適合については，修正処置のみで完了としており，本件の再発防止策が確認できません。

■ 発生した顧客クレームについては，「不適合処置管理表」を発行し，是正処置の実施が，食品安全マニュアルに規定されています。しかしながら顧客先で発見された，多数の包装不良品の発生に対し，「不適合処置管理表」による是正処置が未実施であるにもかかわらず，担当部長が承認し，「是正処置完了ファイル」に綴じられていました。

■ フライヤーのパームオイルの酸価度の管理基準は，AV：2.5 以下と設定し，OPRP で管理することが決められていましたが，観察された AV 基準値逸脱について，規定した原因分析，修正処置，是正処置，さらには再発防止策の必要性の評価などを実施した事実が確認できませんでした。

また是正処置に実施について「必要性の評価」を実施するシステムが確立されていません。

■ 規格要求事項の是正処置は，文書化された手順を確立することが要求されていますが，「食品安全マニュアル」には，これを参照する情報も「文書化された手順」も確認できません。

食品安全マネジメントシステムの採用間もない食品企業であるが，システムの基本となる事項に対する理解度の向上が望まれます。

■ ミートボール製造プロセスの加熱殺菌工程（CCP）や冷却工程（OPRP）のモニタリングについて，CCP／OPRP 逸脱時には「異常時対応書」を提起することとなっていますが，観察された，本件の基準値逸脱時に関して，原因の究明などが明確ではなく，是正処置の実施内容について，効果的なシステムであるとは言えません。

（より安全な，ミートボール製品の製造には，例えば，加熱工程で規定した，管理限界を安定して維持管理するために，川上の成形プロセスの監視の重要性について，再認識を求めました。）

■ 顧客クレームに対する「異物調査報告書」には，過去 11 件の金属異物混入と 5 件の昆虫異物混入が記載されていますが，「異物調査報告書」には，原因を特定して，効果的な再発防止策が実施できるような手順が確認できません。そのために，異物混入の重大クレームが再発していました。

食品安全基礎知識

食品と発がん性物質の科学

われわれ人類は，利便性を追求し，医薬・農薬をはじめ化学物質を生み出した。一方，それらの物質は水や動植物を汚染し，食品などを介して体内にも取り入れられた微量物質が，がんの要因ともなっている。

現在知られている化学物質は，アメリカのケミカル・アブストラクトの登録で約 3000 万種，工業的に生産されているものは約 10 万種，そのうち世界で年間 1000 トン以上生産されているものが約 5000 種と言われている。これらの化学物質の発がん性は，未だ，全く未知の世界である。ヒトの発がん性リスク評価は，マウスなど動物を犠牲とした発がん性試験によるしか方法はない。しかも発がん物質の高用量域では，S 字直線を描く「量販曲線」を直線的に外挿して「閾値」のないモデルを想定するしかない。一方，低用

量では，無限の発がん性の可能性があり，その証明は困難であるが，DNA
に対する不可逆的変化を証明するしかないとされている。

　発がん性物質は一般的に，強い変異原性を示すが逆も真ならずであり，評
価追究に困難を極めていると言われている。変異原物質とは，DNAに何ら
かの影響を与える物資で細胞や生体物に突然変異の発生の可能性を増大させ
る物質である。例えば，変異原性発がん性物質として知られるカビ毒のアフ
ラトキシンでは，非変異原性を示し発がん性が確認される領域と，変異原性
を示し非発がん性を示す両方の領域が存在する。変異原性を検出する一般的
な方法としては，サルモネラ菌や大腸菌などが用いられ，ほかに形質変化を
検出する方法がある。

　よく知られているがんの発生メカニズムは，生体内で発がん性化学物質が
代謝され，DNAと結合体を形成し，DNAの修復エラーを引き起こし，誤っ
てRNAに転写され，遺伝子の突然変異を誘発し，がん細胞が発生すると考
えられるが，分子生物化学の発展とともにそんな単純なものではないことが
明らかになってきている。

　発がん性化学物質は，遺伝毒性発がん物質と，非遺伝毒性発がん物質に分
類される。前者は，DNA修復エラーまでのイニシエーション段階と最終が
ん悪性化までのプロモーション段階に関与し，後者は悪性がん発生に至るプ
ロモーション段階に関与する。

　動物実験などによる，遺伝毒性発がん物質（アカネ色素，アフラトキシ
ン，ニトロソ化合物，アクリルアミド，ベンツピレン）と，非遺伝毒性発が
ん物質（その他多くの物質）の相違をわかりやすくまとめた説明がある（食品
安全委員会　広瀬氏）。それによると，発がん性要素として変異原性の有無，
DNAへの傷害・変異の有無，発がん関連指標の閾値の有無，投与期間の長短，
投与量，発がん強度（強い，弱い），ヒトに対する危険度（高い，低い）など
を比較評価している。魚肉類の焼きこげに含まれるヘテロサイクリックアミ
ン類やフライなど高温加熱調理で生成されるアクリルアミドなどを，遺伝性
発がん物質に分類している。

　食品中で最もリスクの高い物質とされているのが，アルコール（グルー
プ1）とその代謝物のアセトアルデヒド（グループ2B）である（IARC：国際
がん研究機構による発がん性リスク評価一覧）。同研究機構の「発がんリス

8

運

用

ク表」は，発がん性リスクを5段階グループに分け，グループ1は「ヒトに発がん性がある」とし，物質名にカドミウム，ラドン，放射線，アスベスト，たばこの煙などを挙げ，グループ2Aは「人に発がん性のおそれあり」とし，物質名にアクリルアミド，ベンツピレン，紫外線などを挙げている。

発がん物質のリスク管理は，例えば，食品などに汚染物質として含まれるカドミウムの場合，無影響量や無毒性量を求めて耐容摂取量を求めるが，実用的には耐容摂取量以下になるように，食品中の最大許容濃度を定めて管理する。発がん物質は，閾値の有無を区別して考える。例えば，閾値がある発がん物質は，実際の摂取量を考慮して，最終的に耐容摂取量を求める。このような手法の結果，アクリルアミドの場合，ヒトの健康に悪影響を及ぼす可能性があると評価されている。

閾値のない発がん物質の場合は，「米国環境保護庁」の提案するベンチマークドーズ法が応用される。

食品中の発がん物質については，許容基準や耐容摂取量などを決定して論じられているが，実際には，該当する発がん物質を含む食品をどの頻度でどれぐらい摂食するのかに係る。

ヒトの摂取量をネズミ類の動物の半数ががんになる投与量を除したパーセントで表せば，アルコール類やDHAなどは，発がんリスクが高いという結果が出ているようである。

（放送大学大学院教材より）

8.9.4　安全でない可能性のある製品の取扱い

8.9.4.1　一　　般

組織は，次の事項のいずれかを確実にすることができなければ，安全でない可能性がある製品がフードチェーンに入ることを防止するための処置をとらなければならない。

a）対象となる食品安全ハザードが，すでに規定の許容水準まで低減されている。

　b）対象となる食品安全ハザードが，フードチェーンに入る前に規定の許容
　　水準まで低減される，又は

　c）製品が，不適合にもかかわらず，対象となる食品安全ハザードの規定の
　　許容水準を引き続き満たしている。

　安全でない可能性のある製品として特定された製品は，評価が終わるまで
組織の管理下に置かなければならない。

　組織の管理を離れた製品が，その後，安全でないと判定された場合，組織
は利害関係者にそのことを通知し，回収／リコールを開始しなければならな
い。(8.9.5 参照)。

　安全でない可能性のある製品を取り扱うための管理及び関連する利害関係
者の対応並びに権限を，文書化した情報として保持しなければならない。

● 規格のポイント・解説

＊ 旧版の箇条 7.10.3.1 項に該当し，基本的な要求事項の変更はないが，次項
　8.9.4.2「リリースのための評価」では，CCP と OPRP が識別されている。

＊ 次の a），b），c）のいずれかを満足できない製品は，フードチェーンへの流
　出を防止する対策を講じなければならない。

　a）ハザードがすでに規定の許容水準まで低減されていること。

　・ 例えば，最終の加熱殺菌工程で，規定水準をクリアできている場合など。

　・ 例えば，金属探知機の不具合が発見されたが，すべての製品は，規定水準
　　まで低減できていたことが判明した場合など。

　b）ハザードがフードチェーンに入る前に，規定水準まで低減できていること。

　・ 例えば，最終的な急速冷凍工程による静菌効果，塩蔵製品の静菌効果，加
　　熱温度の逸脱が加熱時間で十分カバーされ，規定水準まで低減されたこと
　　が確認できた場合など。

　・ 上記，金属探知機の事例の場合など。

　・ 微生物検査など再検査の結果，該当製品ロットの食品安全ハザードが許容
　　水準以下であることが判明した場合など。

　c）「製品が，不適合にもかかわらず，対象となる食品安全ハザードの規定の

許容水準を引き続き満たしている」とは，発見した不適合製品以外，以降，できてきている製品は，許容水準を満たしている状態をいう。

* 上記，a），b），c）以外の製品は，安全でない可能性のある製品として識別し，確実な評価が終了するまで，組織の管理下に置くことを要求している。

● 審査のポイント

* 「安全でない可能性のある製品」の取扱いについて，その処置の手順が確立し，文書化されていること。

* 「安全でない可能性のある製品」のCCPやOPRP不適合製品について識別され，調査結果が明確であること。

* 「安全でない可能性のある製品」の管理と利害関係者への対応に関する責任と権限が明確に文書化されていること。

● 審査指摘事例

■ 惣菜製造工程において，加熱槽内の温度が，管理基準を逸脱していたことが判明していたにも関わらず，そのバッチの製品の識別と処置記録が確認できませんでした。

また，現場担当者に確認したところ，時々発生する本件に対する処置について，責任と権限が確立されていないことも確認されました。

8.9.4.2　リリースのための評価

不適合によって影響を受けた各製品ロットは，評価しなければならない。

CCPにおける許容限界の不適合によって影響を受けた製品がリリースされてはならず，8.9.4.3に従って取り扱わなければならない。

OPRPに対する行動基準の不適合で影響を受けた製品は，次のいずれかが当てはまる場合だけ，安全なものとしてリリースされなければならない。

a）監視（モニタリング）システム以外の証拠が，管理手段が有効で有ったことを実証している。

> b）特定の製品に対する管理手段の複合的効果が，意図したパフォーマンス
> 　（すなわち，明確にされた許容水準）を満たしていることを実証する証拠
> 　がある。
> c）サンプリング，分析及び／又はその他の検証活動の結果が，影響を受け
> 　た製品は，該当する食品安全ハザードの明確にされた許容水準に適合す
> 　ることを実証している。
> 　製品リリースのための評価結果は，文書化した情報として保持しなければ
> ならない。

● **規格のポイント・解説**

* 旧版の箇条 7.10.3.2 項に該当するが，新規格は，CCP と OPRP の不適合を
　明確に区別し，それぞれの評価の実施を規定している。

* CCP の許容限界の不適合製品については，即刻，リリースを禁止し，8.9.4.3
　項「不適合製品の処理」を実施すること。

* OPRP の行動基準の不適合については，リリースに対して，a），b），c）
　項のいずれかの適合を規定している。

* a）項の「監視（モニタリング）システム以外の証拠が，管理手段が有効で有っ
　たことを実証している」とは，例えば，フライヤーの油を許容水準 AV2.5
　以下としてモニタリング（簡易測定法）していたが，ある時点で AV2.8 を
　記録した。この AV 逸脱に対して，より厳密な化学分析を実施したところ，
　AV2.4 が確認できた場合などが該当する。本事例は，c）の事例にも該当する。
　また，無菌米飯製造工程での，① 炊飯後の窒素充填，② トップシールの目視，
　③ リークテストの工程など，各工程でのリリースが確認されているが，ある
　工程の不適合は，その次の工程でリリースを評価するシステムである。

* b）項の「特定の製品に対する管理手段の複合的効果が,意図したパフォーマン
　ス（すなわち，明確にされた許容水準）を満たしていることを実証する証拠が
　ある」とは，例えば，フライヤーでの油調ミートボールについて，中心温度
　85 ℃，1 分の行動水準の逸脱に対して，フライヤー内の各所の油の温度管理,
　同スピード管理，および現物の形状管理（重量，表面積）などの複合管理手段

で正当性を立証できる場合などが該当する。

* c) 項は，サンプリングによる，微生物検査などをはじめとする検証結果によるハザードの適合の実証を指している。

(注) 食品安全ハザードが，生産ロットの全体に不均一に分布している場合は，製品のサンプリングやテストによっても，該当製品・ロットが健康リスクをもたらす程度の判断は困難であり，詳細な検討を要する事項である。

● 審査のポイント

* CCP に関して，許容限界を超えた不適合品について，リリースを禁止し，8.9.4.3 項「不適合製品の処理」を実施する手順が明確になっていること。

* OPRP について，行動基準の不適合に関して，a)，b)，c) 項のいずれかについて，評価することが明確になっていること。

● 審査指摘事例

■ ミードボールのフライヤー加熱工程において，フライヤーの油の AV を 2.5 以上と行動基準で定めていたが，該当モニタリング記録では，AV：2.8 と記載され，製品のリリースの評価が確認できませんでした。

■ 無菌米飯工程での，チッソ充填やトップシールのモニタリングは，最終的な自動リークテストで検証されるとして，そのモニタリング記録が確認できませんでした。

■ 製品(菓子類・キャンデー類) 個包装工程では，シールチェック，印字チェック，ウエイトチェッカー，金属探知などのプロセスからリジェクトされた製品は，一時保留として，色ラベルを貼り付けたコンテナにそれぞれ識別されています。これらは，再検査後，異常なしと判断された製品は，ラインにフィードバックされていますが，検査前と検査後の識別が明確になっておらず，現在の作業手順では，誤って次工程へリリースされる可能性があり，その手順の不備が観察されました。また，現場作業員のインタビューでは，検査後の製品は，グリーンのコンテナに入れる手順であることを，口頭で確認しましたが，規定された手順どおりの作業が実施されていません。

8.9.4.3　不適合製品の処理

> 　リリースが認められない製品は，次の作業のいずれかによって，取り扱わ
> なければならない。
> a）食品安全ハザードが除去されるか，又は許容水準まで低減されることを
> 　　確実にするための，組織内外での再加工又はさらなる加工
> b）フードチェーン内の食品安全が悪影響を受けなければ，他の用途への転
> 　　用
> c）破壊及び／又は廃棄処分
> 　承認権限をもつ者の特定を含め，不適合製品の処理に関する文書化した情
> 報として保持しなければならない。

● 規格のポイント・解説

＊　旧版の箇条7.10.3.3項に該当し，b）項「フードチェーン内の食品安全が悪
　　影響を受けなければ，他の用途への転用」が，追記されている。
＊　c）項は，変更ないが，指定の承認許容機関の識別を含め，不適合製品の処理
　　に関して文書化した情報として保持することが，追記されている。

● 審査のポイント

＊　「安全でない可能性のある製品」の識別と調査結果が明確であること。
＊　再加工した根拠と責任者による承認，および文書化された情報が適切に保持
　　されていること。

● 審査指摘事例

■　顧客OEM用の「改善措置記録表」には，工程や製品に対する修正処置記録は
　　確認できますが，「不適合品管理規程」と「HACCP計画書」に記載されている
　　是正処置の手順と整合していません。

8
運
用

またCCP工程からリジェクトされた製品の取扱い手順が明確に文書化されていません。

■ 冷凍カキフライの製品について，金属探知工程やX-Ray検査でリジェクトされた製品が，コンテナに入れられていましたが，そのコンテナに「不適合品」の表示がなく，また廃棄物処理運搬業者や中間処理業者の認定許可書を見たところ，認定許可期限が切れたまま，ファイルされていました。

最後に，マニフェスト伝票を確認したところ，2件のE票が，欠落していました。組織の総合的な廃棄物処理手順の不備を不適合として指摘しました（廃棄物の処理及び清掃に関する法律を提示した）。

8.9.5　回収／リコール

組織は，潜在的に安全でないと明確にされた最終製品のロットの完全，かつ，タイムリーな回収／リコールを，次のことを行うことで確実にできなければならない。

a）回収／リコールを開始し，実行する権限をもつ力量のある要員を任命すること，及び

b）次の事項を行うための「文書化した情報」を確立し，かつ，維持すること。

　1）関連する利害関係者（例：法令・規制当局，顧客及び／又は消費者）への通知

　2）回収／リコールした製品及び，まだ在庫のある製品の取扱い

　3）とるべき一連の処置

回収／リコールされた製品及び，まだ在庫の有る最終製品は，8.9.4.3に従って処理されるまでは確保されるか，管理下におかなければならない。

回収／リコールの原因，範囲及び結果は，文書化した情報として保持され，またマネジメントレビュー（9.3参照）へのインプットとしてトップマネジメントに報告しなければならない。

組織は，適切な手法（例えば，模擬回収／リコール，又は回収／リコール演習）を用いて回収／リコールプログラムを実施し，有効性を検証し，かつ，文書化した情報として保持しなければならない。

● 規格のポイント・解説

＊ 旧版の箇条 7.10.4 項「回収」に該当し，見出しのとおり「リコール」が追記されているが，要求事項に特記すべき変更・追記はない。

＊ 回収については，不測の事態に備えて要求事項を網羅した「文書化された情報」を作成し，不備なく整然と回収が実施できることを，例えば，模擬テストなどで確認し，記録することが要求されている。

＊ 本項に関する文書化された情報は，箇条 8.4 項「緊急事態への準備及び対応」と併用してもよい。

【参考解説】

　製品の引渡し後において，箇条 8.9.4.3 項「不適合製品の処理」の処置によって，安全でないと評価された，最終製品・該当ロットの完全でタイムリーな回収活動を実施すること。

　回収にあたり，利害関係者（関係行政機関，顧客，消費者）へ通知すべく，「文書化された情報」を確立し，維持しなければならない。

a）トップマネジメントは，製品回収に着手する権限と製品回収を実施する責任を持つ要員を指名すること。

b）製品回収を確実に実施するために，次の事項に対する「文書化された情報」を確立し，維持すること。

　① 回収のため，利害関係者（関係行政機関，顧客，消費者）への通知

　② 回収した製品及び在庫している影響を受けた関連製品ロットの取扱い

　③ 製品回収に必要な一連の処置の手順（例：連絡体制，連絡手段，外部からの問い合わせ対応手順など）

1）回収された製品は，次項の処置が確認されるまで，組織の監督下に置かなければならない。

　① 破棄

　② 本来の意図した目的外への転用

　③ 同一もしくは意図した用途での安全性の判断

　④ 安全であるような再加工

2）製品の回収の原因，範囲，結果については，マネジメントレビューへのイン

プット情報として，トップマネジメントへ報告すること。

3) 製品回収に関して，テスト，模擬製品回収，製品回収演習などを実施して，製品回収プログラムの有効性を検証し，その結果の文書化された情報を保持しておくこと。

＊ 製品回収は，マスメディア（例えば，TV，新聞広告，インターネットなど）によっても実施できる。

● 審査のポイント

＊ 回収に関する責任と権限が明確になっていること。

＊ 回収の文書化された情報は，模擬テストなどによって，タイムリー，かつ整然と実施でき，その記録が明確であること。

● 審査指摘事例

■ 「製品回収規程」は作成され，維持されているが，回収を実施した際の記録項目（回収した製品の処理など）は明確に規定されていません。

■ 社内でのトレーサビリティ演習は実施されているが，納品先まで含めた手順が不明確であり，また製品回収手順と不整合な項目が観察されました。

■ 「回収・緊急事態対応規程」には，回収対応手順のほか，13項目の手順書が設定されていますが，これらの手順に対する，模擬テストなどの回収プログラムの有効性を検証（不備な点や改善事項の有無など）した記録が確認できませんでした。また，同模擬テストの評価については，マネジメントレビューのインプット情報として提供することが望まれます。

■ 食品安全マニュアルでは，食品安全チームが適切な手法を用いて回収プログラムの有効性を検証し記録することになっていますが，設定した「回収プログラム」の有効性の検証が確認できませんでした。

■ カステラの個包装に使用する「脱酸素剤」の未挿入クレームが，複数の製造ロットで発生し，一部，回収が実施されていました。この回収に関する詳細な記録や回収手順の有効性などが確認できませんでした。

■ 賞味期限の印字ミスが発生し，回収がスムースに完了し，段階的にトップマ

ネジメントに報告，承認を得ていることが口頭では確認できましたが，「最終
回収報告書」のトップマネジメントの承認に関する記載が確認できませんで
した。また，回収手順の有効性に関する評価も曖昧になっていました。

食品安全基礎知識

製品特性と微生物制御

殺菌工程 （加熱工程）の有無	増殖抑制工程 （冷却・冷蔵）の有無	該当食品
○	○	果実飲料，醤油，ジャムなど
○	×	牛乳，レトルト食品
×	○	干物類，イカの塩辛など
×	×	魚介刺身，野菜サラダなど

8

運

用

9 パフォーマンス評価

9.1 モニタリング，測定，分析及び評価

9.1.1 一　　般

組織は，次の事項を決定しなければならない。

a) 監視（モニタリング）及び測定が必要な対象

b) 妥当な結果を確実に得るための，監視（モニタリング），測定，分析及び
パフォーマンスの評価の方法

c) 監視（モニタリング）及び測定の実施時期

d) 監視（モニタリング）及び測定の結果の分析及び評価時期

e) 監視（モニタリング）及び測定からの結果を分析及び評価しなければなら
ない人

組織は，この結果の証拠として，適切な文書化した情報を保存しなければ
ならない。

組織は，食品安全マネジメントシステムのパフォーマンス及び有効性を評
価しなければならない。（箇条 8 参照）

● 規格のポイント・解説

＊ 表題，箇条 9「パフォーマンス評価」と箇条 9.1 項「モニタリング，測定，分
析及び評価」は，新規の見出しであるが，旧版の箇条 8.3 項の一部に該当する。

　a) 食品安全に関して，監視（モニタリング）とは，「プロセスが意図したと
おりに運用されているかどうかを評価するための計画に沿った一連の観
察または測定を行うこと」と規定されているので，「監視（モニタリング）
及び測定が必要な対象」を決定するとは，例えば，無加熱摂食冷凍食品
の製造などでは，フライヤーへ供給するミートボールの形状や重量，フ

ライヤーの各所温度，工程製品の中心温度，フライヤーの油の品質（AV，POVなど）など，組織が決めたモニタリング行為の対象として，決定すべきすべての箇所を指している。

b）妥当な結果を確実に得るために，a）に記述した例であれば，該当プロセスのそれぞれのプロセス，すなわち，重量測定，形状測定，温度測定，酸化度測定などの実施方法，並びに分析法などの方法が適切であるか否かを評価する方法を求めている。

c）a）で定めた対象について，監視（モニタリング）や測定の実施時期を規定することを求めている。

d）a），b），c）についての結果の分析とその評価の実施時期を規定することを求めている。

e）a），b），c）についての結果の分析とその評価を実施する要員を規定することを求めている。ただし，ここで分析とは，得られたデータの分析とその評価を指している。また，同時に，結果を分析，評価する人の選定も同時に求めている。

* さらに，以上の実施の結果は，文書化し，記録として維持することを求めている。

* 最終的に，これらすべての分析や評価を基にして，組織の食品安全マネジメントシステムに基づいたパフォーマンス（活動の経緯と結果）やその有効性（システムに欠陥がなく，組織の目標達成に効果的に機能している）を評価することを求めている。

● 審査指摘事例

■ 野菜加工工場では，包装ライン別に，十数台の金属探知機が設置され，モニタリングが実施されていますが，モニタリング担当者の多くが，金属探知機に対する基礎的な教育訓練を受けていませんでした。

■ 鶏卵加工工程では，異物検査を目視検査に限定してチェックしていますが，この工程を監視（モニタリング）と設定しておらず，規格が要求している，評価に関する手順が確立されていません。

■ 即席めん製造プロセスにおいて，CCP／OPRPについては，監視（モニタリ

9
パフォーマンス評価

223

ング) 工程と特定しているが，それ以外の温度管理，官能検査 (異物，色調，風合い，風味など)，包装・表示に関する目視検査など各所に監視活動が実施されているにも関わらず，食品安全マネジメントシステムの中で，監視プロセスとして，特定されていません。

9.1.2　分析及び評価

　組織は，PRP 及びハザード管理計画 (8.8 及び 8.5.4 参照)，内部監査 (9.2 参照) 及び外部監査に関する検証活動の結果を含めて，監視 (モニタリング) 及び測定からの適切なデータ及び情報を分析及び評価しなければならない。
　分析は，次のために実施しなければならない。
a）システムの全体的なパフォーマンスが，計画されている準備及び，組織が定める食品安全マネジメントシステム要求事項を満たしていることを確認する。
b）食品安全マネジメントシステムを更新又は改善する必要性を明らかにする。
c）安全でない可能性がある製品又は，工程逸脱の高い発生率を示す傾向を明らかにする。
d）監査対象分野の状況及び重要性に関する内部監査プログラムの計画について，情報を定める。
e）実施した修正及び是正処置が効果的であるという証拠を提供する。
　分析結果及びすべての結果としての活動は，文書化した情報として保持され，トップマネジメントに報告され，マネジメントレビュー (9.3 参照) 及び FSMS (10.3 参照) へのインプットとして使用されなければならない。

● 規格のポイント・解説

* 旧版の箇条 8.4.2 項「個々の検証結果の評価」と 8.4.3 項「検証活動の結果の分析」を統合させた要求事項である。旧版の箇条 8.4.3 項の要求事項が主体であり，基本的な要求事項の変更・追記はない。

* 検証活動から得られたすべてのデータを分析し問題点を発掘，トップマネジ

メントに報告して，マネジメントレビュー (9.3 参照) と食品安全マネジメントシステム (10.3 参照) へのインプット情報として活用することを，要求しているおり，食品安全マネジメントシステムの運用上，重要な活動の一つである。

* 食品安全チームは，箇条 8.8.1 項「検証」の要求事項 a)〜e) の検証結果について，体系的 (手順に従って) に評価しなければならない。

* これらの評価の結果，適合していない場合は，修正や是正処置が要求され，食品安全マネジメントシステムのどこに欠陥があるのか追及しなければならない。特に， a)〜d) に対する，適切性，妥当性，有効性については，評価する必要がある。

【参考解説】

* 計画した検証 (8.8.1 項) の結果は，内部監査を含めて，システム全体として体系的に評価すること。

* 検証結果，計画された要求事項への適合が実証されない場合は，その達成のために適切な処置をとらなければならない。

【システム構築支援解説】

* 検証によって適合性が実証されない場合，検証モニタリング手順の変更の必要性を判断するため，レビュー (8.5.4 及び 8.5.4.3) 及び妥当性確認の文書化された情報による検証 (8.8.1) を実施すること。

● 審査のポイント

* 食品安全チームが箇条 8.8.1 項「検証」の結果を評価した体系的評価の手順とその評価結果の記録，適合が実証されない場合の処置内容が明確になっていること。

* 組織が設定した，体系的な評価の実施と評価基準に従った運用が適切に実施されていること。

9

パフォーマンス評価

■ カット野菜加工工場では，広範囲に PRP 活動が実施され，機械整備記録，清掃記録などは確認できましたが，多様な顧客クレームの発生原因の分析とPRP 活動の分析およその評価が確認できませんでした。

■ 非加熱冷凍カキフライ製造プロセスにおいて，複数の顧客クレームが発生していますが，この顧客クレームに関して，検証した結果の分析や評価が確認できません。

■ 年数回の顧客監査が実施され，指摘改善事項が確認されましたが，この結果に対する分析や評価の記録が確認できません。

■ 内部監査と外部監査によって，指摘された事項に是正処置が実施されていましたが，それらのフォローアップによる評価の記録が，マネジメントレビューのインプットに確認できませんでした。

食品安全基礎知識

カビ毒（マイコトキシン）

　マイコトシンは，カビの二次代謝物として産出される毒の総称である。カビの生育には，15〜16 % の水分が必要である。アフラトキシンは，アスペルギルスフラバス（麹カビの仲間）が産生し，その発がん性は，ニトロソジメチルアミンなどの 1000 倍といわれる。熱に安定で，270〜280 ℃ 以上でしか分解されない。黄変米毒はペニシリウム（青カビ）で，赤カビはフザリウムである。麦角アルカロイドは，麦角菌が産生する。

＊ 国内におけるカビ毒事故の発生は，1952（昭和 27）年の台湾黄変米事件から久しいが，油断は大敵である。

9.2　内部監査

9.2.1　（内部監査の目的）

　組織は，食品安全マネジメントシステムが次の状況にあるか否かに関する情報を提供するために，あらかじめ定めた間隔で，内部監査を実施しなければならない。

a）次の事項に適合している。

　　1）食品安全マネジメントシステムに関して，組織自体が規定した要求事項

　　2）この規格の要求事項

b）有効に実施され，維持されているか。

9.2.2　（内部監査の計画と実施）

　組織は，次に示す事項を行わなければならない。

a）頻度，方法，責任，計画要求事項及び報告を含む，監査プログラムの計画確立，実施及び維持。

　監査プログラムは，関連するプロセスの重要性，食品安全マネジメントシステムの変更，及び監視（モニタリング），測定並びに前回までの結果を考慮に入れなければならない。

b）各監査について，監査基準及び監査範囲を明確にする。

c）監査プロセスの客観性及び公平性を確保するために，力量のある監査員を選定し，監査を実施する。

d）監査の結果を食品安全チーム及び関連する管理者に報告することを確実にする。

e）監査プログラムの実施及び監査結果の証拠として，文書化した情報を保持する。

f）合意された時間枠内で，必要な修正及び是正処置をとる。

g）食品安全マネジメントシステムが，食品安全方針の意図（5.2 参照）及び

9

パフォーマンス評価

食品安全マネジメントシステムの目標 (6.2 参照) に適合しているかどうか
を判断する。

フォローアップ活動には，とった処置の検証及び検証結果の報告を含めな
ければならない。

注記：ISO19001 は，マネジメントシステムの監査に関する手引きを示し
ている。

● 規格のポイント・解説

* 旧版の箇条 8.4.1 項「内部監査」に該当し，要求事項の基本的内容に大きな変
  更はないが，内部監査の実施に関する，詳細な実施基準が，わかりやすく列
  記されている。
  ISO9001：2015 の内部監査と同様の要求事項となっている。
* 内部監査のプロセスは，「文書化された手順」のなかで適切に規定されている
  かが主たる要素である。(手引きとして JISQ19011 参照)
* 内部監査の目的は，要求事項の a)～g)を満たすことを確実にすることであり，
  かつ内部監査の情報は，食品安全マネジメントシステムの有効性をマネジメ
  ントレビューで評価するための，主要なインプット情報である。
* 内部監査員に求められる力量は，食品安全マネジメントシステムの問題点の
  検出，不適合の発見，その適切な処置の実施に適用されるものであること。
  (JISQ19011：2003 参照)

● 審査のポイント

* 監査の範囲と基準が明確であり適切であること。
* 経営者の責任や食品安全チームリーダーに関する要求事項なども，確実に監
  査されていること。
* 内部監査の顧客は「経営層」であると言われるように，食品安全マネジメント
  システムの有効性に寄与する指摘内容が求められる (内部監査員に求められ
  る力量)。

9
パフォーマンス評価

● 審査指摘事例

■ 魚類加工工場では，輸入したタコ，鮭などを解凍し，加工していますが，実施されている食品安全マネジメントシステムの内部監査では，PRP に関する監査に終始しており，システムの有効性を監査した結果が確認できませんでした。結果として，同マネジメントレビューのアウトプットでも，システムの有効性評価など，適切なトップマネジメントの言及事項は，確認できませんでした。

■ 規格要求事項には，フードチェーンの供給者に対し，食品安全に関連する問題を効果的に周知させ，アウトソースしたプロセスの管理を明確化し，文書化することとあります。原料の保管を OPRP 管理とし，検証プランにも規定し，「営業冷凍庫」に委託していますが，アウトソースである「営業冷凍庫」の温度管理について，管理基準の提起やモニタリング記録が確認できません。

■ 「内部監査」規格要求事項は，発見された不適合およびその原因を除去するために，「遅滞」なく是正処置を実施すること，組織が要求するその他の手順が実施され効果的であることの検証活動を求めています。しかし 4 か月前に実施された内部監査指摘事項は，是正処置が進行しておらず，また「内部監査実施責任者」による進捗状況の監視が困難な複雑な手順となっており，有効なシステムへの改善が求めれます。

■ 「内部監査規程」は設定されていますが，チェックシートの記載内容が規格要求事項そのものの裏返しであり，実際の組織の食品安全マネジメントシステム活動内容と整合していません。これでは，有効な内部監査の実施が期待できません。

■ 内部監査は実施されていますが，再発防止のための根本的な原因の究明にまで至っていない事例が散見されます。「原因追究」の欄には，指摘事項がそのまま記載され，再発防止につながる是正処置が期待できません。内部監査の力量向上が望まれます。

■ 内部監査指摘事項は，一般的に重大な不適合，軽微な不適合，改善推奨事項（観察事項）などに識別されますが，これらの指摘事項の取扱いの手順（是正処置の実施の可否など）が明確に文書化されていません。

■ 内部監査により指摘された不適合に関して「修正処置（応急処置）」及び発見さ

れた不適合の原因を除去でる是正処置 (再発防止策) が実施できる手順になっていません。

また，是正処置計画に記入されている内容は，不適合の内容の繰り返しや修正処置であり，具体性に欠ける対策となっています。是正処置の内容はすべて修正処置の内容となっています。

内部監査手順のレビューや内部監査員の力量向上が望まれます。

■ 規格は，内部監査の結果の報告，記録の維持に関する責任や要求事項を，文書化された手順の中で規定することを要求していますが，内部監査の実施について責任と権限，内部監査員の資格・力量評価などが明確になっておらず，また，是正処置やフォローアップに関する記録も確認できません（すべての要員が理解できるような監査員の資格要件や内部監査の方法および必要な記録の明確化などが要求されます）。

■ 内部監査において下記の点について改善の余地があります。

　・ 規格要求事項に偏り過ぎた，ややもすると画一的な内部監査の傾向になっており，食品安全マネジメントシステムの改善に有効な指摘事項が見当たりません。

　・ 組織の食品安全マネジメント活動により有効な内部監査を目指すことの意識の欠如が感じられます。

　・ 食品安全チームによる現場衛生巡視活動も，内部監査の一貫として PRP の改善に役立ちます。

　・ 不適合の原因分析に「なぜ・なぜ手法」が利用されていないため，恒久的な是正処置が確認できません。

　・ 内部監査は，トップマネジメントの依頼事項でもあり，また食品安全マネジメントシステムを改善するための最大のツールであるという意識の向上を期待します。

食品安全基礎知識

細菌と増殖可能温度域

細菌区分	最低温度（℃）	最適温度（℃）	最高温度（℃）
高温性細菌	30～40	50～70	70～90
中温性細菌	5～15	30～45	45～55
低温性細菌	−5～5	25～30	30～35
好冷細菌	−10～5	12～15	15～25

微生物制御法

殺菌	加熱殺菌（乾熱，湿熱，高周波，赤外線），冷殺菌（殺菌剤，超高圧，放射線）
静菌	温度制御（冷蔵，冷凍，高温保持），水分低下（乾燥，濃縮），化学物質（塩，糖，有機酸，保存料）
除菌，遮断	濾過，洗浄，包装，クリーンルーム

9.3　マネジメントレビュー

9.3.1　一　　般

> トップマネジメントは，組織の食品安全マネジメントシステムが，引き続き適切で，妥当で，かつ，有効であることを確実にするために，あらかじめ定められた間隔で，食品安全マネジメントシステムをレビューしなければならない。

9.3.2　マネジメントレビューへのインプット

> マネジメントレビューは，次の事項を考慮しなければならない。
> a）前回までのマネジメントレビューの結果とった処置の状況
> b）組織及びその状況の変化（4.1 参照）を含む，食品安全マネジメントシス

9

テムに関連する外部及び内部の課題の変化

c）次に示す傾向を含めた，食品安全マネジメントシステムのパフォーマンス及び有効性に関する情報

— システム更新活動の結果 (4.4 及び 10.3 参照)

— 監視 (モニタリング) 及び測定の結果

— PRP 及びハザード管理計画 (8.8.2 参照) に関する検証活動の結果の分析

— 不適合及び是正処置

— 監査結果 (内部及び外部)

— 検査 (例，規制，顧客)

— 外部提供者のパフォーマンス

— リスク及び機会並びにこれら対応処置の有効性のレビュー (6.1 参照)，及び

— 食品安全マネジメントシステムの目標が満たされている範囲

d）資源の妥当性

e）発生した緊急事態，インシデント (8.4.2 参照) 又は回収／リコール (8.9.5 参照)

f）利害関係者からの要求及び苦情を含めて，外部 (7.4.2 参照) 及び内部 (7.4.3 参照) のコミュニケーションを通じて得た関連情報

g）継続的改善の機会

データは，トップマネジメントが，食品安全マネジメントシステムの明示された目標に情報を関連づけられるような形で提出しなければならない。

● 規格のポイント・解説

＊ 旧版の箇条 5.8 項「マネジメントレビュー」に該当するが，新規の要求事項が追記され，より具体的な内容となっている。

b）箇条 4.1 項「組織及びその状況の理解」で要求している各種課題を含め，食品安全マネジメントシステムに影響を与える組織内外の変化，例えば，組織の製造工程の大幅な変更，新製品の開発，PB 製品の製品仕様の大幅

な変更，関連法令の改定を含む，その他具体的な検討課題などに関する情報の明確化などを要求している。

c）「食品安全マネジメントシステムのパフォーマンス及び有効性に関する情報」として，新規な用語は下記の項目である。

・「外部提供者のパフォーマンス」における外部提供者には，供給者，販売業者，専門コンサルタントなどが含まれ，それらの人によるパフォーマンス（測定可能な結果）とは，食品安全マネジメントシステムにかかる，すべての有効な指摘事項などを指す。

・「リスク及び機会並びにこれら対応処置の有効性のレビュー」とは，箇条6.1 項「リスク及び機会への取り組み」に要求されているパフォーマンスについてレビューした情報を指している。

・食品安全リスクとは，健康への悪影響の確率とこの影響の厳しさの関数であり，食品中のハザードの結果であると定義している。

したがって，該当するフードチェーンのすべてのリスクについて，可能な限り検索し，そのリスクに対応するための取り組みを計画し，実施することを要求している。

・リスクマネジメントで取り上げている機会は，意図した結果を達成する好ましい状況，例えば，顧客からみて魅力的な組織であり，新たな製品やサービスの開発，無駄の削減，生産性の向上などを可能にするより好ましい状況の集合の結果と定義しているので，可能性のあるリスクを，いかにして好ましい方向に転換させるかの努力を期待している。

・新規格では，リスクに対する取り組みについては，食品安全マネジメントシステム全体の要求事項，すなわち「組織の計画および管理」の PDCAサイクルと箇条 8.1 項の「運用計画及び管理」の PDCA サイクルを基本としている。

d）「資源の妥当性」については，旧版では，マネジメントレビューのアウトプットの要件であったが，新規格では，インプット情報として，経営資源（人，物，金）に関する妥当性を評価して，トップマネジメントに提供することを要求しています。

・食品安全マネジメントシステムの運用結果として，人（全従事者の力量の問題，教育の必要性とその有効性），物（製造に供する原料から製造の

9

パフォーマンス評価

ハード面全般に関する問題点），金（改善や設備全般にわたる投資の必要
性など）などについての具体的な情報の提供を要求している。

e）「発生した緊急事態，インシデント」で考慮すべき情報は，箇条 8.4.2 項
の運用結果である。

f）「継続的改善の機会」で考慮すべき情報は，食品安全マネジメントシステ
ムの継続的改善活動の結果と，これから取り組もうとしている具体的提
案などの情報である。

【参考解説－1】

マネジメントレビューのインプット情報として，以下の情報を提供すること。

a）前回までのマネジメントレビューの結果であり，前回の結果だけでは不十
分であることに注意。

b）検証活動の結果の分析は，9.1.2 項「分析及び評価」に対する情報である。

1）食品安全チームによる内部監査の検証活動は，基本的には，ISO9001「内
部監査」と同様であるが，組織が構築した食品安全マネジメントシステムの
監査，CCP の検証を含む HACCP プラン全体の検証，PRP の検証活動など
が要求される。

2）したがって，食品安全に関する多岐にわたる検証活動のため，専門的力量が
要求され，その結果の分析も要求されている。

＊ a）～g）項までのすべての情報のデータは，食品安全マネジメントシステム
の継続的な適合性，妥当性，有効性に関連し，しかもトップマネジメントが
判断しやすいようなデータとして提供することが要求されている。

【参考解説－2】

＊ 前回までのマネジメントレビューのフォローアップ
前回までのマネジメントレビューで経営層から指摘された指示事項の実施の
効果などの情報を提供し，その適否を仰ぐ重要な要件である。

＊ 検証結果の分析（8.8.2 参照）
箇条 8.8.2 項「検証活動の結果の分析」で要求される箇条 9.2 項「内部監査」
など 5 項目の活動の分析結果を，経営層によるレビューの情報として提供す

ることが要求されている。

* 食品安全に影響を与える可能性のある内部コミュニケーションの情報と対応状況 (7.4.3 参照)
  内部コミュニケーションの情報に基づく処置が必要な場合もあり，組織内の変更状況の把握は，トップマネジメントへの重要なインプット情報となる。

* 緊急事態，インデント (8.4 参照) および回収 (8.9.5 参照)
  緊急事態，インデントおよび回収に関する情報は，トップマネジメントへの主要なインプット情報であり，レビュー事項の一つである。

* 食品安全マネジメントシステムの更新 (10.3 参照)
  食品安全マネジメントシステムの更新に関する事項は，トップマネジメントのインプット情報であり，更新後の実施状況もレビュー事項の一つである。

* 顧客からのフィードバックを含む外部コミュニケーションのレビュー (7.4.2 参照)
  顧客からの苦情などのフィードバックや，FSMS に関する外部コミュニケーション情報 (例えば，供給者，顧客，法令規制当局など) は，トップマネジメントのレビュー事項である。

* 外部監査または外部査察
  自社以外の外部者による食品安全マネジメントシステムに関する評価結果は，システムの改善にもつながる重要なレビュー事項である。

● 審査のポイント

* 定例の経営者を交えての会議は，マネジメントレビューに属するので，その議事録には，要求される情報がわかりやすく網羅されていること。
  また，例えば 1 年以内に特定されたマネジメントレビューは，食品安全マネジメントシステムのすべての要求事項がレビューされていることが要求される。

* トップマネジメントは，マネジメントレビューが FSMS の継続的改善につながるツールであることを認識していること。

9

パフォーマンス評価

■ マネジメントレビュー議事録には，「ハザード管理計画」の実施結果に対する分析とその評価に関する情報が記載されていません。

■ 内部監査の結果や外部監査の結果に対するのインプット情報が，「マネジメントレビュー議事録」に欠落しており，また改善に関する工場長の指示事項が実施されていません。

■ マネジメントレビューへのインプット情報として，組織が特定したリスクや機会について，レビューした記録が確認できません。

■ マネジメントレビューへのインプット情報として，外部監査指摘事項に対する是正処置の有効性評価が確認できません。

食品安全基礎知識

細菌による食中毒の分類

1）毒素型：細菌が食品中で繁殖し，毒素（エンテロトキシン）を産生し，食中毒を起こす。

黄色ブドウ球菌，ボツリヌス，セレウス

2）感染型：食品とともに摂取された細菌が，腸管内でさらに増殖し，食中毒を起こす。

サルモネラ菌，腸炎ビブリオ，病原大腸菌，ウェルシュ菌

3）その他：細菌が食品中にアレルギー様中毒を起こさせる化学物質を産生する。

モルガン菌など

食中毒事例

残りご飯で作るチャーハンなどが原因でセレウス菌中毒を起こすことがある。この菌の芽胞は，100℃，30分の加熱にも耐える毒素生産能を持っている。

学校給食の食中毒などでは，エルシニア・エンテロコリチカ菌がネズミ，イヌなどからの汚染されることが多い。この細菌は1〜4℃でもよく発育する。

黄色ブドウ球菌による食中毒は，毒素型で，吐き気，下痢の症状で，潜伏

期間が 2〜6 時間と短いのが特徴である。

　ボツリヌス菌は，嫌気性であり缶詰，ソーセージ，いずしなど発酵食品に多い。耐熱芽胞を持ち，加熱不足は要注意である。

　サルモネラ菌食中毒は，鶏肉，鶏卵が原因となることが多いが，水産加工食品が原因で広域食中毒を起こした例がある。

　カンピロバクター食中毒は，近年多く，動物腸内に生息し，わが国では，鶏肉の原因が多い。ウェルシュ菌は，ボツリヌス菌と同じ嫌気性菌で生肉などの内部などで増殖し，スープ類などが原因の例も多い。

9.3.3　マネジメントレビューからのアウトプット

　マネジメントレビューからのアウトプットには，次の事項を含めなければならない。
a）継続的な改善の機会に関する決定及び行動，及び
b）資源のニーズ及び食品安全方針並びに食品安全マネジメントシステムの目標の改訂を含む，食品安全マネジメントシステムの更新及び変更の必要性

　組織は，マネジメントレビューの結果の証拠として，文書化した情報を保持しなければならない。

9
パフォーマンス評価

● 規格のポイント・解説

＊ アウトプットの要求事項は，内容的に旧版のa）〜d）の要件が，新規格のa）とb）にまとめられているが，特に新規の要求事項は見受けられない。
　インプット情報を総合的に勘案した，食品安全マネジメントシステムの継続的な改善に対する，トップマネジメントの具体的な言及を要求している。
＊ マネジメントレビューの結果は，文書化した情報を保持すること。

【参考解説】
＊ 食品安全マネジメントシステムの「継続的改善」（10.2 参照）

トップマネジメントは，食品安全マネジメントシステムの有効性の改善のために，組織の計画した事項の達成状況を検閲し指示することが求められている。

* 資源の必要性 (7.1 参照)

　トップマネジメントは，箇条 7.1 項で提供した FSMS の維持および有効性の改善のための資源について，食品安全チームリーダーにレビューさせ，最終的なその必要性を明確にすることが要求されている。

* 組織の食品安全方針及び目標の改定 (5.2 参照)

　トップマネジメントは，箇条 5.2 項で設定した食品安全方針に基づく食品安全目標の達成・実施状況をレビューし，必要な場合は新たな方針に改定する必要がある。

　a）ISO9001 と同様の要求事項であること

　b）組織の「食品安全の保証」は，どのようなものなのか，指示事項も含めて言及すること

　c）食品安全の維持には，特にハード面での改善が必要な場合，その必要性を明確にすること

　d）「食品安全方針」や「目標」について，改訂する必要性に言及すること

● **審査のポイント**

* トップマネジメントは，インプット情報に基づき，組織の実態を認識し，FSMS の有効性の改善に対して，具体的にアウトプットとして言及し，改善について，明確に指示していること。

● **審査指摘事例**

■ 食品安全マネジメントシステムの継続的改善の機会について，具体的な方策に対する言及が確認できません。これでは，組織の食品安全マネジメントシステム全体の PDCA が機能せず停滞します。

■ 人的資源のニーズについて，従事者に対する教育・訓練の評価や今後の方針が確認できません。人的資源は，経営資源の 3 要素の一つであり，その今後

の方針に対する言及は，トップマネジメントの必須要件です。

■ 組織の食品安全マネジメントシステムの有効性，例えば食品安全保証に対する評価や今後の方針などが，具体的に言及されていません（トップマネジメントに，貴方の組織の食品安全マネジメントシステムを今後どのように運用したいのか質問しました）。

■ トップマネジメントに，「貴社は，せっかく採用された食品安全マネジメントシステムの中に，新規格の目玉とも言えるリスクおよび機会に対する具体的な提示が見当たらないことについて，どう思われますか？」とお尋ねしました。残念ながら，「リスクおよび機会」を理解していると思われる回答を得ることができませんでした。

9

パフォーマンス評価

10 改　善

10.1　不適合及び是正処置

10.1.1　（不適合の処置）

　この規格の要求事項に対する不適合が発生した場合，組織は，次の事項を行わなければならない。
a）不適合に対処し，該当する場合は，必ず次の事項を行う。
　1）不適合を管理し，修正するための処置をとる。
　2）その不適合によって起こった結果に対処する。
b）その不適合が再発又は他のところで発生しないようにするために，次の事項によって，その不適合の原因を除去するための処置をとる必要性を評価する。
　1）その不適合をレビューする。
　2）その不適合の原因を究明する。
　3）類似の不適合の有無，又は発生する可能性を明確にする。
c）必要な処置を実施する。
d）とったあらゆる是正処置の有効性をレビューする。
e）必要な場合には，食品安全マネジメントシステムの変更を行う。
　是正処置は，検出された不適合のもつ影響に応じたものでなければならない。

10.1.2　（不適合の記録）

　組織は，次の事項の証拠として，文書化した情報を保持しなければならない。
a）その不適合の性質及びとった処置
b）是正処置の結果

● 規格のポイント・解説

* 箇条 10「改善」は，新規の見出しであり，食品安全マネジメントシステム全体の PDCA サイクルの ACT に該当する要求事項である。

  したがって，下記の不適合や是正処置も，箇条 8.9 項で取り扱った個々の問題でなく，食品安全マネジメントシステム全体の要求事項を総括した内容となっている。

* 箇条 10.1.1 項の a ），b ），10.1.2 項の a ），b ）の要求事項に難解な内容はないが，食品安全マネジメントシステムを運用し，発生したすべての不適合を精査して，そのシステムに問題がないか否か追究し修正，是正処置を実施し，その結果，食品安全マネジメントシステムの変更や改善を要求している。

10.2 継続的改善

> 　組織は，組織の運用を向上させるために，食品安全マネジメントシステムの適切性，妥当性及び有効性を継続的に改善しなければならない。
>
> 　トップマネジメントは，コミュニケーション（7.4 参照），マネジメントレビュー（9.3 参照），内部監査（9.2 参照），検証活動の結果の分析（8.8.2 参照），
> 　管理手段の組合せの妥当性確認（8.5.3 参照），是正処置（8.9.3 参照）及び食品安全マネジメントシステムの更新（10.3 参照）の活用を通じて，食品安全マネジメントシステムの有効性を継続的に改善することを確実にしなければならない。

10

改

善

● 規格のポイント・解説

* 旧版の箇条 8.1 項と 8.5.1 項を統合した要求事項となっているが，特に内容の変更はない。

* トップマネジメントの責務として，要求事項の 8 項目の活動が，食品安全マネジメントシステムの有効的，かつ継続的改善に機能していることを確実にすることが求められている。

【参考解説】

1）安全な製品の計画と実現に関する要求事項を満たすことにより，食品安全マネジメントシステムを継続的に改善しなければならない。

2）トップマネジメントは，次項の規格要求事項を通じて，食品安全マネジメントシステムの有効性を継続的に改善していくことを確実にすること。

　① 7.4 項　コミュニケーション

　② 9.3 項　マネジメントレビュー

　③ 9.2 項　内部監査

　④ 8.8.1 項　個別の検証結果の評価

　⑤ 8.8.2 項　検証活動の結果の分析

　⑥ 8.5.3 項　管理手段の組合せの妥当性確認

　⑦ 8.9.3 項　是正処置

　⑧ 10.3 項　食品安全マネジメントシステムの更新

（注）ISO 9001：2015 の箇条 10.3 項「継続的改善」と基本的内容は同じであるが，「確実にする」が付加され，どのようにして確実にしているかが問われる要求事項となっている。

● 審査のポイント

＊ 主に，次の項目の活動によって，食品安全マネジメントシステムが有効に機能し，継続的改善につながっているかが審査の最重要ポイントである。

　① 7.4 項　コミュニケーション，② 9.3 項　マネジメントレビュー，③ 9.2 項　内部監査，④ 8.8.1 項　個別の検証結果の評価，⑤ 8.8.2 項　検証活動の結果の分析，⑥ 8.5.3 項　管理手段の組合せの妥当性確認，⑦ 8.9.3 項　是正処置，⑧ 10.3　項食品安全マネジメントシステムの更新

● 審査指摘事例

■ トップマネジメントに，「貴社の食品安全マネジメントシステムの有効性について，どのように評価されていますか？」と質問したところ，残念ながら，現状の評価も継続的改善に対する具体的方針も確認することができず，食品

安全チームリーダーがすべて答弁していました。

■ 印字工程の管理の不備により顧客クレームが発生し，内部監査の指摘により，是正処置が完了していたにも関わらず，同じ内容のクレームが続発していました。

この事実に対して，一時的な改善対策は実施されていましたが，不適合に対する，真の原因追究による，恒久的な是正処置が実施されていませんでした。この事実に対し，貴社の食品安全マネジメントシステムのどこに欠陥があるのか検証し，更なる改善と有効的活用を期待します。

■ 顧客クレームの削減目標が設定されていますが，末端の現場作業担当者は直接的には目標削減活動に参画しておらず，組織の目標と作業者自身の業務との関わりについて，全く理解できていませんでした。またクレーム発生状況は年度末に1回最終集計されるだけで，中間報告も実施されていませんでした。

（この指摘は，単に，目標削減活動の進捗管理の不備のみならず，組織の食品安全マネジメントシステムへの理解や有効的活用に関する事項についての指摘であることを説明し，審査を終えました。）

食品安全基礎知識

冷凍食品の科学

＊冷凍食品とは

　さまざまな食品の品質（風味，食感，色，栄養，衛生状態など）を，とれたて・つくりたての状態のまま長い間保存するために，冷凍食品が生まれた。

　冷凍食品は，通常，次の4つの条件を満たすように製造される。

① 前処理

　新鮮な原料を選び，これをきれいに洗浄したうえで，魚でいえば頭・内臓・骨・ひれなどの不可食部分を取り除いたり，三枚おろしや切身にしたり，その切身にパン粉をつけて油で揚げるだけで魚フライができるように調理したりするなど，利用者に代わってあらかじめ前処理をしている。

② 急速凍結

　凍結するときに，食品の組織が壊れて品質が変わってしまわないように，

10

改

善

非常に低い温度（例えば，− 40 ℃ 以下）で急速凍結している。

③ 適切な包装

　冷凍食品が利用者の手元に届くまでの間に，汚れたり，形くずれしたりするのを防ぐために包装する。包装には利用者に必要な取扱い，調理方法などのほか，法律で決められている項目も含めてさまざまな情報の表示が義務づけられている。

④ 品温を− 18 ℃ 以下での保管

　食品の温度（品温）を生産・貯蔵・輸送・配送・販売の各段階を通じ一貫して常に− 18 ℃ 以下に保つように管理している。

＊冷凍食品の規格

　一般に冷凍された食品の種類により，水産冷凍食品，農産冷凍食品，調理冷凍食品，冷凍食肉製品などの区分がある。冷凍食肉製品は，食品衛生法における食品区分では，冷凍食品ではなく食肉製品の区分になっており，独立した規格基準が定められているが，その製造工程や流通・販売上の管理などは冷凍食品と同一であるため，（一社）日本冷凍食品協会では冷凍食品のカテゴリーの一つとして取り扱っている。

　冷凍食品の中でも調理冷凍食品には，冷凍食品全般の規格基準に加え，独立した規格基準と JAS 法による規格の表示基準が定められている。

　なお，冷凍食品には食べるときに加熱が必要か否かにより，無加熱摂取冷凍食品と加熱後摂取冷凍食品という区分がある。さらに，加熱後摂取食品は，「凍結前加熱済」と「凍結前未加熱」に区分されている。これらはそれぞれに規格基準が決められている。

＊冷凍魚と冷凍食品

　魚の冷凍品であっても，包装を取り除いたり解凍して販売するものは「冷凍魚」であって，冷凍食品とはいわない。冷凍食品は 4 つの条件を満たしたものが「冷凍食品」と表示されている。

＊冷凍食品とチルド食品

　「冷凍食品」は，生産から流通・消費の段階まで一貫して− 18 ℃ 以下の低温を保って取り扱われる食品をいう。「チルド食品」は，1975（昭和 50）年に農林省（現：農林水産省）が設定した食品低温流通推進協議会において，− 5〜+5 ℃ の温度帯で流通する食品とされた。

　チルド食品の温度帯に法的な規制はないが，現在チルド食品は食品別に最適な温度帯が設定され，通常は 0〜+10 ℃ の温度帯で流通しているのが普通である。

＊パーシャルフリージング

　保存のために食品が部分的に凍結した状態で保持することをいい，一般的には，－3 ℃ 程度の温度帯で魚や肉などの表層だけを凍らせて貯蔵・流通させるものをいう。通常の冷蔵と比べて，かなり貯蔵性や品質が良好であるが，温度管理が難しいという面がある。

＊氷温貯蔵とは

　0 ℃ より低く食品が凍る氷結点より高い，いわゆる「氷温領域」と呼ばれる低い温度帯で食品を凍らせずに貯蔵することを氷温貯蔵といい，パーシャルフリージングより高い温度帯で，凍らせないため食品組織の損傷は少ないが，温度管理は難しい。

　最大氷結晶生成温度帯とは，食品中の水分が凍結することで，一般に，食品中の水分は－1 ℃ あたりから凍り始め，－5 ℃ 程度でほぼ凍結する。この間に水は氷結晶となるが，この温度帯を通過する時間が長いと氷結晶が大きくなり，食品の組織が大きく損傷を受ける。

　食品の組織の損傷を極力少なくするためには，この温度帯を急速に通過させる必要があり，この凍結方法を「急速凍結」という。

　一方，時間をかけた凍結方法は「緩慢凍結」といい，一般に避けるべき凍結方法である。

＊冷凍食品を製造する場合の凍結温度と時間

　食品に－30 ℃ 以下の低温の冷気を強く吹きつけ，できるだけ短時間（（一社）日本冷凍食品協会の認定基準ではおおむね 30 分以内）に最大氷結晶生成温度帯を通過するよう急速凍結し，－18 ℃ 以下まで冷却し保管する。

　食品によっては，－60 ℃ 以下といった超低温凍結装置を用いる場合もある。

＊冷凍食品の品質保持期間

　冷凍食品は，－18 ℃ 以下の冷凍庫で温度変化をできるだけ少なくして保存した場合，素材や加工方法などにもよるが，おおむね 8 か月から 24 か月間は最初の品質が保たれることが，これまでのさまざまな研究，実験で明らかになっている。

10

改

善

＊冷凍食品の賞味期限

賞味期限の設定は，当該製品に責任を負う製造者が科学的・合理的根拠を
もって適正に設定すべきとされている。期限の設定にあたっては，製造者は
保存試験を行ない，目標の品質を保持できる期間を確認する。なお，保存試
験では，－18℃以下の所定の条件で期限を定めて，官能試験，細菌試験，
必要に応じて理化学試験などを行う。そのうえで，製造者の責任で一定の安
全率を見込んだ適正な賞味期限を設定している。3か月以上の長期保存が可
能な冷凍食品では，賞味期限の年月だけを表示してもよいことになっている。

なお，輸入食品も国内生産品と同様の扱いになるので，その賞味期限の表
示は製造者または輸入者が行うことになる。ちなみに，食品の製造日から目

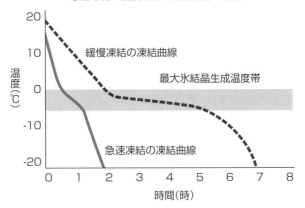

急速凍結と緩慢凍結の凍結曲線の比較

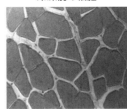

冷凍前の細胞

正常な組織

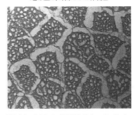

急速凍結した細胞

凍結すると組織内に小さな
氷の結晶が発生し，組織の
損なわれ方が少ない

緩慢凍結した細胞

氷の結晶が大きいため，組
織が損なわれている

((一社) 日本冷凍食品協会 HP：冷凍食品の基礎知識より)

10

改

善

安としておおむね 5 日以内に急速な品質の低下が認められる食品は「消費期限」とすることが法で定められている。

＊冷凍食品の保存温度と食品衛生法

食品衛生法は食品の安全性確保のため，JAS 法は品質向上・維持のための法規・規格である。食品衛生法で－ 15 ℃ としているのは，食品安全の観点から－ 15 ℃ 以下であれば問題ないという判断です。一方で JAS 法では，調理冷凍食品について優良な品質を維持するため規格を－ 18 ℃ 以下に定めている。

冷凍食品について，1971（昭和 46）年に生産・流通・販売の各団体で冷凍食品関連産業協力委員会を設置し，冷凍食品自主的取扱い基準を作成しました。この中で，各段階で－ 18 ℃ 以下を保持することが定められ，現在まで一貫してこの基準を守っている。

＊－ 18 ℃ 以下での保存と細菌の繁殖

冷凍食品を－ 18 ℃ 以下の温度で管理するのは，細菌の繁殖を抑えると同時に，その食品の酸化や酵素反応などによる品質変化を抑制して，最初の品質を長期間にわたって保つためである。

＊冷凍野菜の凍結前加熱とブランチング

大根おろしや山芋など一部の例外を除き，ほとんどの冷凍野菜は，急速凍結する前に，90 ～ 100 ℃ ぐらいの熱湯に漬けたり蒸気にあてて調理加熱の 70 ～ 80% 程度加熱する。これを「ブランチング」という。加熱時間は野菜の種類・大きさ・熟度などによって異なるが，グリンピース，ほうれん草などは 1 ～ 1.5 分，アスパラガスは 2 ～ 3 分ほどである。

ブランチングの目的は，加熱により野菜の持っている酵素を不活性化させて貯蔵中の変質や変色を防いだり，組織を軟化させて凍結による組織の破損を防ぐためであり，ほとんどの冷凍野菜にはブランチングがされている。

厚労省の「食品衛生法」では，「製造し，加工した食品（食肉製品，鯨肉製品，魚肉練り製品，ゆでたこを除く）及び切り身，むき身にした鮮魚介類（生カキを除く）を凍結させ，容器包装したものに限る」と定義され，保存基準として，－ 15 ℃ 以下で，清潔で衛生的な包装で保持することと規定している。

＊解凍方法と適応冷凍食品

解凍の種類		解凍の方法	適応食品
緩慢解凍	生鮮解凍 （解凍後調理）	空気中低温→冷蔵庫	刺身, 魚, 肉, 果実, ケーキ
		空気中室温	魚, 肉, 果実, ケーキ
		水浸漬, 流水	魚, 包装食品
		砕氷中解凍	刺身マグロ
急速解凍	加熱解凍 （加熱解凍と 同時に食品と なる）	熱風解凍→オーブン	グラタン, ピザ, 油調済み食品
		蒸気解凍→蒸し器	シュウマイ, 饅頭
		熱油中解凍（170 ℃以上）	フライ, コロッケ, フレンチフライドポテト
		熱板解凍→ホットプレート 高周波解凍	餃子, ハンバーグ, ピラフ, 油調済み食品

10.3　食品安全マネジメントシステムの更新

　トップマネジメントは，食品安全マネジメントシステムが継続的に更新されることを確実にしなければならない。

　これを達成するために，食品安全チームは，あらかじめ定められた間隔で食品安全マネジメントシステムの評価を行わなければならない。

　次に食品安全チームは，ハザード分析（8.5.2 参照），確立したハザード管理計画（8.5.4 参照）及び確立した PRP（8.2 参照）のレビューが必要かどうかを考慮しなければならない。

　更新活動は，次の事項に基づいて行わなければならない。

a）内部及び外部コミュニケーションからのインプット（7.4 参照）

b）食品安全マネジメントシステムの適切性，妥当性及び有効性に関するその他の情報からのインプット

c）検証活動の結果の分析からのアウトプット（9.1.2 参照）

d）マネジメントレビューからのアウトプット（9.3 参照）

　システム更新の活動は，マネジメントレビューへのインプット（9.3 参照）

として，文書化した情報を保持しなければならない。

● 規格のポイント・解説

＊ 旧版の箇条 8.5.2 項に該当し，要求事項の変更はない。

＊ トップマネジメントの責務として，食品安全マネジメントシステムを継続的に更新することを確実にすること。

＊ この達成のためには，食品安全チームは，要求事項 a）〜d）に基づいて，評価や更新活動を実施すること。

＊ 組織の食品安全マネジメントシステムの総括的な要求事項である。

【参考解説】

1）トップマネジメントは，食品安全を確実にするために，食品安全マネジメントシステムをタイムリーすなわち時宜を得たタイミングで更新することを確実にすることが要求されている。「食品安全を確実にする」「食品安全マネジメントシステム」「タイムリー」「更新する」「確実にする」がシステム更新のキーワードとなる。

2）食品安全チームは，評価や更新活動を，定められた間隔（例：1〜2 回／年（9月，2 月））で，次項に基づいて実施すること。
　① 食品安全に関連する苦情を含む顧客情報
　② 監査報告書
　③ 箇条 8.8.2 項「検証活動の結果の分析」の評価

3）食品安全チームは，評価，査定に際して，箇条 8.5.2 項「ハザード分析」，箇条 8.5.4 項「ハザード管理プラン（HACCP／OPRP プラン）」のレビューの情報を参照して実施することが求められている。

（注）査定とは，「価値などを取り調べて，決定する」とあり，具体的評価が求められている。

4）食品安全チームは，次項に基づいて更新活動を実施しなければならない。
　　a）箇条 7.4 項の内部コミュニケーションと外部コミュニケーションからのインプット

10

改

善

b）食品安全マネジメントシステムの適切性，妥当性，有効性に関するその
　　　他の情報からのインプット

　　c）箇条 8.8.2 項「検証活動の結果の分析」からのアウトプット

　　d）前回までのマネジメントレビューからのアウトプット

5）食品安全チームは，システム更新の活動を記録し，マネジメントレビューへ
　のインプット (9.3.2) 情報として，適切な形で保持すること。

● 審査のポイント

＊ 食品安全マネジメントシステムを継続的に更新することを確実にするための
　手順を明確にしていること。

＊ 継続的更新を確実にするために，食品安全マネジメントシステムの評価を定
　期的に実施する手順が明確になっていること。

＊ 更新活動の結果を，マネジメントレビューにインプットしていること。

● 審査指摘事例

■ 食品安全マネジメントシステムを有効に改善するために，マネジメントレ
　ビューは，より詳細なインプット情報の提供が必要であり，食品安全マネジ
　メントシステムの継続的改善に利用することが要求されていますが，それら
　の詳細な情報が確認できません。

■ 規格は，食品安全チームが，食品安全マネジメントシステムの更新のために，
　ハザード分析，ハザード管理計画，PRP のレビューの必要性を検討すること
　を要求していますが，その結果が確認できません。

■ 食品安全マネジメントシステムの更新状況が，マネジメントレビューのイン
　プット情報から確認できません。

10

改

善

食品安全基礎知識

新型コロナウイルスと食品安全

　かけがえのない小さな星，地球には，途方もなく多く種類の生き物が存在しており，これまでに発見，分類された生物種の数は約125万種類と言われ，われわれは，地球上にいると思われる870万種類のうち，約15％の生き物にしか，出会っていないことになる。また，環境省の調査によれば，日本国内における絶滅危惧種は動植物合わせて3,634種であり，世界中にはさらに多くの絶滅の危機に瀕した生き物がいるはずである。これらの生き物の絶滅スピードを速めた原因は，森林の伐採や開発，化学物質による環境汚染，乱獲や外来種の持ち込みによる生態系の破壊など，いずれも人間による仕業である。ただし，これらの数字は，動植物の話であり，微生物や新型コロナウイルスなど無生物のウイルスなどは，これらの数にカウントされておらず，地球の温暖化や，例えば，アマゾンの自然破壊などで，未だ発見されていない，ウイルス属が出現しても不思議ではない。なぜなら，地下数百メートル以上の粘土質から，新しいウイルス属が，発見されているからである。われわれ人間は，これらの生き物や無生物などと，このかけがえのない地球で共存しており，地球は，決してわれわれ人間だけの所有物ではないことを，忘れてはならない。ウイルスは，ウイルス核酸（DNAかRNAのどちらか一方の核酸）と，これを包むタンパク質の基本構造をもっており，大きさは，一般的な生物の細胞（数十μm）に対して，その100〜1,000分の1，すなわち，数十nmぐらい小さくて，電子顕微鏡のレベルである。また，ウイルスは，その粒子単体では代謝できず，生きた細胞内でしか増殖できないので，すべてが，感染侵入型であり，一般の微生物のように，食品の栄養物を利用して食品中で増殖したり，毒素を産生したり，自己増殖は，できない代わりに，遺伝子を有するので，他の生物の細胞に侵入し，増殖し，宿主細胞の産生するエネルギーを利用する，大変厄介な非生物である。新型コロナウイルス（属／仮称）は，ノロウイルス族のように，食中毒を引き起こすものではないが，ノロウイルス族と比べられないほど，まるで，「生物兵器」を想像させるほど，脅威なウイルス族である。なぜなら，強力な感染力をもち，潜伏期間が長く，比較的免疫力のある宿主細胞には大きなダメージを与えず，弱

いとする集団には直撃し猛威を振るう。このウイルス属は，今は，報告され
ていないが，そのうち変異し，さらに強力なダメージを与える非生物に変身
するかもしれない。世界の食のグローバル化や人々の交流によって，どこに
付着して，検疫をくぐり，上陸してくるかもしれない。このような，強敵に
対する「リスク」を，どのように，「食品安全マネジメントシステム」に組み
込めばよいのであろうか。世界に感染を広め，人類を窮地に陥れている，生
命を持たない「新型コロナウイルス属」は，われわれ人類に何を教えている
のであろうか。優れた頭脳を持つ人類も，防御医療の開発に必死になってい
るものの，今や核酸とタンパク質だけの超微細球の非生物の前に，たじたじ
である。今でも，取るに足らない主張の違いで，武力衝突を起こし，何千万
人もの難民を生む人類を，そして，このかけがえのない地球を，わがものと
勘違いして，その破壊に気づいていない人類を，この無生物は，あざ笑って
いるように思えてならない。

附 属 書

附属書1 ISO／TS22002シリーズの該当する技術仕様書

（8　運用　8.2　PRPs　8.2.3　PRPsが考慮すべき文書など）

ISO／TS22002-1　要求事項と解説・実施例
（食品安全マネジメントシステムの前提条件プログラム　第1部：食品製造）

NO	要求事項	解説・実施例
4章	4　屋外の構造及びレイアウト	
4.1	**4.1　一般要求事項** ・建物は，実際の加工作業上の特性，それらの作業と結び付いた食品安全ハザード及び工場（プラント）の環境からの潜在的な汚染源に相応しく，設計され，建設され，保守されなければならない。 ・建物は，製品にハザードを与えない耐久性のある構造でなければならない。	・建屋の構造は，製造プロセスに伴う食品安全ハザード，及び工場周辺の環境の汚染源の状況に応じて改善した構造になっており，定期的に年2回，その適切性について，食品安全チーム（FST）で巡回チェックし，同チェックリストにチェックする。 ・①製造工程・製品，②工場施設管理規程，③ハザードの特定と管理 【参考資料等】食品等事業者が実施すべき管理運営基準に関する指針（ガイドライン）について（厚生労働省医薬食品局食品安全部長　食安発0425第3号）
4.2	**4.2　環境** ・局所的な環境による潜在的な汚染源は考慮されなければならない。 ・食品製造は，潜在的に危険物質が製品に入らない区域で行われなければならない。 ・潜在的な汚染物質から保護するためにとられる手段の有効性は，定期的に見直されなければならない。	・工場全体の適切な食品安全管理手順の確立（工場の食品安全・環境管理チェックシート） ・工場敷地，配置図（周辺図） ・廃棄物処理場施設，同集積場，牧場，洪水 ・現地周辺環境の潜在的な汚染源の管理については，定期的に年2回，その適切性について，食品安全チーム（FST）で巡回チェックし，同チェックリストにチェックする。
4.3	**4.3　施設の所在地** ・敷地の境界は明らかに特定できなければならない。 ・敷地へのアクセスは管理されなければならない。 ・敷地はよい状態に維持されなければならない。	・工場周辺管理チェックシート ・食品安全衛生管理プログラム ・工場入場者の監視及び製造工程内の入場制限（来訪者名簿・健康質問表） ・施設の所在地については，食品安

NO	要求事項	解説・実施例
4.3	・植栽は手入れするか，撤去されなければならない。 ・道，構内及び駐車場は，水溜りを防ぐために水抜きされ，保守されなければならない。	全マニュアルに明記した，敷地内の立ち入りの管理，清掃管理及び潜在的な汚染の管理については，定期的に年2回，その適切性について，食品安全チーム (FST) で巡回チェックし，同チェックリストにチェックする。
5章	\multicolumn{2}{c}{5　施設及び作業区域の配置}	
5.1	**5.1　一般要求事項** ・内部の配置は，良好な衛生状態及び製造規範を促進するために設計され，建設され，そして維持されなければならない。 ・材料，製品，人の動線，及び装置の配置は，潜在的汚染源から保護するように設計されていなければならない。	・工場内部の配置及び衛生状態については，①工場施設配置図，②ゾーニング図，及び③人の流れ，物の流れ，製品の流れ，空気の流れの工場平面図によって，明確にしている。 ・屋内のレイアウトは，衛生状態が維持しやすいように設計，建設，維持すること。 ・原材料，製品，従業員の動線及び設備のレイアウトは，製品の潜在的な汚染を防御できる設計であること。 【参考資料等】食品等事業者が実施すべき管理運営基準に関する指針（ガイドライン）について（厚生労働省医薬食品局食品安全部長　食安発0425 第3号）
5.2	**5.2　内部の設計，配置及び動線** 　建物は，材料，製品及び要員の合理的な流れ，並びに加工区域から原料の物理的な隔離を伴う，十分な空間を提供しなければならない。 　注記：物理的隔離の例には，壁，棚，若しくは仕切り壁，又はリスクを最小にするための十分な距離を含む。 　材料の搬送のための開放は，異物と有害生物の侵入を最小限にするように設計されなければならない。	・工場内部の構造及び配置，並びに動線については，①工場施設配置図，②ゾーニング図，③人の流れ，物の流れ，製品の流れ，空気の流れの工場平面図，④廃棄物置き場の管理図などによって明確にしている。 ・使用水，排水，電力，交差汚染，スペースの管理，外部からの汚染源の防除，床材の選定と保守，滑りにくい表面，床と壁の接合部，排水溝，下水管，トラップ及びキャッチベースン，床から天井までの換気，壁の材質，ドックシェルター

NO	要求事項	解説・実施例
5.2		・の設置，二重扉と時間差開閉，ビニールカーテン，捕虫器，換気扇と防虫，頭上構造物，照明装置 ・物の論理的な流れ，製品，人，生もの等の識別空間の管理など。
5.3	**5.3 内部構造及び備品** ・加工区域の壁及び床は，加工，若しくは製品のハザードに適するように洗浄可能であるか，又は清掃・洗浄が可能でなければならない。 ・構造物の材料は，使用する清掃・洗浄システムに耐えるものでなければならない。 ・壁と床の接合部及び隅（角）は，清掃・洗浄が容易にできるよう設計されていなければならない。 ・加工区域では，壁と床の接合部に丸みがあることが推奨される。 ・床は，水溜りを避けるように設計されなければならない。 ・ウェットな加工区域では，床面は漏れ止めされ，及び排水できなければならない。 ・排水はトラップされ及び覆われなければならない。 ・天井と頭上の設備は，埃及び結露の蓄積を最小限にするように設計されなければならない。 ・外部に開く窓，屋根の換気孔，又は換気扇がある場合は，補虫網がなければならない。 ・外部に開く扉は，使用しないときには閉めるか，又は仕切られなければならない。	・使用水，冷蔵保管設備，廃棄物保管設備，洗剤・殺菌剤等化学薬品の保管 ・作業空間である壁，フロアーなどがハザードに対し適切であること。 ・衛生的なシステムであること。 ・内部構造及び備品用の管理については，HACCP及び衛生規範等に準拠し，また定期的に年2回，その適切性について，食品安全チーム（FST）で巡回チェックし，同チェックリストにチェックする。
5.4	**5.4 装置の配置** 装置は，適正衛生規範及びモニタリングが容易にできるように設計され，配置されなければならない。 装置は，作業，清掃・洗浄及び保守しやすいように配置されなければならない。	・機器類は，衛生上優れた適切な設計でありモニタリングできる機能，洗浄・殺菌・メンテナンスなどが適切に実施できること。 ・装置の配置については，HACCP及び衛生規範等に準拠し，また定期的に年2回，その適切性について，食品安全チーム（FST）で巡回チェックし，同チェックリストにチェックする。

NO	要求事項	解説・実施例
5.5	5.5　試験室 ・インライン及びオンラインの試験設備は，製品汚染のリスクを最小にするために管理されなければならない。 ・細菌試験室は，人，設備及び製品からの汚染を防止するように設計され，配置され，運営されなければならない。 ・細菌試験室は直接，製造区域に通じていてはならない。	・検査室の設置条件 ・製品のコンタミ防止のための各種インライン，オンラインなどのテスト機能，人，プラント，製品などの汚染防止などのための微生物検査機能を有していること。 ・試験室は，要求事項を満たすべく，管理している。
5.6	5.6　一時的／移動可能な設備及びベンディングマシン ・一時的な構造物は，有害生物の棲みか及び製品の潜在的汚染を避けるように，設計され，配置され，建設されなければならない。 ・一時的な構造物及びベンディングマシンに関連する追加的なハザードは，評価され管理されなければならない。	・仮設施設・販売機などの管理 ・一時的な，ベンディングマシンなどは，汚染防止のために，食堂又は休憩室などに設置し，担当者が管理している。
5.7	5.7　食品，包装資材，材料及び非食用化学物質の保管 ・材料，包装資材及び製品を保管する設備は，埃，結露，排水，廃棄物及び他の汚染源からの保護を提供しなければならない。 ・保管区域は，乾燥し，換気が良くなければならない。特定される場所では，温度及び湿度のモニタリング及び管理が行われなければならない。 ・保管区域は，原料，中間製品及び最終製品を隔離できるように，設計，又は配置されなければならない。 ・すべての材料と製品は，床から離して，さらに検査及び有害生物[鼠族，昆虫等]の防除活動を実施するのに十分な材料及び壁の隙間を確保して，保管されなければならない。 ・保管区域は，汚染を防ぎ及び劣化を最低限にする保守と清掃・洗浄ができるように設計されなければならない。 ・清掃・洗浄剤，化学薬剤及び他の危険物に対して，別の安全な（鍵が掛かるか，さもなければアクセスが管理されている）保管区域が提供されなければならない。 ・バルク，又は農作物のための例外は，FSMSの中で文書化されなければならない。	・食に関わるすべてのものに対する，衛生的な保管・管理機能，乾燥状態・換気，温湿度管理，製造仕掛品・製品などと生ものの隔離，汚染防止，品質劣化防止，洗浄・殺菌薬剤，ハザード薬剤などからの隔離とセキュリティー ・食品安全マネジメントシステムのなかで文書化すること。 ・食材，包装材料，化学薬品の管理については，衛生的な保管・管理機能，乾燥状態・換気，温湿度管理，製造仕掛品・製品などと生ものの隔離，汚染防止，品質劣化防止，洗浄・殺菌薬剤，ハザード薬剤などからの隔離とセキュリティー ・食品安全マネジメントシステムのなかで文書化し，管理している。（食材受け入れ・保管管理手順，副資材管理手順，化学薬剤管理手順など）

NO	要求事項	解説・実施例
6章	6　ユーティリティ	
6.1	**6.1　一般要求事項** 　加工及び保管区域周辺へのユーティリティの備蓄及び供給ルートは，製品汚染のリスクを最小にするように設計されなければならない。ユーティリティの質は，製品汚染のリスクを最小にするために監視されなければならない。	・供給・分配ルートは，食品に対するリスクを最小限にする設計思想であること。 【参考資料等】食品等事業者が実施すべき管理運営基準に関する指針（ガイドライン）について」に準拠し管理している。（厚生労働省医薬食品局食品安全部長　食安発0425第3号）
6.2	**6.2　水の供給** ・飲用に適する水は，製造工程の需要を満たすように十分でなければならない。水の備蓄，供給，及び必要であれば温度調節のための設備は，特定された水質条件を満たすように設計されなければならない。 ・氷，又は蒸気（厨房の蒸気を含む）を含む，製品の材料として使用される水，又は製品，又は製品面として使われる水は，製品に関連して特定の品質及び微生物学的な要求事項を満たさなければならない。 ・清掃・洗浄用水，又は間接的な製品接触（例えば，ジャケット付き容器，熱交換機）のリスクがある場合に適用して使われる水は，特定の品質及び適用に関連する微生物学的な要求事項を満たさなければならない。 ・給水が塩素で処理される場合は，使用の時点で残留塩素レベルが関連する仕様書の基準内であることを確実にするために，点検しなければならない。 ・飲用不適の水は表示され，飲用水の供給システムに結合されない独立の供給システムをもたなければならない。 ・飲用不適の水が飲用水の供給システムに逆流しないよう措置しなければならない。 ・製品と接触する水は，消毒できるパイプを経由して送水することが望ましい。	・飲用水，温水，水質管理，微生物管理，氷，料理用水，食品と直接接触しない水（ジャケット，熱交換機用） ・残存塩素の管理，非飲用水の管理（飲用水への汚染防止策） ・使用水管理手順を策定し，直接食品と接触する水及び冷却，洗浄などを識別し，その管理を明確にしている。 ・水道法（厚生労働省）
6.3	**6.3　ボイラー薬剤** 　使用する場合は，ボイラー用化学薬剤は以下のいずれかでなければならない。 　a）関連する付加的な仕様を満たす，許可さ	・ボイラーで使用している薬剤の管理については，MSDSを入手し，直接担当者及びFSTが管理を確実

NO	要求事項	解説・実施例
6.3	れた食品添加物 ｂ）人間の消費を目的とする水で使用するために安全であると，関連する規則当局が許可した添加物 　ボイラー用化学薬剤は，直ちに使用するとき以外，別の安全な（鍵が掛かるか，アクセスが管理された）区域に保管されなければならない。	にしている。 ・食品適用の管理（食品添加物承認），飲用適の管理，その他薬剤の保管場所の管理が適切であること
6.4	**6.4　空気の質及び換気** ・組織は，材料，又は製品に直接接触して使用される空気の，濾過，湿度（RH%）及び微生物学の要求事項を確立しなければならない。温度及び／又は湿度が，組織によって重要であると考えられる場合は，管理システムが実施され，さらに監視されなければならない。 ・換気（自然な，又は機械的な）は，過剰な，又は不要な蒸気，埃及びにおいを取り除き，並びに湿式洗浄後の乾燥を促すように提供されなければならない。 ・室内空気供給の質は，空中微生物からの汚染のリスクを最小にするために，管理されなければならない。 ・空気の質のモニタリング及び管理のための手順が，微生物の発育，又は生存しやすい製品が暴露される区域において確立されなければならない。 ・換気システムは，空気が汚染されたり，又は原材料区域から清浄区域に流れないように，設計され，構築されなければならない。 ・特定の空気圧差は維持されなければならない。清掃・洗浄，フィルター交換及びアクセスしやすいシステムでなければならない。 ・外気の取り込み口は，物理的な完全性を定期的に調べなければならない。	・食材や製品との直接接触の場合に対する濾過 ・温湿度管理の重要性，微生物管理 ・換気の重要性，供給空気の質（空気による微生物汚染） ・要求される作業場所による管理 ・製品に残存する一般生菌数との関係 ・換気空気の交差汚染管理 ・陽圧の管理 ・適切かつ総合的な空気の品質管理とメンテナンス手順の確立，維持が適切になされていること
6.5	**6.5　圧縮空気及び他のガス類** ・製造に用いる，又は充填される，圧縮空気，二酸化炭素，窒素及び他のガス類のシステムは，汚染を防止するように造られ，及び保守されなければならない。 ・直接，又は偶発的に製品に接触するガス類（搬送，送風，又は材料，製品，又は装置の乾燥に用いることを含む）は，食品に接触す	・コンプレッサーエアーや炭酸ガス，窒素ガスなどの管理 ・食品汚染，装置，設備汚染，ダスト除去，オイルフリー，水除去，使用オイルの食品グレード使用，オイルフリーコンプレッサーの使用

NO	要求事項	解説・実施例
6.5	る使用が許可され，埃，油及び水が取り除かれている供給源でなければならない。 ・コンプレッサーに油が使用され，そのコンプレッサーからの空気が直接製品に接触する潜在的な可能性のある場合は，使用する油は食品用グレードでなければならない。 ・油のない圧縮機の使用が推奨される。 ・濾過，湿度 (RH%) 及び生物学的要件は特定されなければならない。 ・空気の濾過は，実際に使用するポイントに近いところで行なうことが望ましい。	・濾過，湿度管理，微生物管理，コンプレッサーの空気濾過は身近に管理できる場所であること。 ・直接食品と接触するエアーの品質管理については，施設担当者が管理し，その妥当性について，品質管理課及び FST も定期的に検証し記録している。 ・その他の潤滑油等薬剤についても，同様な管理を実施し，定期的に，FST も検証し，記録している。
6.6	**6.6　照明** ・照明 (自然光又は人口照明) は，要員が衛生的に作業することを提供しなければならない。 ・照明の明るさは，作業の性質に相応しいものが望ましい。 ・照明設備は破損の際に，材料，製品，又は装置を汚染しないことを確実にするため，保護されていなければならない。	・施設内の照度については，下記基準に準拠し，定期的にチェックし，記録を維持している。 ・飛散防止対策も確実にし，記録を維持している。 ・通常作業 330 ルクス以上 (作業面 100 ルクス以上) ・冷蔵庫：110 ルクス以上 ・下処理，調理，加工：330 ルクス以上 (作業面 150 ルクス以上) ・包装作業：500 ルクス以上 (作業面 150 ルクス以上) ・選別，検品作業：700 ルクス以上 (作業面 300 ルクス以上) ・モニタリング (CCP)：540 ルクス以上 (測定面 300 ルクス以上)
7章	**7　廃棄物処理**	
7.1	**7.1　一般要求事項** 　システムは，廃棄物が，製品，又は製造区域の汚染を防止する方法で，識別され，集められ，除去され，そして処分されることを確実に実施できるようにしておかなければならない。	・廃棄物の管理については，「食品等事業者が実施すべき管理運営基準に関する指針」に準拠し，チェックリストによって実施する。 ・食品安全衛生管理プログラム：排水及び廃棄物の衛生管理・記録名(産業廃棄物報告書・廃棄物マニフェスト) ・廃棄物の処理及び清掃に関する法律 (廃掃法) に準拠 ・製品汚染及び作業場所の汚染防止対策としての廃棄物処理システムが確立されていること。

NO	要求事項	解説・実施例
7.2	**7.2 廃棄物及び食用に適さない，又は危険な物質の容器** 　廃棄物及び食用に適さない，又は危険な物質の容器は次のようでなければならない。 a）意図した目的に従い明確に識別されている。 b）指定された区域内に配置されている。 c）容易に清浄化及び衛生化できる不浸透性の材質で作られている。 d）直ちに使用しない場合は密閉されている。 e）廃棄物が製品に対しリスクとなる可能性の場合は施錠されている。	・化学物質の廃棄手順 ・廃棄物の管理については，「食品等事業者が実施すべき管理運営基準に関する指針」に準拠し，チェックリストによって実施する。
7.3	**7.3 廃棄物管理及び撤去** ・廃棄物の隔離，保管及び撤去について，対策を講じなければならない。 ・廃棄物の堆積が，食品を取り扱う区域，又は保管区域で容認されてはならない。 ・撤去頻度は，堆積を防ぐため，最小限毎日管理されなければならない。 ・廃棄することを表示した原材料，製品又は印刷済み容器包装は，変形されるか，又は商標の再利用ができないことを確実にするために破壊されなければならない。 ・抹消と破壊は，承認された処分の契約者によって行われなければならない。 ・組織は破壊の記録を保持しなければならない。	・一般的衛生管理プログラム（HACCP管理実用マニュアル） ・食品安全衛生管理プログラム ・排水及び廃棄物の衛生管理記録名（廃棄物マニフェスト・契約書） ・廃棄物の管理については，「食品等事業者が実施すべき管理運営基準に関する指針」に準拠し，チェックリストによって実施する。 ・以下の事項が確実に実施されていること。 ① 廃棄物取扱いに関する手順の確立 ② 廃棄物の蓄積禁止と適切な除去手順 ③ 不適合品を含めた廃棄物の記録管理 ④ 廃棄物処理契約者の管理
7.4	**7.4 排水管及び排水** ・排水管は，材料，又は製品の汚染のリスクが避けられるように，設計され，造られ，配置されなければならない。 ・排水管には，予測される流量を処理できる十分な能力がなければならない。 ・排水管は，加工ラインの上を通過してはならない。 ・排水方向は，汚染区域から清浄区域に流れてはならない。	・食品安全衛生管理プログラム ・排水及び廃棄物の衛生管理記録名（排水作業報告書・排水分析所）配置図 ・適切な処理施設の立地条件 ・施設の適切な処理能力の設定 ・適切な排水路の設置とその管理

NO	要求事項	解説・実施例
8章	\[8 \] 装置の適切性，清掃・殺菌及び保守	
8.1	**8.1 一般要求事項** ・食品に接触する装置は，清掃・洗浄，消毒及び保守が容易にできるように設計され，造られなければならない。 ・接触面は，意図した製品，又は清掃・洗浄システムに，影響を及ぼさないか，又は影響を受けてはならない。 ・食品に接触する装置は，繰り返される清掃・洗浄に耐えることのできる耐久性のある材質の構造でなければならない。	・装置の管理については，「食品等事業者が実施すべき管理運営基準に関する指針」及び衛生管理プログラム（HACCP）に準拠し，チェックリストによって実施する。 【参考資料等】食品等事業者が実施すべき管理運営基準に関する指針（ガイドライン）について（厚生労働省医薬食品局食品安全部長　食安発0425 第 3 号） ・食品と接触する設備は，洗浄・消毒・殺菌及びメンテナンスが容易，接触する表面は，食品及び洗浄手順に影響されず，耐久性がある材質であること。
8.2	**8.2 衛生的な設計** ・装置は，次を含む衛生的な設計の原則に適合しなければならない。 a）滑らかで，アクセスしやすく，清掃・洗浄が可能な表面で，ウェットな加工区域では自然に流れる。 b）意図した製品並びに清掃・洗浄，又は流路の洗浄剤（flushing agent）と両立する材料を使用する。 c）穴，又はナット及びボルトによって貫通していない骨組みである。 ・配管（パイプ及びダクト）は，清掃・洗浄が可能で，排水でき，かつ盲管はあってはならない。 ・装置の操作者の手と製品との接触を最小にするように設計されなければならない。	・装置の管理については，「食品等事業者が実施すべき管理運営基準に関する指針」及び衛生管理プログラム（HACCP）に準拠し，チェックリストによって実施する。 ・ウェットエリアでは，平滑，利用しやすい，床は，清掃が容易な表面，自然排出側溝。 ・意図した製品，清掃，洗浄剤などとの互換性がある。 ・ネジ穴，ボルト穴などへの浸透防止構造である。 ・パイプ配管，ダクト設置などは，デッドスペースがなく，排出しやすく，清潔が維持できること。 ・装置は，製品と作業者の手との接触を最小限に設計されていること。
8.3	**8.3 製品接触表面** ・製品接触面は，食品に使用するために設計された材質で造られていなければならない。 ・それらは，不浸透性で，錆，又は腐食しないものでなければならない	・製品接触表面は，食品使用機材使用設計であること。 ・それらは，浸透しない，さびない，腐食しないものであること。 ・装置の管理については，「食品等事業者が実施すべき管理運営基準に

NO	要求事項	解説・実施例
8.3		関する指針」及び衛生管理プログラム（ＨＡＣＣＰ）に準拠し，チェックリストによって実施する。
8.4	8.4　温度管理及びモニタリング装置 ・製品特質に応じて，加熱工程装置は，温度変化や保温状態を維持できること。 ・装置は，モニタリングや温度管理ができること。	・HACCP プランによって管理している。
8.5	8.5　施設・設備，機器類の洗浄 ・すべての清掃装置，用具，機器などは，定めた頻度で，常に清潔であることを確実にするために，ウェット及びドライ清掃プログラムはそれぞれ文書化すること。 ・プログラムは，排出を含めて，責任の明記，CIP／COP の方法，専用掃除道具類，排出除去及び分解手順，清掃の有効性を検証する方法などを明確にすること。	・清掃管理プログラムチェックリストによる管理を実施している。 ・CIP／COP 洗浄・殺菌プログラムチェックリストにより記録を維持する。
8.6	8.6　予防及び改良メンテナンス ・予防メンテナンスプログラムは，実施し，維持すること。 ・予防メンテナンスプログラムは，食品安全危害を管理しモニタリングするためのすべての装置に維持すること。 ・装置類には，すべてのフィルター，マグネット，金属探知器，X-線検出器などを含むこと。 ・予防メンテナンスは，近接ラインや装置について，製品を汚染しない状態で実施すること。 ・メンテナンス作業は，製品安全を最優先させて実施すること。 ・一時的な作業が食品安全を脅かしてはならない。 ・恒久的な入れ替え作業は，メンテナンス計画によって実施すること。 ・潤滑オイルや熱媒流体は，製品との直接，間接的接触を問わず，食品グレードであること。 ・装置を取り外して，製造ラインに再セットする場合は，工程衛生手順や使用前点検手順を特定し洗浄・殺菌を実施すること。 ・特定場所の PRP 要求事項は，製造現場でのメンテナンス場所や作業に適用すること。	・「機器管理メンテナンスプログラム」による管理と記録の維持 ・「従事者教育・訓練計画，評価表」による力量評価の維持

NO	要求事項	解説・実施例
8.6	・メンテナンス要員は，その作業と製品ハザードとの関係について，訓練されていること。	
9章	9　購入資材の管理	
9.1	**9.1　一般要求事項** ・食品安全に影響を与える包装材料は，その供給者が特定要求事項に対応できる能力を持っていること。 ・特定の包装材料の受け入れは，検証されなければならない。	【参考資料等】食品等事業者が実施すべき管理運営基準に関する指針（ガイドライン）について（厚生労働省医薬食品局食品安全部長　食安発0425第3号）
9.2	**9.2　供給者の選定と管理** ・供給者の選定，承認，モニタリングなどに対しては，そのプロセスを明確にすること。（管理手順の設定） ・そのプロセスは，ハザード評価や最終製品に対する可能性のある危害を含めて，適切であること。 ・供給者の能力評価は，品質，食品安全予測，要求事項及び明細仕様書などに対応できる。 ・供給者の評価要件事例 a）審査事項が，製造に対する資材の受け入れに優先する。 b）第三者認証に適切である。 c）継続的な承認状態を確実にするための供給者に対するパフォーマンスのモニタリング 注記1：モニタリングは，材料組成，製造スペック及び満足できる監査結果などを含む。 注記2：物資輸送中の食品安全に係る管理 注記3：特定要求事項の検証のために受け入れ検査等による適合性確認 注記4：適合しない物資については，文書化された手順に従って処置すること	・アウトソース管理プログラム ・供給者評価手順及び評価表（包装材料供給者，同配送業者）
9.3	**9.3　受け入れ資材の要求事項** 　　　　（生もの／食材料／容器） 　配送車は，物を下ろす前に，その物の安全性や品質が維持されていることを検証するためのチェックをしなければならない（例えば，シールが損傷していないか，荒らされていないか，温度記録はあるかなど）。 注記1：物資輸送中の食品安全に係る管理 注記2：特定要求事項の検証のために受け入	・原材料受け入れ管理手順及び受け入れ検査記録の維持 ・物量管理手順，不適合管理手順 ・原材料受け入れ検査手順・記録

NO	要求事項	解説・実施例
9.3	れ検査等による適合性確認 注記3：適合しない物資については，文書化された手順に従って処置すること ・物質は，受け入れ及び使用に先駆けて，検査，チェックすること。 ・検証手順は，文書化しておくこと。 ・検査の頻度と範囲は，供給者のリスク評価や物質の現実化した危害などに基づけばよい。 ・それぞれの使用基準に適合しない物質は，意図しない使用から防ぐことを確実にすることのできる文書化した手順に従って処置すること。 ・バルク品の受け入れ場所は，蓋やロックを確実にすること。 ・バルク品の受け入れは，受入れ検証し，承認されてから入れること。	
10章	10　交差汚染の予防対策	
10.1	10.1　一般要求事項 ・汚染の管理，防止，排除のためには，計画が必要である。 ・物理的，アレルゲン，及び微生物的な汚染対策が含まれる。	【参考資料等】食品等事業者が実施すべき管理運営基準に関する指針（ガイドライン）について（厚生労働省医薬食品局食品安全部長　食安発0425第3号） ・食品安全衛生管理プログラム ・アレルゲンの管理，記録名（配置図）
10.2	10.2　微生物学的交差汚染 ・微生物的交差汚染の可能性のある（空中，輸送）については，ゾーニングを明確にすること。 ・汚染源，影響を受けやすい製品の可能性を特定，それぞれの作業場所の適切な管理手段など，ハザード分析を実施すること。 a）食物製品（すぐに食べられる食品：ready to eat；RET）と生ものとの分離 b）構造的な分離（物理的なバリアー／壁／建築） c）要求事項による作業別作業着の着替え d）移動の経路―設備の隔離（人，物，装置，道具） e）エアーシャワー	・建物内で区分されている。 ・配置図・危害分析ワークシート ・食品安全衛生管理プログラム ・従事者の手指，作業服，機械器具から食品への汚染防止 ・作業前衛生管理及び支給品の管理点検表 ・記録名，配置図 ・管理手順書類

NO	要求事項	解説・実施例
10.3	**10.3　アレルゲンの管理** ・アレルゲンの製品での存在や開発計画，製造時の接触汚染の可能性などは，明らかにしなければならない。 ・この公表は，最終製品へのラベル表示，付属文書への表示（再処置の可能性のある製品に対する） ・製品は，製造ラインの切り替え，製品の配置など清掃によって，予期しないアレルゲンの直接汚染を防止しなければならない。 ・製造によるアレルゲン汚染は他にも考えられる。 a）技術的な限度に起因する清掃不足によって，前の製造からの微量の製品の混入により汚染 b）通常の製造ラインにおいて，別のラインや同じライン，隣接した製造エリアで製造された製品や原材料と接触することによる汚染 　アレルゲンを含む手直し作業は， a）製品設計上同じアレルゲン物質を含む製品にのみ使用する。 b）アレルゲン物質が除去又は消滅することが実証できるプロセスラインを使用する。	・食物アレルギー対策ガイドブック（東京都） ・食品安全衛生管理プログラムによるアレルゲンの管理 ・充填工程管理手順，記録名製品分析報告書 ・特定原材料（7項目）：2008年6月 ・特定原材料に準ずるもの（18項目） ・アレルギー食品の免疫学的手法による検知法 　① 酵素抗原体法（ELISA法） 　② ウエスタン・ブロット法 　③ イムノクロマト法（ラテラルフロー法） ・アレルギー食品由来のDNAや遺伝子を検知する法：PCR法 ・厚生労働省（消費者庁）通知検知法 ・充填工程管理手順，記録名（現品の処理に関する記録） ・アレルゲン教育訓練実施及び記録
10.4	**10.4　物理的物質による汚染** ・ガラスや割れやすい物を使用するところでは，定期的な検査手順や明確な破損時の取扱い手順が必要である。 ・ガラスや割れやすい物（装置に使用されている，硬質プラスチック素材など）は，可能な限り避けること。 ・ガラス破損記録は，維持すること。 　ハザード評価に基づき，汚染の可能性の除去や管理方法を確立すること。 a）十分なカバーやコンテナによる製品等の保護 b）スクリーン，フィルター，マグネット，篩，などの使用 c）金属探知器，X-ray　などの使用 　それ以外のあらゆる混入異物の管理	・食品安全衛生管理プログラム（ガラス製品の管理記録名，不適合品記録書，機械器具施設の清掃点検記録） ・各工程手順，CCPプラン等によるモニタリング管理 ・食品安全衛生管理プログラム（ガラス製品の管理記録名，不適合品記録書，機械器具施設の清掃点検記録） ・各工程手順，CCPプラン等によるモニタリング管理 ・食品安全衛生管理プログラム（ガラス製品の管理記録名，不適合品記録書，機械器具施設の清掃点検記録） ・各工程手順，CCPプラン等によるモニタリング管理

NO	要求事項	解説・実施例
11章	11　清掃・洗浄及び殺菌・消毒	
11.1	11.1　一般要求事項 ・洗浄・殺菌プログラムは，食品製造設備や環境が衛生的な状態を維持するために，プログラムを設定すること。 ・プログラムは，継続的な適切性及び有効性をモニタリングするものであること。	【参考資料等】食品等事業者が実施すべき管理運営基準に関する指針（ガイドライン）について（厚生労働省医薬食品局食品安全部長　食安発0425第3号）
11.2	11.2　洗浄・殺菌薬剤と道具類 ・設備と環境は，設備がウェット方式，ドライ方式殺菌に適した状態で維持すること。 ・清掃・殺菌剤，化学薬品は，食品グレード，隔離保存などをそれぞれ明確に識別し，工場責任者の指示によってのみ使用すること。 ・道具や設備は，衛生的仕様であり，外部からの異物の混入のない状態で維持すること。	・洗浄・殺菌プログラムによる管理 ・記録の維持（責任者，実施計画，実施場所，実施手順，化学薬剤使用・管理基準，温度，仕様手順）
11.3	11.3　清掃・洗浄及び殺菌・消毒プログラム 　清掃・洗浄及び殺菌・消毒プログラムは，すべての設備のすべてのパーツが，明確なスケジュールによって，いつ清潔・殺菌状態にしたのかを確立し，組織によって検証されていること。 　清掃・洗浄及び殺菌・消毒プログラムは，最小限次を特定しておくこと。 a）範囲，設備のアイテム，洗浄‐殺菌した器具類 b）特定した作業に対する責任 c）洗浄‐殺菌方法と頻度 d）モニタリングと検証手順 e）スポット清潔検査 f）始業前検査	・洗浄・殺菌プログラムによる管理，記録の維持（責任者，実施計画，実施場所，実施手順，化学薬剤使用・管理基準，温度，仕様手順） ・一般的衛生管理プログラム
11.4	11.4　CIPシステム (Cleaning in place) ・CIPシステムは，稼働生産ラインと識別すること。 ・CIPシステムのパラメータは，明確にし，モニターすること（形式，濃度，接触時間，使用化学薬剤の温度などを含むこと）。	・CIP作業手順書などによる管理 ・実施記録の管理
11.5	11.5　清掃・洗浄及び殺菌・消毒の有効性のモニタリング ・清掃・洗浄及び殺菌・消毒プログラムは，組織によって，継続的な適切性やその効果を適宜モニタリングしなければならない。	・洗浄，殺菌プログラムにより実施及び記録の管理

NO	要求事項	解説・実施例
12章	12　有害生物の防御	
12.1	**12.1　一般要求事項** 　洗浄，殺菌，購入物受け入れ検査に関するモニタリング手順は，有害生物防御活動によって良い環境を作る目的のため実行すること。	【参考資料等】食品等事業者が実施すべき管理運営基準に関する指針（ガイドライン）について（厚生労働省医薬食品局食品安全部長　食安発0425第3号） ・チェックリストの作成・記録
12.2	**12.2　有害生物防御プログラム** ・施設は，有害生物防御管理活動のため専任者を指名するか，または外部専門者と契約する場合，責任者を任命すること。	・一般的衛生管理プログラムによる実施及び記録の管理
12.3	**12.3　侵入の防御** ・工場建物は，よく点検修理されていること。 ・穴の空いた箇所，排水経路，その他害獣の侵入の箇所はシールすること。 ・ドア，窓，空気排出口などは，最小限害獣侵入設計であること。	・一般的衛生管理プログラムによる実施及び記録の管理
12.4	**12.4　有害生物の隠れ場所と繁殖** 　　　　（Harborage　and　infestation） ・保管場所は，有害生物に対して，食物や水の利用を可能な限り最小現に抑えた設計であること。 ・有害生物の繁殖が見つかった物は，その他の物質や，製品もしくは，設備などの汚染を防ぐように処置すること。 ・有害生物の隠れ場所の可能性（穴の空いている箇所，やぶ，貯蔵品）は，取り除くこと。 ・外のスペースが貯蔵などに使用されている場合，天候や有害生物の被害を避けること（鳥の糞など）。	【参考資料等】食品等事業者が実施すべき管理運営基準に関する指針（ガイドライン）について（厚生労働省医薬食品局食品安全部長　食安発0425第3号） ・チェックリストの作成・記録
12.5	**12.5　モニタリングと検知** ・有害生物のモニタリングプログラムは，害獣防御活動での探知器及び罠などの設置場所などを明確にすることも含むこと。 ・探知器や罠の設置図は，維持すること。 ・探知器や罠などの設計仕様は，製品や装置などの汚染を防止できるものであること。 ・探知器や罠などは，丈夫で，かいざんできない構造であること。 ・探知器や罠は，目的とする害獣に適切であること。	・鼠族，昆虫管理規程 ・チェックリストの作成・記録

NO	要求事項	解説・実施例
12.5	・探知器や罠は，新たな害獣防御活動の目的で適宜検査しなければならない。 ・その検査結果は，その傾向を特定するために，分析すること。	
12.6	**12.6　駆除 (Eradication)** ・根絶対策は，有害生物の侵入報告の後，すぐに実施しなければならない。 ・殺虫剤の使用は，訓練された要員に制限すること。 ・製品安全危害の防止のため，管理しなければならない。 ・殺虫剤の使用記録は，維持され，そのタイプ，品質，使用濃度，どこで，いつ，どのような仕様で，どの害獣の目的などをすべて把握しなければならない。	・チェックリストの作成・記録
13章	**13　要員の衛生及び従業員用施設**	
13.1	**13.1　一般要求事項** ・製造現場や製品対応した危害に対する要員の衛生管理及び行動について設定し，文書化すること。 ・すべての要員，訪問者及び請負人は，すべて文書化された規定事項に従うこと。	・一般的衛生管理プログラム ・食品安全衛生管理プログラム 【参考資料等】食品等事業者が実施すべき管理運営基準に関する指針（ガイドライン）について（厚生労働省医薬食品局食品安全部長　食安発0425第3号）
13.2	**13.2　要員の衛生施設及びトイレ** ・要員の衛生施設は，組織によって要求される要員の衛生レベルを確実にし，維持管理すること。 ・施設は，衛生的要求事項が管理できる位置に設置され，正確に設計されること。 ・要員の衛生施設は下記を満足すること。 a）施設は，適切な数，場所，衛生的な手洗い，乾燥，手指の洗浄（ブラシ，温水など）が要求される。 b）手洗いのシンクは，食品のそれと分離され，清潔な状態を維持すること。蛇口は容易に操作できること。 c）トイレは，十分な数と適切なサニタリー設計で，それぞれに乾燥できて衛生的であること。 d）従業者の衛生施設は，直接製品や包装や保存場所へアクセスできないこと。	・従業員管理規程 ・一般的衛生管理プログラム ・食品安全衛生管理プログラム

NO	要求事項	解説・実施例
13.2	e) 要員のための十分な更衣室があること。 f) 食品製品取扱作業員の作業服の衛生管理は, 清潔さに対するリスクを最小限にすることによって, 製造エリアに入室できる場所に配置すること。	
13.3	13.3　社員食堂と飲食場所の指定 ・社員食堂や食品保存場所などは, 製品の交差汚染を最小限に考慮した設計であること。 ・衛生的な食材の保管, 準備, 調理など衛生的な取扱いであること。 ・保管条件や調理, 温度保持, 時間制限などは, 特定すること。 ・従事者の個人的な食べものは, 所定の場所以外では保管及び消費しないこと。	・従業員管理規程 ・保管条件や調理, 温度保持, 時間制限などは, 特定すること。
13.4	13.4　作業着と保護着 ・従事者は, 出入り, むき出しの製品, 原料資材の取扱いなどの作業目的に適合した作業着 (破れ, 引き裂き傷などのない) を着用しなければならない。 ・食品保護又は衛生目的での使用が定められている作業着は, 目的以外には使用しないこと。 ・作業着は, ボタンがないこと。 ・作業着は, 腰より上に外部ポケットを付けないこと。 ・作業着は, 定期的に洗濯し, その使用目的に適合した衛生状態を維持していること。 ・作業着は, 毛髪, 汗などが製品を汚染しないように覆うこと。 ・製品と接触する手袋は, 清潔で良好な状態が維持されていること。 ・ゴム手袋は避けること。 ・製造エリアで使用する靴は, 足を完全に覆い, 給水性のないこと。 ・個人用保護具が必要な場合は, 製品の汚染を防止する仕様になっていること。	・従業員管理規程 ・一般的衛生管理プログラム ・食品安全衛生管理プログラム
13.5	13.5　健康状態 ・食品に接触する作業要員は, 文書化されたハザード分析もしくは医学的評価が別の方法で示されない限り, 雇用の前に, 医学的検査を実施すること (サイトへの食堂調理要員を含む)。	・一般的衛生管理プログラム ・食品安全衛生管理プログラム ・中途採用, 派遣の雇用時の実施方法要検討 ・従業員管理規程

NO	要求事項	解説・実施例
13.5	・さらに加えて，組織は，定期的健康診断を実施すること。	・定期健康診断
13.6	13.6　疾病及び傷害 　従事者は，下記の症状時の上司への報告を義務づけ，食品接触業務からの交代が要求される。 　jaundice（黄だん），diarrhoea（下痢），vomiting（嘔吐），fever（発熱），sore throat with fever（発熱を伴う喉の痛み），lesion（傷），眼，鼻，耳などからの流れ ・疑わしいと思う，感染する，うつすなどの可能性のある従事者は，食品及び食材への接触を防ぐこと。外傷，やけどなどの従事者は，それらをカバーするために，特定包帯などの使用など衛生的な状態を維持すること。 　QC工程図・・・QC工程表・・・ ・それらの衛生用品を紛失した場合は，直ちに上司に報告すること。 ・色は，明るい色で，着用に際し金属検出機で検出されるものが望ましい。	・従業員管理規程 ・作業前衛生管理及び支給品の管理点検表 ・食品安全衛生管理プログラム
13.7	13.7　要員の清潔さ ・食品製造現場での従事者は，以下の手洗いや場合によっては，殺菌・消毒すること。 a）食品を取り扱う前 b）トイレ，鼻をかんだ後は直ちに c）可能性ある汚染物を扱った場合は直ちに ・従事者は，食材に直面して，くしゃみ，咳などの行為は差し控えること。 ・つばを吐く行為（せきなどで吐く）は禁ずること。 ・指のつめは短く，清潔に切っていること。	・従業員管理規程 ・食品安全衛生管理プログラム
13.8	13.8　従事者の行動 ・従事者に要求される行動について，製造工程，包装工程，及び貯蔵工程について文書化された方針が記述されていること。 ・その方針は，最小限下記をカバーしていること。 a）喫煙場所，食事場所，chewing（嚙みタバコ，ガム）場所 b）許可された宝石類によるハザードの最小限に抑えるための管理手順	・従業員管理規程 ・食品安全衛生管理プログラム ・従事者自己管理チェックリスト

NO	要求事項	解説・実施例
13.8	【Note】Permitted jewelleryとは，宗教に関する，民族的な，医学的な，文化的に強制のある c）個人的な品目の許容，例えば，設定された場所に限って許される，喫煙物質，薬など d）爪磨き，人工の爪，人工まつげなどの禁止 e）耳の後ろの筆記用具 f）個人ロッカーには，ゴミや汚れた布などを置いていないこと。 g）個人ロッカーには，製品と接触させる道具類や器具類は持ち込まないこと。	
14章	14　再加工	
14.1	14.1　一般要求事項 ・再加工（手直し作業）は，製品安全，品質，トレーサビリティ及び法的遵守事項（規制要求事項）などが維持される方法で，保管，取扱い，使用されなければならない。	【参考資料等】食品等事業者が実施すべき管理運営基準に関する指針（ガイドライン）について（厚生労働省医薬食品局食品安全部長　食安発0425第3号） ・再加工実施規程（検査を含む再加工処置手順書と記録の維持） ・再加工実施記録（製品名，製造月日，製造シフト，最初の製造ライン，消費期限）
14.2	14.2　保管，識別及びトレーサビリティ ・保管中の再加工（手直し作業）は，微生物的，化学的あるいは外部侵入物質などに対する暴露から保護しなければならない。 ・手直し作業の隔離する要求事項は，（例えば，アレルゲン）文書化し，実施しなければならない。 ・再加工（手直し作業）は，トレーサビリティの実施を可能にするために，ラベル表示を明確にしなければならない。 ・再加工（手直し作業）に対するトレーサビリティ記録は，維持しなければならない。 ・再加工（手直し作業）の識別もしくはその手直し作業計画に対する理由は，記録しなければならない（例えば，製品名，製造月日，製造シフト，最初の製造ライン，消費期限）。	・トレーサビリティシステム管理シート（実施記録）
14.3	14.3　再加工品（手直し作業品）の使用 ・再加工品が，工程品として製品に取り込まれ	・再加工実施規程（検査を含む再加工

NO	要求事項	解説・実施例
14.3	る場合は，許容できる量，タイプ，及び手直し作業使用の状況などを特定しておくこと。 ・そのプロセスの STEP や添加方法などは，必要な前処理工程も含めて，明確にしておくこと。 ・再加工に包装充填品からの製品を取り出す作業が含まれる場合，その除去や包装材料の混入，及び外部からの異物混入による汚染等を避けるためにその管理を確実にしなければならない。	処置手順書と記録の維持） ・再加工実施記録（製品名，製造月日，製造シフト，最初の製造ライン，消費期限）
15 章	15　製品回収／リコール手順	
15.1	15.1　一般要求事項 　要求した食品安全規格にそぐわない製品は，明確にし，原因などを特定し，サプライチェーンのすべてに関係事項を提出することなどシステムとして確実なものであること。	【参考資料等】食品等事業者が実施すべき管理運営基準に関する指針（ガイドライン）について厚生労働省医薬食品局食品安全部長　食安発 0425 第 3 号）
15.2	15.2　製品回収要求事項 ・リコールが発生した場合の，主要連絡先のリストは，維持すること。 ・製品が，急性の健康障害を引き起こす可能性の場合は，同じ条件で製造した他の製品についても，その安全性を評価しなければならない。 ・公への公表・警告については，考慮しなければならない。	・緊急事態・製品回収手順書及び記録の維持
16 章	16　倉庫保管業	
16.1	16.1　一般要求事項 ・食品資材類及び製品は，清潔に，乾燥状態で，良い換気の場所で，埃，結露，煙，臭気，その他汚染源などのない条件で，保管すること。	【参考資料等】食品等事業者が実施すべき管理運営基準に関する指針（ガイドライン）について（厚生労働省医薬食品局食品安全部長　食安発 0425 第 3 号）
16.2	16.2　倉庫保管要求事項 ・倉庫業の温度管理，湿度管理，その他の環境状態などの効果的な管理は，製品要求事項や保存特性を規定しなければならない。 ・製品を保存する場合，その下積製品の保護に関する取扱いについて考慮することを推奨する。 ・廃棄物や化学薬剤（洗剤，潤滑油，殺虫剤）	・食品安全衛生管理プログラム ・原材料管理規程 ・製品保管，出荷作業管理規程

NO	要求事項	解説・実施例
16.2	などは，隔離して保存すること。 ・分離・隔離する場所及び不適合品であることが確実になった隔離物などは，明確にしなければならない。 ・規定された在庫管理システムは，遵守すること。 ・ガソリン仕様及びディーゼル仕様フォークリフトは，食材置場及び製品保存場所で使用しないこと。	
16.3	16.3　輸送車，運搬器具及びコンテナ (Vehicles, conveyances, containers) ・輸送車，輸送，コンテナなどは，整備され，清潔で，個々のスペックに適した状態を維持すること。 ・輸送車，輸送，コンテナは，製品の損傷や汚染を防止するものであること。 ・温度及び湿度管理は，組織の要求に応じて，適用され記録されること。 ・同じ輸送車，輸送，コンテナが，食品や不適合製品の輸送に使用される場合は，積み荷間に洗浄・殺菌しなければならない。 ・バルク輸送のコンテナは，食品専用車であること。 ・組織が要求する場合，バルク輸送のコンテナは，特定された物質に専属使用しなければならない。	・トラック荷台コンテナ内部の点検表 ・食品安全衛生管理プログラム ・品質管理手順 ・製品保管，出荷作業管理規程
17 章	17　製品情報／消費者意識	
17.1	17.1　製品情報 ・情報は，その重要性や選択性などを理解してもらうために，可能な方法で，消費者に開示すること。 ・情報は，ラベル表示以外に，ウェブサイト，広告，及び製品に適用可能な使用説明，保管，調製などを含めて明らかにできるかもしれない。	・食品衛生法，JAS 法
17.2	17.2　包装した食品のラベル表示 　この手順（行為）は，製品に対する，正しいラベルの適用を確実にするために実施すること。	・製品表示管理規程

NO	要求事項	解説・実施例
18章	18 食品防御，バイオビジランス，バイオテロ	
18.1	18.1 一般要求事項 ・それぞれの施設は，潜在的破壊活動，非文化的野蛮行為，テロなどの可能性について，製品の危害を評価・判断しなければならない。 ・あらゆるスタイルの悪意のある行為防止に適用するガイダンスとして，PAS96 を参照すること。	
18.2	18.2 アクセス管理 ・施設内の非常にデリケートなエリアは，明確にし，図示し，アクセス管理を厳重にしなければならない。 ・可能ならば，物理的に通行限定 (電子カードキー) や alternative systems. などを採用すること。	・工場内へのアクセス管理手順と入場者管理記録 (原材料供給者，運送業者等，すべての出入り者の管理)

ISO／TS22002-3 要求事項の概要と解説
(食品安全マネジメントシステムの前提条件プログラム 第3部：農業)

NO	要求事項の概要と解説
1	1 適用範囲 この ISO22002 第3部 (農業) は，衛生的な環境を維持し，フードチェーンにおける食品安全ハザードを管理するための前提条件プログラム (PRPs) ISO22000:2018, 8.2 に従って PRPs を実施しようとする農業者に適用できる。 この ISO22002 第3部 (農業) は，作物 (穀類，果実，野菜)，家畜 (畜牛，家禽，豚，魚) の生産や，それらの生産物 (乳，卵) の取り扱いに適用する。 この ISO22002 第3部 (農業) は，農業に関連する，農場内でのすべての作業に適用する (ただし，農場構内での例えば，食品加工活動などには適用できない)。 この ISO22002 第3部 (農業) は，利用者が利用する PRPs の管理のための要求事項の指針である，より詳細な設計は，その利用者に委ねられる。 (以下，主要な要求事項のみ，抜粋した)
4	4 一般要求事項 この ISO22002 第3部 (農業) を開発し，利用する組織は，ISO22000 に規定された，食品安全マネジメントシステムの要求事項の一部であることのない認識を規定。
5	5 共通の前提条件プログラム 食品は，さまざまな経路 (例えば，廃棄物，要員，水，装置など) で汚染される可能性がるので，PRPs の実施のための，次のような，手段を識別して規定している。 5.2 立地 (組織の環境汚染) 5.3 組織の構内の建設及び配置 (衛生管理及び交差汚染) 5.4 装置の適切性及び保守 (衛生的な維持管理) 5.5 要員の衛生 (組織の要員の衛生に関する教育訓練)

NO	要求事項の概要と解説
	5.6 作業動物 (農業活動のための作業動物の食品への汚染管理) 5.7 購買管理 (農場の使用するすべての資材の食品への汚染管理) 5.8 農場での保管及び輸送 (農場での保管及び輸送期間中の食品の汚染及びハザード水準の管理について，20項目以上詳細に規定している) 5.9 清掃・洗浄 (農場施設の清掃・洗浄について，食品の汚染防止の見地から詳細に規定している) 5.10 廃棄物・排泄物の管理 5.11 農場構内における有害生物の防除 5.12 安全でないと疑われる生産物の管理 (例えば，動物などによる汚染によって，安全でないと疑われる生産物の適切な運用を規定している) 5.13 外部委託された活動
6	**6　作業生産特有の前提条件プログラム** 　農業活動の全般に関するPRPsの要求事項である。 6.2 灌漑 6.3 施肥 6.4 植物保護製品 (農業活動に使用する，投与及び散布の薬剤のなどの適切な使用を規定している) 6.5 収穫及び収穫後の活動 (施肥，散布農薬，産物の品質管理など適切な収穫時期等を規定している)
7	**7　動物生産特有の前提条件プログラム** 7.1 一般 　7項は，動物生産に特化した，PRPsを規定している。 7.2 動物のための飼料と水 7.3 衛生管理 (農場外での動物の移動に係る食品汚染の防止対策，患畜の管理，死亡動物の管理，動物用医薬品の管理) 7.4 搾乳 (搾乳作業に関する要員の衛生管理を含む装置の洗浄・殺菌，保管など) 7.5 殻付き卵の採卵 (家禽の生産に伴う採卵に関するPRPsを，特に，要員の衛生，装置の清掃・洗浄・消毒などを規定している。したがって，採卵後の卵の衛生的な取り扱いであり，ファームパッカー作業場の管理などが含まれる) 7.6 とさつのための準備 (食品汚染をもたらさない正常な動物の輸送の準備を規定している) 7.7 水産動物の育成，捕獲及び取り扱い (水産養殖動物の健康管理，水温管理，捕獲の衛生的な取り扱い，養殖に係る，環境汚染物質の適切性の立証，水質・土壌分析などを規定している)

H.Brook Food Safety Company Co., LTD. 食品安全マネジメントマニュアル

Ⅰ． 会社状況

当社は，「無加熱摂食冷凍食品」を製造する企業であり，すべての消費者に，より安心・安全な製品をお届けするために，国際規格，改訂 ISO22000 を採用し，食品安全マネジメントシステムの有効的活用のために，提示した，「食品安全方針」及び「食品安全目標」の慣行を目指し，また当社の活動能力に影響を与えると思われる，フードチェーン関係事項 (利害関係者要求事項を含む) 及び組織内の課題についてすべて洗い出し，「社内外課題検討書」に明記し，毎月実施する「食品安全会議」において，その活動状況をレビューし，同会議議事録を維持する。

フードチェーン関連事項の課題

・ 輸入海産物の安定的入手 [品質問題，数量]
・ 内外野菜原料の安定的入手 [品質問題，数量]
・ 顧客への安定した供給の維持 [受注数量，安定した品質の提供]
・ その他，当社の関わる，規制要求事項等，食品安全に関する事項は，漏れなく，「社内課題検討書」に明記し，「食品安全会議」の議題とする。

組織内の課題

・ 製造能力の見直し [冷凍，冷蔵庫の能力を含む生産能力のレビュー]
・ 製造機器類のメンテナンスのレビュー [特に主要な食品安全関係機器類]
・ 作業者の確保と作業者の力量のレビュー [外国人作業者の衛生的認識の評価を含む]

(箇条 4.1)

Ⅱ． 利害関係者の特定と要求事項

　利害関係者及び該当する要求事項について，定例「食品安全会議」において，レビューし，変更事項を特定し，更新し，記録を維持する(利害関係者評価記録)。

《利害関係者及び要求事項一覧表》

	利害関係者	要求事項
1	冷凍魚類輸入商社 (原料)	数量，納期，品質 (総合仕様書)，産地の特定
2	冷凍魚類一時保管営業冷凍庫	品質維持，冷凍能力
3	冷凍魚類輸送業者	品質，衛生の取扱い
↓	↓ ——製造・販売まで多岐にわたる利害関係者あり——	↓ ——製造・販売まで多岐にわたる利害関係者要求事項あり——

(箇条 4.2)

Ⅲ． 「食品安全マネジメントシステム」適用範囲及び維持・管理

　HP に記載している，住所，敷地内において，「無加熱摂食冷凍食品」を製造し，販売しており，原材料の受け入れから製造・販売までのすべてのプロセスを，改訂国際規格「ISO22000：2018」の規定する「食品安全マネジメントシステム」に適用し，維持する。

　したがって，全社一丸となって，「食品安全マネジメントシステム」を確立し，継続的改善につなげるべく有効的活用に努力する。

(箇条 4.3，箇条 4.4)

Ⅳ． 社長によるリーダーシップ宣言と食品安全方針

　社長は，改訂 ISO22000：2018 の原則である，「リーダーシップ」を発揮し，当社の「食品安全マネジメントシステム」を理解し，継続的，有効的改善に努力する。

　社長は，「食品安全方針」を全従事者に理解させ，自身の業務と「食品安全目標」との関わりを含めて考察させ，内部コミュニケーションを密にすることを，確実にする。

食品安全方針

安心・安全な品質と技術と人格の向上に努め，
利害関係者のコミュニケーションを重視し，
食品安全目標の継続的改善に向かって，全社員一丸となって，
美味しく価値のある製品と真心のこもったサービスを提供することで，
お客様の信頼を得て，社会に貢献して参ります。

2018.2.4

H.Brook　株式会社

社長　H.O

（箇条 5.1，箇条 5.2）

Ⅴ．食品安全マネジメントシステムの役割，責任及び権限

　社長は，「食品安全マネジメントシステム」の有効的活用を維持するために，食品安全チームリーダー及び食品安全チームメンバーを指名し，規格の要求する，責任及び権限を明確にし，別紙，「食品安全組織図」及び「食品安全責任・権限表」に提示し，その運用を確実にする。

Ⅵ．当社の取り組むべき，「リスク及び機会」

　食品安全チームは，当社の直面している状況を考察し，取り組むべき「リスク及び機会」を特定し，下記の「リスク及び機会登録表」に記載し，登録した「リスク及び機会」と取り組むための，食品安全マネジメントシステムの計画を策定し，目標を確立し，目標達成のための不可欠な要件を確実にする。

《リスク及び機会登録表》

	リ　ス　ク	機　　会
1	モロッコ産輸入タコに関するリスク ⅰ．船上輸送，入庫経路での変質タコの混入 ⅱ．釣り針片の混入等異物混入 （過去 6 件発生）	ⅰ．解凍工程での厳重な官能・目視検査選別による除去　→次工程への混入防止 ⅱ．解凍後，一次処理における金属感知工程での除去　→　洗浄・スライス後の金属探知工程での除去
2	原料キャベツの入庫 ⅰ．残留農薬 ⅱ．病原微生物の汚染（O157，大腸菌，セレウス菌，大腸菌群，その他一般生菌） ⅲ．ミミズ・虫類の混入 ⅳ．一部変質葉の混入 ⅴ．輸送，冷蔵保管温度の不備による変質	ⅰ．契約農場とのコミュニケーションによる情報交換（農薬の種類及び散布時期の把握） ⅱ．一次処理～最終工程まででの洗浄・殺菌・目視工程による除去及び低減 ⅲ．一次処理工程以降の目視検査及び洗浄工程での除去 ⅳ．一次処理・目視による除去 ⅴ．契約農場及び輸送，保管の取扱い及び温度管理の監視
3 ↓	製造工程での各種リスク （加熱不足製品の混入） ↓ （冷蔵不足製品の混入） ↓	製造工程の各種監視活動 （適切な工程・温度管理） ↓ （急速冷凍工程の管理） ↓

（箇条 6.1）

Ⅶ．食品安全マネジメントシステムの目標・計画の策定

　食品安全チームが，当社の「リスク及び機会登録表」に特定した「リスク及び機会」と取り組むために，「2018 年度食品安全目標」を設定し，社長承認後，当社の全従事者に伝達し，自身の業務との関わりを理解させ，「個人目標」を策定させ，監視（モニタリング）活動を開始し，その進捗状況を，毎月の「食品安全会議」で，検証する。

＊「食品安全目標管理記録」には，ａ）実施事項，ｂ）必要な資源，ｃ）責任者，ｄ）達成期間，ｅ）結果の評価方法及び食品安全チームリーダーのコメントを記載する。

2018 年度食品安全目標

1）たこ焼きバッター液投入前のスライスタコには，異臭が，皆無であること。
2）焼き上がり直後の中心温度が，87 ℃ 以上であること。
3）急速冷凍機出口での製品表面温度が，− 18 ℃ 以下であること。
4）金属探知機のリジェクト数をゼロにすること。

＊ 食品安全マネジメントシステムの変更は，必ず，「食品安全会議」で，精査し，対処し，同議事録に関係事項を明記すること。

＊ 「個人目標シート」に記載した，目標達成状況は，朝礼などで，順次発表してもらう。

（箇条 6.2，箇条 6.3）

Ⅷ．食品安全マネジメントシステムの運用に必要な資源の必要性について，定期「食品安全会議」の議題に挙げ，論議し，決定する。

＊ 人的資源については，「食品安全方針」に宣言したごとく，当社の重要項目でもあり，力量のある要員の育成に必要な資源を提供する。
食品安全チームリーダーは，「年間教育訓練計画」を作成し，定期「食品安全会議」で，社長の承認を受けること。

（箇条 7.1.2）

＊ 食品安全チームは，食品安全マネジメントシステムに関係するインフラストラクチャーを明確にし，「年間インフラストラクチャーメンテナンス計画書」を作成し，定期「食品安全会議」で，承認を受け，担当食品安全チームメンバーが運用・管理する。
これには，「作業環境」に関する要求事項も含み，特に，職場の人的要因に関する事項は，適宜，「食品安全会議」の議題として扱う。

（箇条 7.1.3，箇条 7.1.4）

＊ 当社は，原則として，「食品安全マネジメントシステム」は，食品安全チームが一丸となって作成し，運用するが，時として，外部の策定要素の導入が必

要なときは，食品安全チームが，当社での適合性を精査し，「食品安全会議」に報告し，対応する。

（箇条 7.1.5）

＊ 当社は，有名ブランドの PB 商品を受注しているので，食品安全チームメンバーの品質管理室担当部門で，外部提供者の製品要求事項を的確に把握し，規格要求事項 a）〜e）項を確実にすべく，その適用を確実にし，外部提供者の満足度向上を目指している。

（箇条 7.1.6）

＊ 当社は，社長方針でもある，人的資源の向上を第一義に掲げ，食品安全マネジメントシステムに掛る，すべての要員の力量の向上に重点を置いた活動を展開している。

そのために，全従事者の数年後の成長の姿を描き，計画し，日常のコミュニュケーションにより，評価し，「業務別個人別力量評価表」に記載し，適宜，更新している。

「教育訓練記録」は，その目的と内容により，発行し，その有効性を評価し，対象者にも，フィードバックする手順を規定している。

（箇条 7.2，箇条 7.3）

Ⅸ．当社のコミュニケーションシステムは，内部／外部を問わず，すべて，食品安全チームが担当し，外部提供者／契約者／規制当局などコミュニケーションの発生時には，記録し，直近の「食品安全会議」に報告するルールを確実にしている。

内部コミュニケーションについても，原則として同様である。

Ⅹ．文書管理については，原則として，旧規格のシステムを踏襲し，適宜，更新する。

「文書管理規程」「文書・記録管理台帳」

（箇条 7.5）

ⅩⅠ．「リスク及び機会登録表」で決定した事項を目標に設定し，「食品安全目標管理記録」に，達成手順を明確にしたが，目標達成をより確実にするために，

目標該当プロセスについて，プロセス及びその基準を設定し，「目標達成運用
管理手順書」を作成した。

（箇条 8.1）

ⅩⅡ． PRP の決定と運用

　当社（「無加熱摂食冷凍食品」製造）の製品実現プロセスに該当する PRP につい
ては，「業界衛生管理規程」「弁当・惣菜衛生規範」「HACCP 前提条件プログラム」
及び「ISO／TS2202-1」並びに，食品安全マネジメントシステム「ハザード分析・
PRP」などの要求事項を採用し，「H・B 社総合衛生管理規程」を作成し，日常管
理には，同規程に準拠して作成した，「プロセスチェックシート」で管理している。

（箇条 8.2）

ⅩⅢ． トレーサビリティシステム

　当社は，納入原材料から消費者に渡る最終製品について，トレーサビリティ
を確実にすべく，各工程で発生する「プロセス伝票」の流れについて，「プロセス
伝票スキーム表」を作成し，関係要員が，容易に，トレーサビリティを可能にし，
その有効性については，年間 3 回（1 月，5 月，9 月）実施される内部監査での
検証項目としている。

（箇条 8.3）

ⅩⅣ． インシデント・回収プログラム

　食品安全チームリーダーは，食品安全に影響すると判断されたインシデントに
ついて，対応する手順を「インシデント・回収プログラム規程」に設定し，整然
と実施できることを確実にする。

　同規程の有効性については，食品安全チームが検証し，直近の内部監査に報告
する。

（箇条 8.4）

ⅩⅤ． ハザード分析の準備

　食品安全チームは，食品安全チームリーダーを中心として，次の事項について，
ハザード分析の準備を確実にし，「ハザード分析情報表」に集約する。

1）当社の食品安全マネジメントシステムの製品実現に掛る「リスク及び機会登録表」記載事項等，すべての食品安全ハザードに関する情報

2）規制要求事項及び原材料特性

3）最終製品（検査済み冷凍庫保管製品）に関する特性事項

4）フローダイアグラムの作成及び最終検証

5）ゾーニングに関する事項（人，物，空気の流れ及び衛生区域の特定）

ⅩⅥ．ハザード分析と評価及び管理手段の決定

＊ 食品安全チームは，ハザード分析の準備情報を基に，CODEX.の推奨する，「ハザードデシジョンツリー」を利用して，ハザード分析を実施し，評価し，その評価に基づいて，管理手段を OPRP 及び CCP に分類し，「ハザード分析・評価表」を完成させ，管理することを確実にする。

《食品安全チームが評価・決定し，承認を受けた食品安全ハザード》

食品安全ハザード	許容水準
異物混入（Ⅰ）	X-Ray による異物混入防止（テストピースによる管理水準の設定）
異物混入（Ⅱ）	金属探知機による金属異物混入防止（Fe&Sus テストピースによる管理水準の設定）
焼き上がり直後製品の中心温度の不備による残存病原微生物の残存（黄色ブドウ球菌，腸炎ビブリオ，セレウス，O157，大腸菌群，大腸菌などの残存）	中心温度の管理（87℃以上をキープ）
冷凍温度不良による，微生物類（一般生菌等）の増殖及び汚染	表面温度の管理（－18℃以下をキープ）

＊ 食品安全チームは，最終的な「HACCP／OPRP プラン」を決定する前に，管理手段及びその組み合わせの妥当性を確認し，意図した安全な最終製品を得るために，その管理手段の妥当性を確認し，「管理手段妥当性評価実施記録」に記録する。

(簡条 8.5.2)

ⅩⅦ．「HACCP／OPRP」の作成及びモニタリングシステムの確立，実施

＊ 食品安全チームは，CCP 及び OPRP を管理するために，下記要求事項を明

確にし，「HACCP／OPRP プラン管理表」を作成する。

a）食品安全ハザード，b）CCP の許容限界及び OPRP の行動基準の決定及び記載，c）モニタリング手順／5W1H の要件，d）CCP／OPRP 逸脱時の修正及び是正処置，e）責任及び権限の明確化，f）モニタリングシステム要素（モニタリングシステム要求事項／箇条 8.5.4.3，a～f 項要求事項）の決定と記録

* 食品安全チームは，PRP 及び「HACCP／OPRP プラン管理表」について，適宜，更新し，変更の場合は，必ず，「食品安全会議」に報告する。

（箇条 8.5.4 及び箇条 8.6）

ⅩⅧ． モニタリング及びモニタリング機器類の管理

* 日常のモニタリング活動は，「HACCP／OPRP プラン管理表」に定めた手順により，実施し，同「HACCP／OPRP プラン管理表」に記載し，重要記録として，維持する。
* 食品安全チームの品質管理室担当者は，モニタリング活動に使用する機器類を，定期的に，校正し，同「校正実施記録」を維持する。

（箇条 8.6 及び箇条 8.7）

ⅩⅨ． PRP 及び HACCP／OPRP プラン活動の検証と分析

* 内部監査員及び食品安全チームは，定められた時期に HACCP／OPRP プラン活動の結果を検証し，検証及び分析の結果を，直近の「食品安全会議」に，報告し，「マネジメントレビュー議事録」のインプット情報とする。

（箇条 8.8）

ⅩⅩ． 製品及びプロセスの不適合の管理

食品安全チームは，OPRP の行動基準からの逸脱及び CCP の管理限界からの逸脱については，旧規格の「改訂不適合管理規程」に準拠し，「是正処置」及び又は，「修正」を実施し，手順に従って処置し，記録を維持する（不適合製品処置記録）。

（箇条 8.9）

ⅩⅩⅠ． 安全でない可能性がある製品の取扱い及びリリースのための評価

＊ 「安全でない可能性がある製品の取扱い」及び「リリースのための評価」に対する処置手順は，「改訂不適合管理規程」に規定されている手順に従って処理し，「不適合製品処置記録」に記載し，維持する。

（箇条 8.9.4.1，箇条 8.9.4.2，箇条 8.9.4.3）

ⅩⅩⅡ． 回収・リコール

「回収・リコール」は，緊急事態とも対応させ，「インシデント・回収プログラム規程」を適用し，食品安全チーム及び内部監査によって，年1回9月に，有効性を検証し，記録する。

ⅩⅩⅢ． 食品安全マネジメントシステムのパフォーマンス評価

食品安全チームは，内部監査の実施時期の1か月前に，食品安全マネジメントシステムの総合的なパフォーマンス評価を実施し，その結果を分析し，マネジメントレビューのインプット情報として報告する。

（箇条 9.1）

ⅩⅩⅣ． 内部監査の実施

「内部監査規程」の手順に従って，年3回(1月，5月，9月)，内部監査を実施し，主任監査員は，主要結果を要約し，マネジメントレビューのインプット情報として報告する。

ⅩⅩⅤ． マネジメントレビュー

食品安全チームリーダーは，規格の要求するインプット情報を漏れなく，年2回(6月，10月)に実施する，マネジメントレビューに提供すること。

毎月実施している，「食品安全会議」が，同マネジメントレビューに相当する場合がある。

社長は，すべてのマネジメントレビュー情報を理解し，特に，アウトプットの要求事項である，改善の機会に対する方針，並びに目標の改定等について，具体的に言及し，PDCAの新規のPLANに反映させる(マネジメントレビュー議事録)。

（箇条 9.3）

ⅩⅩⅥ. 食品安全マネジメントシステムの改善

社長は，発生した不適合及び是正処置の原因追究及びその実施結果に責任を持ち，食品安全チームを中心にレビューし，その有効性を評価し，「不適合・是正処置評価記録」を発行する。

(箇条 10.1)

ⅩⅩⅦ. 食品安全マネジメントシステムの更新及び継続的改善

社長は，最終のマネジメントレビュー会議（10 月予定）の議題に，規格の要求する「食品安全マネジメントシステムの更新及び継続的改善」に関する事項を取り上げ，改善に有効な事項を，「食品安全マネジメントシステム継続的改善提案書」に取りまとめ，次のステップの計画に反映させる。

(箇条 10.2 及び箇条 10.3)

以上

附属書3　リスクに基づく考え方とリスクマネジメント
—ISO22000：2018 のさらなるバージョンアップに！

はじめに

　ISO22000 の基礎となった，QMS の「附属書」によれば，リスクに基づく考え方 (Risk Based Thinking) は，既に，従来の規格の「計画策定」「レビュー」，及び「改善」に関する要求事項にも含まれており，組織が自らの状況を理解し，計画策定の基礎として，リスクを決定するための要求事項を規定している。

　したがって，今回改定された，ISO22000：2018 では，リスクに基づく考え方を，食品安全マネジメントシステムプロセスの計画及び実施に適用することを示し，文書化した情報を規定している。

　食品安全マネジメントシステムの主たる目標の一つは，「予防ツール」への適用である。

　QMS の旧版の予防処置の概念を，リスクに基づく考え方に転換したに過ぎず，旧版よりも，プロセス，文書化した情報及び組織の責任に関する要求事項が強化されている。

　食品安全マネジメントシステム規格も，組織がリスクに基づく取り組みを計画することを規定しているが，リスクマネジメントプロセスまでは要求していないので，リスクマネジメントの採用などの選択は，組織の決定に委ねている。

　食品安全マネジメントシステムの全てのプロセスが，組織の目標を満たす能力の点から，同じレベルのリスクを示すとは限らず，また，不確かさがもたらす影響も，組織によってそれぞれ異なるために，敢えて，「リスクマネジメント」を，要求事項として採用しなかったものと思われる。

　「リスク及び機会への取り組み」の要求事項では，組織は，「リスクに基づく考え方」の適用，及びリスクを決定した証拠として，「文書化した情報」を維持するかどうかを含めて，「リスク及び機会への取り組み」に責任を負うことを強調しているに過ぎない。

　ISO22000：2018 は，ISO9001：2015 と同様に，その検討の結果，リスクマネジメントまでは求めず，リスクに基づく考え方の導入に留めたとしてい

るが，ISO22000 は，13 年ぶりのバージョンアップでもあるので，「リスクマネジメント」と「食品安全マネジメントシステム (FSMS)」との接点について考察するに，食品安全マネジメントシステムに「リスク」の考え方を導入する以上は，該当する食品企業は，「リスク」管理に，「リスクマネジメントシステム」の考え方の導入が有効であると思われる。

　特に，主力原料を海外に依存している食品企業にとっては，大改訂されたISO22000：2018 の適用を機に，「リスク及び機会」の要求事項の強化策として，「リスクマネジメント」を取り入れ，ISO22000：2018 の更なるバージョンアップシステムとして適用することを期待するものである。

4　リスクマネジメントの枠組み

　下図に示すとおり，「リスクマネジメントの枠組み」も，他の ISO と同様に，「指令及びコミットメント」をトップにして，PDCA のサイクルを回し，継続的改善

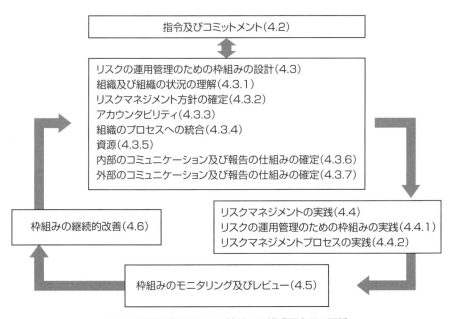

リスクの運用管理のための枠組みの構成要素間の関係

（JISQ31000:2010／日本工業標準調査会　審議）

につなげており，リスクマネジメントプロセスの適用を通じて，効果的なリスクの運用管理を支援するものであり，組織が，リスクマネジメントを組織の全体的なマネジメントシステムに統合することを意図したものである。

4.2 指令及びコミットメント

本項は，主に，経営者に対し，リスクマネジメント方針の設定とリスクマネジメントの目的を，組織の目的及び戦略と整合させることなどを，規定しているので，そのまま，組織の食品安全マネジメントシステムとの統合が可能である。

4.3 リスクの運用管理のための枠組みの設定

本項は，上図のとおり，7項の箇条で構成されており，リスクマネジメントの計画に対応するフレーズである。

4.3.1 組織及び組織の状況の理解

リスクの運用管理のための前提として，組織内外の諸状況に対する相互理解の重要性を規定している。

4.3.2 リスクマネジメント方針の確定

リスクマネジメント方針には，リスクマネジメントに関する組織の目的及びコミットメントを明確にすることが求められている。

中でも，組織の目的及び食品安全方針との関係などを規定している。

4.3.3 アカウンタビリティ

リスクの運用管理を確実にするためには，リスク管理に関するアカウンタビリティ（実施の計画及び結果に対する説明責任）を明確にすることを規定し，その責任と権限及び力量があることを確実にする要求事項である。

4.3.4 組織のプロセスへの統合

リスクマネジメントは，組織のプロセスの全てに，効果的かつ効率的に，組み込まれることが望ましいとしており，食品安全マネジメントシステムとの統合は，システムをレベルアップさせるためにも，より有効的であると思われる。

4.3.5 資　　源

ISO22000：2018と同様に，リスクマネジメントシステムを運用するための，適切な資源が要求される。例えば，人員，技能，経験及び力量，並びに，教育訓練計画などを規定している。

4.3.6・4.3.7　内部及び外部のコミュニケーションシステム 及び報告の仕組みの確定

　ISO　ISO22000：2018と同様に，リスク管理の運用管理に関して，内部及び外部のコミュニケーションシステムの重要性とその仕組み作りを規定している。

4.4　リスクマネジメントの実践

　下記，2項は，リスクマネジメントシステムの運用について，箇条5で規定している，リスクマネジメントプロセスの確実な実践を規定している。

4.4.1　リスクの運用管理のための枠組みの実践

4.4.2　リスクマネジメントプロセスの実践

4.5　枠組みのモニタリング及びレビュー

　リスクマネジメントシステムの監視・測定に該当し，定期的な測定及びレビューを要求している。

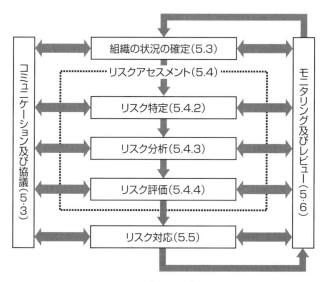

リスクマネジメントプロセス図

（JISQ31000:2010／日本工業標準調査会　審議）

4.6 枠組みの継続的改善

リスクマネジメントシステムのレビュー結果の継続的改善への考察項目である。

5 プロセス

リスクマネジメントプロセスは，一般要求事項 (箇条 5.1) を含め，6 項目で構成されており，それらが相互に連携し，サイクルが形成されている。

5.2 コミュニケーション及び協議

リスクマネジメントプロセスの全ての段階において，外部及び内部の関係者とのコミュニケーションを規定している。

5.3 組織の状況の確定

本項は，一般 (5.3.1) 他 4 項目が規定されており，「組織内外に状況の確定」(5.3.2, 5.3.3)，「リスクマネジメントプロセスの状況の確定」(5.3.4) 及び「リスク基準の決定」(5.3.5) である。

5.3.5 リスク基準の決定

リスクの重大性を評価するために使用される基準を設定することを求めている。

リスク基準とは，リスク（目的に対する不確かさの影響）の重大性を評価するための目安とする条件と定義されており，組織の価値観，目的及び資源を反映したものであることが望ましいとしている。

(注) 附属書「食品安全マネジメントマニュアル」の「リスク及び機会登録表」には，「原材料のモロッコ産輸入冷凍タコ」に関するリスクとして，次の 2 点を挙げた。

ⅰ．船上輸送，入庫経路での変質タコの混入

ⅱ．釣り針片の混入等異物混入

本項に該当する「リスクの基準」では，「生鮮品対比異臭のないこと」及び「金属異物のないこと」などが挙げられる。

5.4 リスクアセスメント

5.4.1 一　　般

　リスクアセスメントとは，リスク特定，リスク分析，及びリスク評価を網羅するプロセス全体を指すと規定している。

5.4.2 リスク特定

・ リスク源，影響を受ける領域，事象，並びにこれらの原因及び起こり得る結果を特定すること。

・ 組織の目的達成を実現，促進，妨害，阻害，加速又は遅延する場合もある事象に基づいて，「リスク総括一覧表」の作成を推奨している。

・ リスクの特定は，組織の直接の管理下にないものも含めて，その原因が波及することも考えられ，可能な限り，広範囲に特定することが望ましい。

「リスク総括一覧表」

	リスク	リスク源	影響を受ける領域	事象	原因及び結果
1	輸入冷凍タコの変質品の混入	漁労から母船での冷凍・保管から冷凍輸送等の取扱い	正常品タコへの汚染と選別・精選作業工程	国内到着までの冷凍輸送の取扱い，ほか	正常品への異臭及び病原菌の汚染
↓	↓	↓	↓	↓	↓

(附属書2　食品安全マニュアル記載参考事例)

5.4.3 リスク分析

　リスク分析は，リスクの特質を理解し，リスクレベルを決定するプロセスと定義され，リスク評価及びリスク対応に関する意思決定の基礎となる事項であり，リスクの算定を含む行為である。

　事例に挙げた，「輸入冷凍タコの変質品の混入」に対するリスク分析では，下記の事例が考えられる。

　海洋で釣り上げられたタコは，個人漁船の「船底活かし」に投入され，漁港で集荷され，一次冷蔵庫保管され，冷凍加工され，冷凍保管され，冷凍カーゴで，日本の港に入り，通関後，一次保管又は冷凍コンテナで，各企業へと配送される。

　これらの，それぞれの工程で，特定した，「輸入冷凍タコの変質品の混入」のリスクの可能性はあるが，第一に考えられるのは，タコの性質から，船底での取り残しが次の漁獲物に混入し，選別ミスにより，「凍結・包装工程」で製品化さ

れ出荷される可能性が考えられる。

しかし，リスク分析の要素は，これに限らず，カーゴ船内での冷凍機能等のアクシデントなどによる一時解凍による変質などもある。

5.4.4 リスク評価

リスク評価は，リスクの大きさが許容可能か決定するために，リスク分析の結果をリスクの基準と比較するプロセスと定義されており，リスク対応に対する意思決定の手段である。

事例の場合は，発生したリスクの程度によって，該当食品企業と輸入業者との契約内容によって処置される場合もある。

5.5 リスク対応

5.5.1 一　般

リスク対応は，リスクを修正するための管理手段の計画と実践を規定している。

リスク対応には，次のプロセスを提案している。

ⅰ．特定したリスクのアセスメント（解決すべき課題を把握すること）の実施。

ⅱ．残留リスクレベルが許容可能な範囲に入ったかどうかの判断。

ⅲ．許容できない場合に，新たなリスク対応策を策定する。

ⅳ．その対応策の有効性に関するアセスメントの実施

5.5.2 リスク対応の選択肢の選定

最適なリスク対応の選択肢の選定には，組織は，法律，規制，社会的責任，自然環境保護などの要求事項を尊重し，便益，経営的有効性その他総合的な見地から意志決定することを推奨している。

5.5.3 リスク対応計画の準備及び実践

リスク対応によって，アセスメント，対応，モニタリング，及びレビューが必要になる場合があり，リスク対応計画の目的は，前項で選定した対応選択肢の実践方法を文書化することである。

「リスク対応計画」には，次の事項の考慮を推奨している。

ⅰ．リスク対応選択肢選定の理由

ⅱ．アカウンタビリティを持つ人及び実践に責任を持つ人

ⅲ．提案された活動内容

ⅳ．モニタリングに関する要求事項（期間，日程など）

〈参考〉事例に挙げた外国産タコの品質に対するリスク対応では，例えば，モロッコの漁民が釣り上げたタコを集荷し，加工業者が買い付け，選別し，インナービニールに入れ，冷凍し，ダンボール包装し，冷凍庫に保管し，冷凍コンテナで輸送され，日本の港に着くが，リスクとなる「腐敗・変質したタコの混入」は，冷凍，包装前の検査工程での防御策が一番効果的であり，該当組織は，直接又は間接的な外部コミュニケーションにより，「官能検品強化策（頭部内の臭気確認）」を管理，運用することが効果的な方策の一つであると思われる。

5.6　モニタリング及びレビュー

モニタリング及びレビューのプロセスは，リスクマネジメントプロセスの全ての側面を網羅して，次の目的を果たすことを推奨している。

モニタリング及びレビューの結果は，記録し，リスクマネジメントの枠組みのレビューのインプットとして活用すること。

ⅰ．管理策が，効果的かつ効率的であることを確実にする。

ⅱ．リスクアセスメントを改善するための情報を入手する。

ⅲ．ニアミスを含む全ての変化を分析し，教訓を学ぶ。

ⅳ．リスク基準を含むリスク自体の変化など，外部，内部の変化を検出する。

ⅴ．新しいリスクを特定する。

5.7　リスクマネジメントプロセスの記録作成

リスクマネジメント活動は，追跡可能であることが望ましく，リスクマネジメントプロセスの記録は，プロセス全体の方法及び改善の基礎となることを，示唆している。

おわり

【改訂版】おわりに

　13 年ぶりに大改訂された ISO22000：2018 規格は，特に「リスク及び機会」への取り組みや，食品安全のための前提条件プログラム（PRPs）が考慮すべき技術仕様書 ISO／TS22002 シリーズの該当するパートの特定（例えば，食品製造企業であれば，ISO／TS22002-1：2009（食品製造），農業・畜産・水産関係企業では，ISO／TS22002-3：2011（農業））も要求事項に包含された，食品安全の最高峰規格である。

　フードチェーン関係企業は，より「安全・安心」な食品を，継続して消費者のテーブルに届けるために，本規格を決して形骸化させずに，日常業務の手足となるツールとして，フルに活用されることを切に希望する。

　本規格は，特に，トップマネジメントの指導性を強調しており，食品関係業務の全体に「リスク及び機会」を徹底して追及しながら，単に ISO の認証のみを目的とせず，実質的な本規格の適用を，堂々と，「自己宣言」をも目指した食品安全マネジメントシステムの活用が推奨される。

　最後に，読者の食品企業のさらなる「食品安全」の向上を期待するとともに，本書が少しでもお役に立てれば，このうえない幸いである。

　2020 年 6 月

食品技術士　小 川　　洋

引用・参考文献

1) 二国二郎・秦 忠夫『基礎食品化学ハンドブック』（朝倉書店）

2) 松下雪郎『食品生化学』（共立出版）

3) 土井悦四郎・林 力丸『食品工業における科学・技術の進歩』（日本食品工業学会編）

4) 林 力丸『食品への高圧利用』（さんえい出版）

　以上，筆者恩師著

5) 清水 潮『食品微生物の科学』（幸書房）

6) 「ISO 9001：2000」（JIS Q 9001：2000）（日本規格協会）

7) 「ISO 9000：2000」（JIS Q 9001：2000）（日本規格協会）

8) 「ISO 22000：2005」（日本規格協会）

9) 「ISO/FDIS 22000：2005」（日本規格協会）

10) 「ISO/CD 22000」（日本規格協会）

11) 「ISO 15161・ISO 9001：2000 の食品・飲料産業への適用に関する指針」

12) 食品産業センター編『食品製造の微生物管理マニュアル』（技報堂出版）

13) 横山理雄 他『HACCP 必須技術—殺菌からモニタリングまで』（幸書房）

14) 『HACCP：衛生管理計画の作成と実践』（中央法規）

15) 『食品の安全を創る HACCP』（日本食品衛生協会）

16) 志村 満『完全理解 ISO 9001：2000 品質マネジメントシステムの解釈』（グローバルテクノ）

17) 加藤重信『規格執筆者による解説 ISO 9001 はこう使う』（システム規格社）

18) 細川克也『品質マネジメントシステム要求事項の解釈』（日科技連）

19) 平林良人『ISO 9000 品質マニュアルの作り方』（日科技連）

20) 平林良人『ISO 9001 規格のここがわからない』（日科技連）

21) 岩本威生『ISO 9001：2000 解体新書』（日本規格協会）

22) 小野隆範『統合マネジメントシステムのつくり方』（日科技連）

23) 平林良人 他『ISO 9001：2000 移行の進め方 — 部門別チェックリスト式 QMS 構築と移行審査』（日本規格協会）

24) 『ISO 9001 実践導入マニュアル』（日本能率協会）

25) 『ISO 9001 本審査問答集』（日本能率協会）

26) 『ISO 9000：2000 監査へのプロセスアプローチ』（日本規格協会）

27) 『ISO 9000：2000 の解釈』（日本規格協会）

28) 奥村士朗『品質管理入門テキスト』（日本規格協会）

29) 熊谷 進『HACCP 管理実用マニュアル』（サイエンスフォーラム）

30）『PL 対応 食品異物混入対策辞典』（サイエンスフォーラム）

31）『食品加工技術と装置』（産業調査会事典出版センター）

32）『HACCP の評価』（日本食品衛生協会）

33）「Food Safty Management Systems」（EQAICC）

34）「危害分析及び重要管理点教育訓練カリキュラム」（大日本水産会編）

35）藤井建夫『微生物標準問題集』（幸書房）

36）好井久雄『食品微生物学ハンドブック』（技報堂出版）

37）『微生物学事典』（技報堂出版）

38）清水 潮『レトルト食品の理論と実際』（幸書房）

39）『殺菌・除菌実用便覧』（サイエンスフォーラム）

40）日本技術士会中部支援プロジェクトチーム中部技術支援センター『中小企業のためのやさしい ISO 9001 の取り方（第 2 版）』（日刊工業新聞社）

41）「食品工業」2010 年 9 月 30 日号（光琳書院）

42）「月刊フードリサーチ」2010 年 3 月号

43）「月刊フードリサーチ」2009 年 2 月号

44）大鶴 勝『食品加工・安全・衛生』（朝倉書店）

45）小川 洋『よくわかる ISO 22000「食品安全マネジメントシステム」構築のポイント──正式国際規格に完全対応（第 1 版，第 2 版）』

46）PAS220：2008 BSIISO15161：2001「食品及び飲料産業のための ISO 9001：2000 規格の適用ガイドライン」

47）ISO 9001：2008（JIS Q 9001：2008）Quality management systems – ReQuirements 品質マネジメントシステム−要求事項

48）ISO 9000：2005（JIS Q 9000：2006）Quality management systems – Fundamentals and voc abulary 品質マネジメントシステム−基本及び用語

49）ISO 22000：2005 Food safety management systems -- ReQuirements for any organization in the food chain 仮訳 食品安全マネジメントシステム−フードチェーンのあらゆる組織に対する要求事項

50）小城勝相，一色賢司『食安全性学』（放送大学編）

51）PAS220：2008 BSI

52）ISO22002 − 1（PAS220）

53）ISO／DIS2200：2017（日本規格協会）

54）小川 洋『企業のためになる，ISO22000 主任審査員が語る実施例』

索　引

303

著者略歴

小川　洋（おがわ・ひろし）

1942 年　西宮生まれ

1963 年　関西大学工学部化学工学科卒（醗酵工学専攻）

1963 年　京都大学食料科学研究所研究生

　　　　（秦　忠夫教授・土井研究室：タンパク質科学・酵素化学の
　　　　研究に従事）

1964 年　食品会社研究所入社, 研究室・技術開発部・製造部・企画部

1965 年　養鰻用加工デンプンの開発, 線香バインダーの開発, わらび餅用加工デンプンの開発

1966 年　とり粉用加工デンプンの開発

1996 年　発明協会　日本弁理士会長賞受賞

1999 年　平成 11 年度科学技術庁長官賞受賞

　　　　（イノシトール及びフィチンの製造法の発明：日本, US, 中国, 特許取得）

2001 年　同社退職（小川食品科学技術事務所）

　　　　東海 4 県技術アドバイザー, 中部大学客員教授, イオン㈱生活品質科学研究所シニ
　　　　ヤーアドバイザー

2018 年現在　食品安全技術研究所（㈱スズカ未来　マイラボ食品検査センター）

■ 主な資格等

技術士（農業部門・農芸化学科目）科学技術庁登録第 33030 号

ISO 主任審査員（ISO22000, ISO9001, ISO14001, HACCP, SQF）

食品安全審査員（IRCA）

公害防止管理者（水質・大気：1 種）

危険物取扱責任者（乙四）

ISO22000：2018
食品安全マネジメントシステム徹底解説
【改訂版】

定価はカバーに表示してあります。

2018 年 4 月 10 日　　初版　1 刷発行	ISBN 978-4-7655-4132-9 C2034
2020 年 7 月 10 日　　改訂版 1 刷発行	

著　　者　小　　川　　　　洋

発 行 者　長　　　滋　　彦

発 行 所　技 報 堂 出 版 株 式 会 社

〒101-0051　東京都千代田区神田神保町 1-2-5

電　　話　営　業　（03）（5217）0885

日本書籍出版協会会員　　　　　　編　集　（03）（5217）0881

自然科学書協会会員　　　　　　　Ｆ Ａ Ｘ　（03）（5217）0886

土木・建築書協会会員　　振 替 口 座　00140-4-10

Printed in Japan　　　Ｕ Ｒ Ｌ　http://gihodobooks.jp/

装丁　ジンキッズ　　印刷・製本　愛甲社